T0253523

Künstliche Intelligenz und Hirnforschung

Patrick Krauss

Künstliche Intelligenz und Hirnforschung

Neuronale Netze, Deep Learning und die Zukunft der Kognition

 Springer

Patrick Krauss
Universitätsklinikum Erlangen
Friedrich-Alexander-Universität
Erlangen-Nürnberg
Erlangen, Deutschland

ISBN 978-3-662-67178-8   ISBN 978-3-662-67179-5   (eBook)
https://doi.org/10.1007/978-3-662-67179-5

Die Deutsche Nationalbibliothek verzeichnet diese Publikation in der Deutschen Nationalbibliografie;
detaillierte bibliografische Daten sind im Internet über http://dnb.d-nb.de abrufbar.

Planung/Lektorat: Ken Kissinger
Springer ist ein Imprint der eingetragenen Gesellschaft Springer-Verlag GmbH, DE und ist ein Teil von
Springer Nature.
Die Anschrift der Gesellschaft ist: Heidelberger Platz 3, 14197 Berlin, Germany

Für Sofie und Hannes

Vorwort

Wie funktioniert Künstliche Intelligenz? Wie funktioniert das Gehirn? Was sind die Gemeinsamkeiten von natürlicher und künstlicher Intelligenz und was die Unterschiede? Ist das Gehirn ein Computer? Was sind neuronale Netze? Was ist Deep Learning? Sollten wir versuchen, das Gehirn nachzubauen, um echte allgemeine Künstliche Intelligenz zu erschaffen, und wenn ja, wie gehen wir dabei am sinnvollsten vor?

Wir befinden uns in einer äußerst spannenden Phase der kulturellen und technologischen Entwicklung der Menschheit. In jüngster Zeit haben Künstliche Intelligenz (KI) und Maschinelles Lernen in immer mehr Bereichen, etwa in Medizin, Wissenschaft, Bildung, Finanzen, Technik, Unterhaltung und sogar Kunst und Musik, Einzug gehalten und sind dabei, im Leben des 21. Jahrhunderts allgegenwärtig zu werden. Insbesondere auf dem Gebiet des sogenannten Deep Learning sind die Fortschritte in jeder Hinsicht außergewöhnlich, und tiefe künstliche neuronale Netze zeigen in einer Vielzahl von Anwendungen wie der Verarbeitung, der Erkennung und Erzeugung von Bildern oder natürlicher Sprache beeindruckende Leistungen. Insbesondere in Kombination mit einem Verfahren namens Verstärkungslernen werden die Netze immer leistungsfähiger, wenn es beispielsweise darum geht, Videospiele zu spielen, oder sie erreichen sogar übermenschliche Fähigkeiten bei komplexen Brettspielen wie Go, wenn sie trainiert werden, indem sie Millionen Partien gegen sich selbst spielen.

Viele der heute in der KI genutzten Algorithmen, Designprinzipien und Konzepte wie neuronale Netze oder das bereits erwähnte Verstärkungslernen haben ihren Ursprung in Biologie und Psychologie. An immer mehr Universitäten sind daher Vorlesungen über Neurowissenschaften fester

Bestandteil in Studiengängen wie Informatik oder Künstlicher Intelligenz. Doch auch für Hirnforscher lohnt sich die Beschäftigung mit Künstlicher Intelligenz, stellt sie doch nicht nur wichtige Werkzeuge für die Auswertung von Daten zur Verfügung, sondern dient auch als Modell für natürliche Intelligenz und hat das Potential, unser Verständnis des Gehirns zu revolutionieren.

Führt man sich die Ziele von KI und Neurowissenschaften vor Augen, so fällt auf, dass diese komplementär zueinander sind. Ziel der KI ist es, Kognition und Verhalten auf menschlichem Niveau zu erreichen, und das Ziel der Neurowissenschaften ist, menschliche Kognition und Verhalten zu verstehen. Man könnte also sagen, Künstliche Intelligenz und Hirnforschung sind zwei Seiten einer Medaille. Die Konvergenz beider Forschungsfelder verspricht tiefgreifende Synergien, und schon heute steht fest, dass die sich daraus ergebenden Erkenntnisse unsere Zukunft nachhaltig prägen werden.

In den letzten Jahren habe ich viele Vorträge zu diesen und angrenzenden Themen gehalten. Aus den anschließenden Diskussionen und zahlreichen Rückfragen lernte ich, dass die tiefe Verbindung zwischen KI und Hirnforschung den meisten einerseits sofort einleuchtet, andererseits aber vorher nicht wirklich bewusst war. Obwohl sich dies allmählich zu ändern beginnt, assoziieren die meisten Menschen mit KI ausschließlich Studiengänge wie Informatik oder Datenwissenschaften und weniger z. B. Kognitionswissenschaften oder Computational Neuroscience, obwohl gerade diese Zweige der Wissenschaft viel zur Grundlagenforschung in der KI beitragen können. Umgekehrt ist Künstliche Intelligenz aus der modernen Hirnforschung inzwischen nicht mehr wegzudenken. Um zu verstehen, wie das menschliche Gehirn funktioniert, nutzen Forschungsteams in immer stärkerem Maß Modelle, die auf Verfahren der Künstlichen Intelligenz basieren, und gewinnen dadurch nicht nur neurowissenschaftliche Erkenntnisse, sondern lernen auch wieder etwas über Künstliche Intelligenz.

Es gibt bereits viele hervorragende Lehr- und Sachbücher, in denen die verschiedenen Disziplinen jeweils isoliert dargestellt werden. Eine integrierte Darstellung von KI und Hirnforschung existierte bislang aber nicht. Mit dem vorliegenden Buch möchte ich diese Lücke schließen. Anhand spannender und aktueller Forschungsergebnisse werden die grundlegenden Ideen und Konzepte, offene Fragen und zukünftige Entwicklungen im Schnittbereich aus KI und Hirnforschung verständlich dargestellt. Sie werden lernen, wie das menschliche Gehirn aufgebaut ist, auf welchen grundlegenden Mechanismen Wahrnehmen, Denken und Handeln beruhen, wie KI funktioniert und was hinter den spektakulären Leistungen von AlphaGo, ChatGPT und Co. steckt. Wohlgemerkt geht es mir nicht um eine umfassende Einführung in KI oder Hirnforschung. Sie sollen lediglich mit dem aus meiner Sicht theoretischen Minimum ausgestattet werden, sodass Sie die Herausforderungen, ungelösten Probleme und schließlich die Integration beider Disziplinen verstehen können.

Das Buch ist in vier Teile gegliedert, die zum Teil aufeinander aufbauen, zum Teil aber auch unabhängig voneinander gelesen werden können. Es gibt also verschiedene Möglichkeiten, sich dem Inhalt dieses Buches zu nähern. Am liebsten wäre es mir natürlich, wenn Sie das Buch als Ganzes lesen, am besten zweimal: einmal, um sich einen Überblick zu verschaffen, und ein zweites Mal, um in die Details einzutauchen. Wenn Sie sich einen Überblick über die Funktionsweise des Gehirns verschaffen wollen, dann beginnen sie mit Teil I. Wenn es Ihnen aber eher darum geht, sich einen Überblick über den Stand der Forschung in der Künstlichen Intelligenz zu verschaffen, dann empfehle ich Ihnen, gleich Teil II zu lesen. Die offenen Fragen und Herausforderungen beider Disziplinen werden in Teil III dargestellt. Wenn Sie bereits mit den Grundlagen und offenen Fragen von KI und Hirnforschung vertraut sind und sich vor allem für die Integration beider Forschungszweige interessieren, dann lesen Sie Teil IV.

Ich habe versucht, wo immer möglich komplexe Sachverhalte durch anschauliche Abbildungen zu verdeutlichen. Bei der Erstellung der Abbildungen haben mich meine Kinder tatkräftig unterstützt. Englische Zitate wurden, wenn nicht anders vermerkt, von mir selbst übersetzt. Bei der Korrektur von Fehlern und der Verbesserung der Verständlichkeit und Lesbarkeit des Textes haben Kollegen, Freunde und Verwandte sehr geholfen. Ich möchte mich dafür bedanken bei Konstantin Tziridis, Claus Metzner, Holger Schulze, Nathaniel Melling, Tobias Olschewski, Peter Krauß und Katrin Krauß.

Mein besonderer Dank gilt Sarah Koch, Ramkumar Padmanaban und Ken Kissinger vom Springer Verlag, die mich bei der Realisierung dieses Buchprojekts unterstützt haben.

Meine Forschungsarbeiten wurden und werden von der Deutschen Forschungsgemeinschaft unterstützt. Den Verantwortlichen gilt mein Dank. Ohne die inspirierende Arbeitsatmosphäre an der Friedrich-Alexander-Universität Erlangen-Nürnberg und der Uniklinik Erlangen wären viele meiner Ideen und Forschungsprojekte nicht möglich gewesen. Mein besonderer Dank gilt Holger Schulze, Andreas Maier und Thomas Herbst für ihre Unterstützung sowie Claus Metzner und Achim Schilling für die zahllosen inspirierenden Gespräche. Meinem Vater danke ich herzlich für die vielen Diskussionen zu den diversen Themen dieses Buches. Mein größter Dank gilt meiner Frau, die in all den Jahren immer alles mitgetragen hat und trägt. Was ich ihr verdanke, kann ich nicht in Worte fassen. Ich widme dieses Buch meinen Kindern.

Großenseebach   Patrick Krauss
im April 2023

Inhaltsverzeichnis

1

Einführung

Ein Elefant ist wie ein Fächer!

Der fünfte Blinde

ChatGPT besteht den Turing-Test

Im Bereich der Künstlichen Intelligenz (KI) gab es in den letzten etwa 10–15 Jahren eine ganze Reihe von spektakulären Durchbrüchen – von *AlphaGo* über *DALL-E 2* bis *ChatGPT* –, die so bis vor Kurzem noch völlig undenkbar waren.

Das jüngste Ereignis in dieser Reihe ist mit Sicherheit auch das spektakulärste: Bereits jetzt ist klar, dass der 30. November 2022 in die Geschichte eingehen wird. An diesem Tag machte die Firma OpenAI die Künstliche Intelligenz *ChatGPT* für die Öffentlichkeit frei zugänglich. Dieses sogenannte Große Sprachmodell kann in Sekundenschnelle jede beliebige Art von Text generieren, beantwortet Fragen zu jedem beliebigen Thema, gibt Interviews und führt Unterhaltungen, deren Verlauf es sich merkt und somit auch in längeren Konversationen adäquat antwortet. Millionen Menschen konnten sich seither tagtäglich von den erstaunlichen Fähigkeiten dieses Systems selbst überzeugen. Die von *ChatGPT* generierten Antworten und Texte sind dabei von solchen, die von Menschen erzeugt wurden, nicht unterscheidbar. *ChatGPT* besteht damit erstmals in der Geschichte der Künstlichen Intelligenz den Turing-Test, ein Verfahren, das

P. Krauss, *Künstliche Intelligenz und Hirnforschung*, https://doi.org/10.1007/978-3-662-67179-5_1

erdacht wurde, um zu entscheiden, ob eine Maschine über die Fähigkeit zu denken verfügt (Turing, 1950). Ein künstliches System, welches den Turing-Test besteht, galt jahrzehntelang als der Heilige Gral der Forschung auf dem Gebiet der Künstlichen Intelligenz. Auch wenn das Bestehen des Turing-Tests nicht zwingend bedeutet, dass *ChatGPT* tatsächlich denkt, sollten Sie sich den 30. November 2022 dennoch gut merken. Er stellt nicht nur den bisher wohl wichtigsten Meilenstein in der Geschichte der Künstlichen Intelligenz dar, sondern ist in seiner Tragweite sicherlich vergleichbar mit der Erfindung des Webstuhls, der Dampfmaschine, des Automobils, des Telefons, des Internets und des Smartphones, welche sich oft erst im Nachhinein als Game-Changer und entscheidende Wendepunkte in der Entwicklung herausgestellt haben.

Die nächste Kränkung

Neben den viel diskutierten Konsequenzen, die *ChatGPT* und ähnliche KI-Systeme auf nahezu allen Ebenen unseres gesellschaftlichen Lebens haben werden, fordern die erstaunlichen Leistungen dieser neuen Systeme auch unsere Erklärungen dessen, was grundlegende Konzepte wie Kognition, Intelligenz und Bewusstsein überhaupt bedeuten, stark heraus. Insbesondere ist der Einfluss, den diese neue Art von KI auf unser Verständnis des menschlichen Gehirns haben wird, bereits jetzt immens und in seinen Auswirkungen noch gar nicht völlig absehbar.

Manche sprechen bereits von der nächsten großen Kränkung der Menschheit. Dabei handelt es sich um grundlegende Ereignisse oder Erkenntnisse, die im Laufe der Geschichte das Selbstverständnis des Menschen und sein Verhältnis zur Welt tiefgreifend erschüttert haben.

Die Kopernikanische Kränkung, benannt nach dem Astronomen Nikolaus Kopernikus, bezieht sich auf die Entdeckung, dass die Erde nicht der Mittelpunkt des Universums ist, sondern sich um die Sonne dreht. Diese Erkenntnis im 16. Jahrhundert veränderte das Weltbild grundlegend und führte zu einem Verlust an Selbstbezogenheit und Selbstsicherheit. Mit der Entdeckung von Tausenden von Exoplaneten, also Planeten außerhalb unseres Sonnensystems, in den letzten Jahrzehnten wurde diese Kränkung sogar noch verschärft. Hat dies doch gezeigt, dass Planetensysteme in unserer Galaxie sehr verbreitet sind und dass es möglicherweise sogar viele Planeten gibt, die in der habitablen Zone um ihre Sterne kreisen und somit mögliche Orte für Leben darstellen.

Eine weitere Erkenntnis, die sich auf das Selbstverständnis des Menschen auswirkte, war die Darwin'sche Kränkung. Die Evolutionstheorie von Charles Darwin im 19. Jahrhundert zeigte, dass der Mensch keine von Gott geschaffene Spezies ist, sondern sich wie alle anderen Spezies durch Evolution entwickelt hat. Diese Entdeckung stellte das Selbstverständnis des Menschen als einzigartige, von der übrigen Natur getrennte Spezies infrage.

Eine weitere Kränkung, welche Sigmund Freud wenig bescheiden nach der von ihm entwickelten Theorie die psychoanalytische Kränkung nannte, bezieht sich auf die Entdeckung, dass menschliches Verhalten und Denken nicht immer bewusst und rational gesteuert sind, sondern auch von unbewussten und irrationalen Trieben beeinflusst werden. Diese Erkenntnis erschütterte das Vertrauen des Menschen in seine Fähigkeit zur Selbstkontrolle und Rationalität. Die Libet-Experimente, welche schließlich sogar die Existenz des freien Willens infrage stellen, verschärften die Wucht dieser Kränkung noch weiter.

KI kann als neu hinzugekommene vierte große Kränkung für das menschliche Selbstverständnis angesehen werden. Bislang galt unsere hochentwickelte Sprache als das entscheidende Unterscheidungsmerkmal zwischen Menschen und anderen Spezies. Die Entwicklung großer Sprachmodelle wie *ChatGPT* hat jedoch gezeigt, dass Maschinen prinzipiell dazu in der Lage sind, mit natürlicher Sprache ähnlich wie Menschen umzugehen. Diese Tatsache stellt unser Konzept der Einzigartigkeit und Unvergleichbarkeit als Spezies erneut infrage und zwingt uns, unsere Definition des Menschseins zumindest teilweise zu überdenken.

Diese „KI-Kränkung" betrifft nicht nur unsere sprachlichen Fähigkeiten, sondern unsere kognitiven Fähigkeiten im Allgemeinen. KI-Systeme sind bereits in der Lage, komplexe Probleme zu lösen, Muster zu erkennen und in bestimmten Bereichen menschenähnliche oder sogar übermenschliche Leistungen zu erbringen (Mnih et al., 2015; Silver et al., 2016, 2017a, 2017b; Schrittwieser et al., 2020; Perolat et al., 2022). Dies zwingt uns zu einer Neuinterpretation der menschlichen Intelligenz und Kreativität, bei der wir uns fragen müssen, welche Rolle der Mensch in einer Welt spielt, in der Maschinen viele unserer bisherigen Aufgaben übernehmen können. Auch zwingt sie uns, über die ethischen, sozialen und philosophischen Fragen nachzudenken, die sich aus der Einführung der KI in unser Leben ergeben. Beispielsweise stellt sich die Frage, wie wir mit der Verantwortung für Entscheidungen umgehen, die von KI-Systemen getroffen werden, und welche Grenzen wir dem Einsatz von KI setzen sollten, um sicherzustellen, dass sie dem Wohl der Menschheit dient (Anderson & Anderson, 2011; Goodall, 2014; Vinuesa et al., 2020).

Kein halbes Jahr nach der Veröffentlichung von *ChatGPT* wurde im März 2023 bereits dessen Nachfolger *GPT-4* veröffentlicht, welcher die Leistungsfähigkeit seines Vorgängers noch einmal deutlich übertrifft. Dies veranlasste einige der einflussreichsten Vordenker auf diesem Gebiet sogar dazu, in einem viel beachteten offenen Brief[1] eine vorübergehende Pause in der weiteren Entwicklung von KI-Systemen, welche noch leistungsfähiger als GPT-4 sind, zu fordern, um einem möglicherweise drohenden Kontrollverlust vorzubeugen.

Künstliche Intelligenz und Hirnforschung

Die erstaunlichen Leistungen von *ChatGPT* und *GPT-4* haben auch direkte Auswirkungen auf unser Verständnis des menschlichen Gehirns und seiner Funktionsweise. Sie fordern daher die Hirnforschung nicht nur heraus, sondern haben sogar das Potenzial, sie zu revolutionieren. In der Tat waren KI und Hirnforschung in ihrer Geschichte schon immer eng miteinander verflochten. Die sogenannte kognitive Revolution Mitte des letzten Jahrhunderts kann auch als Geburtsstunde der Forschung auf dem Gebiet der KI angesehen werden, wo sie sich als integraler Bestandteil der neu entstandenen Forschungsagenda der Kognitionswissenschaften als eigenständige Disziplin entwickelte. Tatsächlich ging es in der KI-Forschung nie nur darum, Systeme zu entwickeln, die uns lästige Arbeit abnehmen. Von Anfang an ging es auch darum, Theorien über natürliche Intelligenz zu entwickeln und zu testen. Wie wir sehen werden, konnten gerade in jüngster Zeit einige erstaunliche Parallelen zwischen KI-Systemen und Gehirnen aufgedeckt werden. KI spielt daher in der Hirnforschung eine immer größere Rolle, und zwar nicht nur als reines Werkzeug zur Analyse von Daten, sondern insbesondere auch als Modell für die Funktion des Gehirns.

Umgekehrt haben auch die Neurowissenschaften in der Geschichte der Künstlichen Intelligenz eine Schlüsselrolle gespielt und die Entwicklung neuer KI-Methoden immer wieder inspiriert. Die Übertragung von Design- und Verarbeitungsprinzipien aus der Biologie auf die Informatik hat das Potential, neue Lösungen für aktuelle Herausforderungen im Bereich der KI bereitzustellen. Auch dabei spielt die Hirnforschung nicht nur die Rolle, mit dem Gehirn ein Vorbild für neue KI-Systeme zur Verfügung zu stellen. Vielmehr wurde in den Neurowissenschaften eine Vielzahl von Methoden

---

[1] https://futureoflife.org/open-letter/pause-giant-ai-experiments/

zur Entschlüsselung der Repräsentations- und Rechenprinzipien natürlicher Intelligenz entwickelt, die jetzt wiederum als Werkzeug zum Verständnis Künstlicher Intelligenz eingesetzt und damit zur Lösung des sogenannten Black-Box-Problems beitragen können. Ein Unterfangen, welches gelegentlich als Neurowissenschaft 2.0 bezeichnet wird. Es zeichnet sich ab, dass beide Disziplinen in der Zukunft immer mehr miteinander verschmelzen werden (Marblestone et al., 2016; Kriegeskorte & Douglas, 2018; Rahwan et al., 2019; Zador et al., 2023).

Zu blind, um den Elefanten zu sehen

Die Erkenntnis, dass verschiedene Disziplinen zusammenarbeiten müssen, um etwas derart Komplexes wie Kognition auf menschlichem Niveau zu verstehen, ist natürlich nicht neu und wird in der bekannten Metapher von den sechs Blinden und dem Elefanten anschaulich illustriert (Friedenberg et al., 2021):

> Es waren einmal sechs blinde Wissenschaftlerinnen und Wissenschaftler, die noch nie einen Elefanten gesehen hatten und erforschen wollten, was ein Elefant ist und wie er aussieht. Jeder untersuchte einen anderen Körperteil und kam entsprechend zu einer anderen Schlussfolgerung.
> Die erste Blinde näherte sich dem Elefanten und berührte seine Seite. „Ah, ein Elefant ist wie eine Wand", sagte sie.
> Die zweite Blinde berührte den Stoßzahn des Elefanten und rief: „Nein, ein Elefant ist wie ein Speer!"
> Die dritte Blinde berührte den Rüssel des Elefanten und sagte: „Ihr irrt euch beide! Ein Elefant ist wie eine Schlange!"
> Der vierte Blinde berührte ein Bein des Elefanten und sagte: „Ihr irrt euch alle. Ein Elefant ist wie ein Baumstamm."
> Der fünfte Blinde berührte das Ohr des Elefanten und sagte: „Keiner von euch weiß, wovon ihr redet. Ein Elefant ist wie ein Fächer."
> Schließlich näherte sich der sechste Blinde dem Elefanten und berührte seinen Schwanz: „Ihr irrt euch alle", sagte er. „Ein Elefant ist wie ein Seil."

Hätten die sechs Wissenschaftlerinnen und Wissenschaftler ihre Erkenntnisse kombiniert, wären sie der wahren Natur des Elefanten viel näher gekommen. In dieser Geschichte steht der Elefant für den menschlichen Geist, und die sechs Blinden stehen für die verschiedenen wissenschaftlichen Disziplinen, die versuchen, seine Funktionsweise jeweils aus verschiedenen Perspektiven zu ergründen (Abb. 1.1). Die Pointe der

Abb. 1.1 Die Blinden und der Elefant. Jeder untersucht einen anderen Körperteil und kommt entsprechend zu einer anderen Schlussfolgerung. Der Elefant steht für Geist und Gehirn, und die sechs Blinden stehen für verschiedene Wissenschaften. Die Sichtweise jeder einzelnen Disziplin ist wertvoll, ein umfassendes Verständnis kann jedoch nur durch die Zusammenarbeit und den interdisziplinären Austausch erreicht werden

Geschichte ist, dass die Sichtweise jedes Einzelnen zwar wertvoll ist, dass aber ein umfassendes Verständnis von Kognition nur erreicht werden kann, wenn die unterschiedlichen Wissenschaften zusammenarbeiten und sich austauschen.

Dies ist der Gründungsgedanke der Kognitionswissenschaften, die in den 1950er-Jahren als intellektuelle Bewegung begannen, welche als kognitive Revolution bezeichnet wurde (Sperry, 1993; Miller, 2003). In dieser Zeit kam es zu großen Veränderungen in der Arbeitsweise von Psychologen und Linguisten und zur Entstehung neuer Disziplinen wie Informatik und Neurowissenschaften. Die kognitive Revolution wurde durch eine Reihe von Faktoren vorangetrieben, darunter die rasche Entwicklung von Personal Computern und neuen bildgebenden Verfahren für die Hirnforschung. Diese technologischen Fortschritte ermöglichten es den Forschern, besser zu verstehen, wie das Gehirn funktioniert und wie Informationen verarbeitet, gespeichert und abgerufen werden. Als Folge dieser Entwicklungen entstand in den 1960er-Jahren ein interdisziplinäres Gebiet, das Forscher aus den unterschiedlichsten Disziplinen zusammenführte. Dieses Gebiet trug verschiedene Namen, darunter Psychologie der Informationsverarbeitung, Kognitionsforschung und eben auch Kognitionswissenschaft.

Die kognitive Revolution markierte einen wichtigen Wendepunkt in der Geschichte der Psychologie und verwandter Disziplinen. Sie hat die Art und Weise, wie Forscher Fragen der menschlichen Kognition und des menschlichen Verhaltens angehen, grundlegend verändert und den Weg für zahlreiche Durchbrüche in Bereichen wie der Künstlichen Intelligenz, der Kognitiven Psychologie und den Neurowissenschaften geebnet.

Heute versteht man unter Kognitionswissenschaft ein interdisziplinäres wissenschaftliches Unterfangen zur Erforschung der unterschiedlichen Aspekte von Kognition. Dazu gehören Sprache, Wahrnehmung, Gedächtnis, Aufmerksamkeit, logisches Denken, Intelligenz, Verhalten und Emotionen. Hierbei konzentriert man sich vor allem auf die Art und Weise, wie natürliche oder künstliche Systeme Informationen repräsentieren, verarbeiten und umwandeln (Bermúdez, 2014; Friedenberg et al., 2021).

Die Schlüsselfragen sind: Wie funktioniert der menschliche Geist? Wie funktioniert Kognition? Wie ist Kognition im Gehirn implementiert? Und wie kann Kognition in Maschinen umgesetzt werden?

Damit widmen sich die Kognitionswissenschaften einigen der schwierigsten wissenschaftlichen Probleme überhaupt, da das Gehirn unglaublich schwer zu beobachten, zu messen und zu manipulieren ist. Viele Wissenschaftler halten das Gehirn sogar für das komplexeste System im bekannten Universum.

Zu den beteiligten Disziplinen der Kognitionswissenschaften gehören heute Linguistik, Psychologie, Philosophie, Informatik, Künstliche Intelligenz, Neurowissenschaft, Biologie, Anthropologie und Physik (Bermúdez, 2014). Zwischenzeitlich waren die Kognitionswissenschaften etwas aus der Mode gekommen, insbesondere die Idee der integrativen Zusammenarbeit der unterschiedlichen Disziplinen geriet teilweise in Vergessenheit. Speziell KI und Neurowissenschaft entwickelten sich eigenständig weiter und somit auch voneinander weg. Erfreulicherweise erlebt die Idee, dass KI und Hirnforschung komplementär zueinander sind und viel von der jeweils anderen Disziplin profitieren können, derzeit eine regelrechte Renaissance, wobei der Terminus „Kognitionswissenschaft" anscheinend heute in manchen Communities entweder anders interpretiert wird oder als zu unmodern gilt, weshalb stattdessen Begriffe wie *Cognitive Computational Neuroscience* (Kriegeskorte & Douglas, 2018) oder *NeuroAI* (Zador et al., 2023) vorgeschlagen wurden.

Das Erbe der kognitiven Revolution zeigt sich in den vielen innovativen und interdisziplinären Ansätzen, die unser Verständnis des menschlichen Geistes und seiner Funktionsweise weiterhin prägen. Ob mithilfe modernster bildgebender Verfahren des Gehirns, ausgefeilter Computermodelle oder neuer theoretischer Rahmenkonzepte – die Forscherinnen und Forscher verschieben immer wieder die Grenzen dessen, was wir über das menschliche Gehirn und seine komplexen Prozesse wissen.

Gehirn-Computer-Analogie

Viele Forscher glauben, dass Computermodelle des Geistes uns helfen können zu verstehen, wie das Gehirn Informationen verarbeitet, und dass sie zur Entwicklung intelligenterer Maschinen führen können. Dieser Annahme liegt die Gehirn-Computer-Analogie zugrunde (Von Neumann & Kurzweil, 2012). Man geht davon aus, dass mentale Prozesse wie Wahrnehmung, Gedächtnis und logisches Denken die Manipulation mentaler Repräsentationen beinhalten, die den in Computerprogrammen verwendeten Symbolen und Datenstrukturen entsprechen (Abb. 1.2). Wie ein Computer ist das Gehirn in der Lage, Informationen aufzunehmen, zu speichern, zu verarbeiten und wieder auszugeben.[2]

Diese Analogie bedeutet jedoch nicht, dass das Gehirn tatsächlich ein Computer ist, sondern dass es ähnliche Funktionen erfüllt. Indem man das Gehirn als Computer betrachtet, kann man von biologischen Details abstrahieren und sich auf die Art und Weise konzentrieren, wie es Informationen verarbeitet, um mathematische Modelle für Lernen, Gedächtnis und andere kognitive Funktionen zu entwickeln.

Die Gehirn-Computer-Analogie stützt sich auf zwei zentrale Annahmen, welche den Kognitionswissenschaften zugrunde liegen. Diese sind Computationalismus und Funktionalismus.

---

[2]Ein fundamentaler Unterschied ist, dass ein Computer Informationen mit anderen Bauteilen verarbeitet als denen, mit denen er die Informationen speichert. Im Gehirn machen beides die – mitunter selben – Neurone.

Eingabe   Repräsentation   Umwandlung   Ausgabe

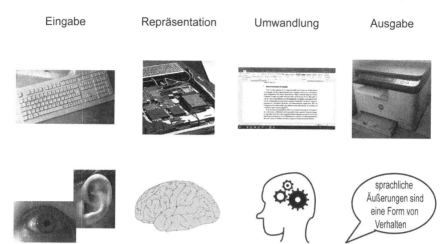

Abb. 1.2 Gehirn-Computer-Analogie. Informationsverarbeitung umfasst die Eingabe, Repräsentation, Umwandlung und Ausgabe von Informationen. Beim Computer kann die Eingabe beispielsweise von der Tastatur kommen, beim biologischen Organismus von den Sinnesorganen. Anschließend muss diese Eingabe repräsentiert werden: durch Speicherung auf einer Festplatte oder im RAM des Computers, oder im Gehirn als momentane neuronale Aktivität im Kurzzeitgedächtnis oder im Langzeitgedächtnis in der Verschaltung der Neuronen. Danach findet eine Umwandlung oder Verarbeitung statt, d. h., mentale Prozesse oder Algorithmen müssen auf die gespeicherte Information einwirken und sie verändern, um neue Information zu erzeugen. Beim Computer könnte das z. B. eine Textverarbeitung sein, beim Menschen z. B logisches Schlussfolgern. Schließlich wird das Ergebnis der Informationsverarbeitung ausgegeben. Die Ausgabe kann beim Computer z. B. über einen Drucker erfolgen. Bei Lebewesen entspricht der Output dem beobachtbaren Verhalten oder auch, als Spezialfall von Verhalten, beim Menschen sprachlichen Äußerungen

Computationalismus

Im Computationalismus geht man davon aus, dass Kognition gleichbedeutend mit Informationsverarbeitung ist, d. h., dass mentale Prozesse als Berechnungen verstanden werden können und dass das Gehirn im Wesentlichen ein informationsverarbeitendes System ist (Dietrich, 1994; Shapiro, 1995; Piccinini, 2004, 2009). Wie jedes derartige System muss demnach auch das Gehirn Informationen repräsentieren und diese repräsentierten Informationen anschließend transformieren, d. h., es muss mentale Repräsentationen von Informationen geben und es muss mentale Prozesse geben, die auf diese Repräsentationen einwirken und sie manipulieren können. Der Computationalismus hat die Art und Weise, wie Kognitionswissenschaftler und Forscher im Bereich der Künstlichen Intelligenz über Intelligenz und Kognition denken, stark beeinflusst.

Es gibt jedoch auch Kritik an dieser Sichtweise, was zahlreiche bis heute andauernde Debatten in der Philosophie und den Kognitionswissenschaften belegen. Einige Kritiker argumentieren beispielsweise, dass das Computer-modell des Geistes zu einfach ist und die Komplexität und den Reichtum der menschlichen Kognition nicht vollständig erfassen kann. Andere argumentieren, es sei unklar, ob mentale Prozesse wirklich als Berechnungen verstanden werden können oder ob sie sich nicht doch grundlegend von der Art und Weise unterscheiden, wie Prozesse in Computern ablaufen.

Funktionalismus

Ist Kognition nur in einem (menschlichen) Gehirn möglich? Der Funktionalismus beantwortet diese Frage ganz klar mit Nein. Demnach werden mentale Zustände und Prozesse ausschließlich durch ihre Funktionen oder ihre Beziehung zum Verhalten und nicht durch ihre physikalischen oder biochemischen Eigenschaften definiert (Shoemaker, 1981; Jackson & Pettit, 1988; Piccinini, 2004). Was bedeutet das konkret?

Stellen Sie sich jetzt bitte vor Ihrem geistigen Auge ein Auto vor. Und nun erinnern Sie sich an die letzte Situation, in der Sie Schokolade gegessen haben, und stellen Sie sich den Geschmack so genau wie möglich vor. Ist es Ihnen gelungen? Ich nehme an, das ist es. Während ich diese Zeilen schreibe, habe ich mir dieselben beiden mentalen Zustände *„Sehen eines Autos"* und *„Schmecken von Schokolade"* vergegenwärtigt. Offensicht-lich kann jeder von uns die entsprechenden mentalen Repräsentationen in seinem Gehirn aktivieren und dies, obwohl Sie, ich und jeder andere Leser dieser Zeilen ein völlig anderes Gehirn hat. Alle menschlichen Gehirne sind sich natürlich in ihrem grundlegenden Aufbau ähnlich. Aber sie sind sicherlich nicht bis ins kleinste Detail identisch und schon gar nicht in der exakten Verschaltung der Neuronen, alleine schon deshalb, weil jeder Mensch völlig andere, individuelle Erfahrungen in seinem Leben gemacht hat, welche sich auf das Verschaltungsmuster des Gehirns auswirken. In der Terminologie der Informatik würde man sagen, jeder Mensch hat eine andere, individuelle Hardware. Dennoch können wir alle uns den gleichen mentalen Zustand vergegenwärtigen.

Während im vorherigen Beispiel die Systeme trotzdem irgendwie sehr ähnlich waren – es handelte sich immer um menschliche Gehirne –, mag das folgende Beispiel illustrieren, wie stark sich die verschiedenen physikalischen Implementationen desselben Algorithmus voneinander unterscheiden können. Betrachten wir die Addition zweier Zahlen. Die Repräsentation dieser Zahlen sowie der dazugehörige Prozess oder Algorithmus, um sie zu addieren, können in Ihrem Gehirn implementiert sein, wenn sie „im Kopf rechnen", oder z. B. auch in einem Laptop mit Tabellenkalkulationsprogramm, einem Rechenschieber, einem Taschenrechner oder einer Taschenrechner-App auf Ihrem Smartphone. Jedes Mal werden dieselben Zahlen repräsentiert und addiert, wobei die informationsverarbeitenden Systeme völlig verschieden sind. Das ist das *Konzept der multiplen Realisierbarkeit.*

Demnach kann derselbe mentale Zustand oder Prozess prinzipiell durch völlig verschiedene natürliche oder künstliche Systeme realisiert werden. Vereinfacht ausgedrückt bedeutet das, dass Kognition und vermutlich auch Bewusstsein prinzipiell in jedem physikalischen System implementiert sein können, welches in der Lage ist, die erforderlichen Berechnungen zu unterstützen. Wenn also bereits viele verschiedene menschliche Gehirne dazu in der Lage sind, warum sollte diese Fähigkeit auf den Menschen oder auf biologische Systeme beschränkt sein? Aus Sicht des Funktionalismus ist es daher durchaus möglich, dass die Fähigkeit zu menschenähnlicher Kognition auch in entsprechend hoch entwickelten Maschinen oder außerirdischen Gehirnen implementiert sein kann (Abb. 1.3).

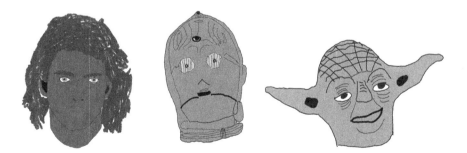

Abb. 1.3 Funktionalismus. Kognition auf menschlichem Niveau ist nicht auf ein menschliches Gehirn beschränkt, sondern könnte prinzipiell auch in jedem anderen System implementiert sein, welches die erforderlichen Berechnungen unterstützt, beispielsweise entsprechend hochentwickelte Roboter oder Außerirdische

Fazit

In den letzten Jahren haben spektakuläre Fortschritte in der Künstlichen Intelligenz unser Verständnis von Kognition, Intelligenz und Bewusstsein auf den Kopf gestellt und werden tiefgreifende Auswirkungen auf die Gesellschaft und unser Verständnis des menschlichen Gehirns haben. Die Kognitionswissenschaften sind der Schlüssel zu einem tieferen Verständnis von Gehirn und Geist, und Computermodelle des Geistes können uns helfen zu verstehen, wie das Gehirn Informationen verarbeitet, und zur Entwicklung intelligenterer Maschinen beitragen. Diese Modelle basieren auf den zentralen Annahmen des Computationalismus und des Funktionalismus, die die Äquivalenz von Kognition und Informationsverarbeitung sowie die Unabhängigkeit kognitiver Prozesse von ihrer physischen Implementierung betonen.

Die Fortschritte in der Künstlichen Intelligenz haben ebenfalls dazu geführt, dass die Bereiche der Neurowissenschaften und der Informatik immer enger zusammenwachsen. Die Übertragung von Konstruktions- und Verarbeitungsprinzipien aus der Biologie auf die Informatik verspricht neue Lösungen für aktuelle Herausforderungen der Künstlichen Intelligenz. Umgekehrt wird die enge Zusammenarbeit dieser Disziplinen in Zukunft immer wichtiger werden, um komplexe Systeme wie das menschliche Gehirn zu verstehen.

Die jüngsten Fortschritte in der Künstlichen Intelligenz und ihre Anwendungen haben in den Neurowissenschaften die Tür zu neuen Erkenntnissen und Technologien weit über das bisher Mögliche hinaus geöffnet. Wir stehen erst am Anfang einer neuen Ära der Forschung und Innovation, und es bleibt abzuwarten, welche faszinierenden Entdeckungen und Entwicklungen uns in Zukunft erwarten.

Literatur

Anderson, M., & Anderson, S. L. (Hrsg.). (2011). *Machine ethics*. Cambridge University Press.

Bermúdez, J. L. (2014). *Cognitive science: An introduction to the science of the mind*. Cambridge University Press.

Dietrich, E. (1994). *Computationalism. In thinking computers and virtual persons* (S. 109–136). Academic Press.

Friedenberg, J., Silverman, G., & Spivey, M. J. (2021). *Cognitive science: An introduction to the study of mind*. Sage Publications.

Goodall, N. J. (2014). Machine Ethics and Automated Vehicles. In: Meyer, G., Beiker, S. (eds) *Road Vehicle Automation. Lecture Notes in Mobility*. Springer, Cham. https://doi.org/10.1007/978-3-319-05990-7_9

Jackson, F., & Pettit, P. (1988). Functionalism and broad content. *Mind, 97*(387), 381–400.

Kriegeskorte, N., & Douglas, P. K. (2018). Cognitive computational neuroscience. *Nature neuroscience, 21*(9), 1148–1160.

Marblestone, A. H., Wayne, G., & Kording, K. P. (2016). Toward an integration of deep learning and neuroscience. *Frontiers in computational neuroscience, 10,* 94.

Miller, G. A. (2003). The cognitive revolution: A historical perspective. *Trends in cognitive sciences, 7*(3), 141–144.

Mnih, V., Kavukcuoglu, K., Silver, D., Rusu, A. A., Veness, J., Bellemare, M. G., ... & Hassabis, D. (2015). Human-level control through deep reinforcement learning. *Nature, 518*(7540), 529–533.

Perolat, J., De Vylder, B., Hennes, D., Tarassov, E., Strub, F., de Boer, V., ... & Tuyls, K. (2022). Mastering the game of Stratego with model-free multiagent reinforcement learning. *Science, 378*(6623), 990–996.

Piccinini, G. (2004). Functionalism, computationalism, and mental contents. *Canadian Journal of Philosophy, 34*(3), 375–410.

Piccinini, G. (2009). Computationalism in the philosophy of mind. *Philosophy Compass, 4*(3), 515–532.

Rahwan, I., Cebrian, M., Obradovich, N., et al. (2019). Machine behaviour. *Nature, 568,* 477–486.

Schrittwieser, J., Antonoglou, I., Hubert, T., Simonyan, K., Sifre, L., Schmitt, S., ... & Silver, D. (2020). Mastering Atari, Go, Chess and Shogi by planning with a learned model. *Nature, 588*(7839), 604–609.

Shapiro, S. C. (1995). Computationalism. *Minds and Machines, 5,* 517–524.

Shoemaker, S. (1981). Some varieties of functionalism. *Philosophical topics, 12*(1), 93–119.

Silver, D., Huang, A., Maddison, C. J., Guez, A., Sifre, L., Van Den Driessche, G., ... & Hassabis, D. (2016). Mastering the game of Go with deep neural networks and tree search. *Nature, 529*(7587), 484–489.

Silver, D., Schrittwieser, J., Simonyan, K., Antonoglou, I., Huang, A., Guez, A., ... & Hassabis, D. (2017a). Mastering the game of Go without human knowledge. *Nature, 550*(7676), 354–359.

Silver, D., Hubert, T., Schrittwieser, J., Antonoglou, I., Lai, M., Guez, A., ... & Hassabis, D. (2017b). *Mastering Chess and Shogi by self-play with a general reinforcement learning algorithm.* arXiv preprint arXiv:1712.01815.

Sperry, R. W. (1993). The impact and promise of the cognitive revolution. *American Psychologist, 48*(8), 878.

Turing, A. M. (1950). Computing machinery and intelligence. *Mind, 59*(236), 433–460.

Vinuesa, R., Azizpour, H., Leite, I., Balaam, M., Dignum, V., Domisch, S., ... & Fuso Nerini, F. (2020). The role of artificial intelligence in achieving the sustainable development goals. *Nature Communications, 11*(1), 233.

Von Neumann, J., & Kurzweil, R. (2012). *The computer and the brain*. Yale University Press.

Zador, A., Escola, S., Richards, B., Ölveczky, B., Bengio, Y., Boahen, K., ... & Tsao, D. (2023). Catalyzing next-generation artificial intelligence through NeuroAI. *Nature Communications, 14*(1), 1597.

Teil I
Hirnforschung

Im ersten Teil des Buches soll es darum gehen, Sie mit den wichtigsten Aspekten zu Aufbau und Funktion des Gehirns vertraut zu machen. Hierbei wird bewusst auf eine eingehende und systematische Beschreibung vieler molekularbiologischer, physiologischer und anatomischer Details verzichtet. Auch erhebt die Darstellung keinerlei Anspruch auf Vollständigkeit. Interessierte Leserinnen und Leser mögen ihr Wissen mit einem der zahlreich verfügbaren sehr guten Lehrbücher zu Psychologie und Neurowissenschaft vertiefen. Vielmehr sollen diese ersten Kapitel dazu dienen, die aus der Sicht des Autors notwendigen Grundlagen zu vermitteln, anhand derer wir in späteren Kapiteln die zahlreichen Querverbindungen zur Künstlichen Intelligenz aufzeigen wollen.

2

Das komplexeste System im Universum

Es gibt immer einen noch größeren Fisch.

Qui-Gon Jinn

Das Gehirn in Zahlen

Das menschliche Gehirn besteht aus ca. 86 Mrd. Nervenzellen, den sogenannten Neuronen (Herculano-Houzel, 2009). Das sind die fundamentalen Verarbeitungseinheiten, die für die Aufnahme, Verarbeitung und Weiterleitung von Informationen im gesamten Körper verantwortlich sind. Die Neuronen sind über sogenannte Synapsen verbunden und bilden ein gigantisches neuronales Netzwerk. Im Mittel empfängt jedes Neuron von etwa 10.000 anderen Neuronen seinen Input und sendet, ebenfalls im Mittel, seinen Output an etwa 10.000 nachfolgende Neurone (Kandel et al., 2000; Herculano-Houzel, 2009). Die tatsächliche Anzahl von Verbindungen pro Neuron kann hierbei erheblich, und zwar über mehrere Größenordnungen, variieren, weshalb man auch von einer breiten Verteilung der Verbindungen pro Neuron spricht. Manche Neurone, etwa im Rückenmark, sind nur mit einem einzigen anderen Neuron verbunden, während andere, beispielsweise im Kleinhirn, mit bis zu einer Million anderen Neurone verbunden sein können.

Aufgrund der Gesamtzahl der Neurone und der mittleren Anzahl von Verbindungen pro Neuron lässt sich die Gesamtzahl der synaptischen Verbindungen im Gehirn auf grob eine Billiarde abschätzen. Das ist eine Zahl

© Der/die Autor(en), exklusiv lizenziert an Springer-Verlag GmbH, DE, ein Teil von Springer Nature 2023
P. Krauss, *Künstliche Intelligenz und Hirnforschung,*
https://doi.org/10.1007/978-3-662-67179-5_2

mit 15 Nullen und kann auch geschrieben werden als 10^{15}. In den vergangenen Jahren haben wir uns im Kontext von Politik und Wirtschaft inzwischen einigermaßen an Beträge jenseits der Tausend Milliarden, also im Billionenbereich gewöhnt. Die ungefähre Zahl der Synapsen im Gehirn ist noch einmal um den Faktor tausend größer!

Das klingt erstmal nach sehr viel, aber überlegen wir, wie viele Synapsen maximal im Gehirn theoretisch möglich wären. Jedes der ca. 10^{11} Neurone könnte im Prinzip mit jedem anderen in Verbindung stehen, wobei die Information zwischen zwei beliebigen Neuronen grundsätzlich auch in zwei Richtungen laufen kann: entweder von Neuron A zu Neuron B oder umgekehrt. Zusätzlich kann jedes Neuron tatsächlich auch mit sich selbst verbunden sein. Diese spezielle Art von Verbindungen nennt man Autapsen. Rein kombinatorisch ergibt sich somit 10^{11} mal 10^{11}, also 10^{22} als mögliche Anzahl an Synapsen. Ein Vergleich mit der Anzahl real existierender Synapsen ergibt, dass nur etwa eine von 10 Mio. theoretisch möglichen Verbindungen tatsächlich realisiert ist. Das Netzwerk, das die Neurone im Gehirn bilden, ist also alles andere als dicht *(dense)*, sondern im Gegenteil extrem dünn *(sparse)* (Hagmann, 2008).

Wie viele verschiedene Gehirne kann es geben?

In Anlehnung an das Genom, welches die Gesamtheit aller Gene eines Organismus bezeichnet, ist das Konnektom die Gesamtheit aller Verbindungen im Nervensystems eines Lebewesens (Sporns et al., 2005). Um die Frage, wie viele verschiedene Gehirne es geben kann, zu beantworten, muss man abschätzen, wie viele verschiedene Konnektome rein kombinatorisch möglich sind. An dieser Stelle sei einschränkend angemerkt, dass nicht jedes theoretisch mögliche Konnektom auch ein funktionierendes lebensfähiges Nervensystem ergeben muss. Es stellt sich heraus, dass es ziemlich kompliziert ist, die exakte Anzahl zu berechnen, weshalb wir uns hier mit einer Abschätzung für die untere Grenze der tatsächlichen Anzahl auf Basis einiger Vereinfachungen begnügen wollen. Nehmen wir vereinfachend an, dass jede der 10^{22} theoretisch möglichen Verbindungen entweder vorhanden oder nicht vorhanden sein kann. Wir gehen also von binären Verbindungen aus, wobei Eins einer vorhandenen und Null einer nicht vorhanden Verbindung entspricht. Wie wir später noch sehen werden, ist die Realität noch deutlich komplizierter. Aber selbst unter dieser starken Vereinfachung ergibt sich bereits eine absurd hohe Anzahl von $(2^{10})^{22}$ (sprich „zwei hoch zehn hoch 22"). Dies entspricht einer Zahl mit einer Trilliarde Nullen. Natürlich führt nicht jedes dieser Konnektome zu einem leistungsfähigen und lebensfähigen Nervensystem, sodass die realisierbare Anzahl nur einer winzigen Untermenge aller theoretisch möglichen Konnektome entsprechen dürfte. Andererseits sind die Synapsengewichte aber keine Binärzahlen, sondern können jeden beliebigen kontinuierlichen Wert annehmen, was die Anzahl der Möglichkeiten wiederum noch einmal deutlich erhöht.

Wie viele verschiedene Geisteszustände sind möglich?

Überlegen wir uns nun, wie viele verschiedene Gehirn- oder Geisteszustände es geben kann. Warum ist das wichtig, fragen Sie sich? Nun, eine der zentralen Annahmen der modernen Kognitions- und Neurowissenschaften ist, dass jedem mentalen Zustand (Geisteszustand) ein neuronaler Zustand (Gehirnzustand) oder eine ganze Abfolge von Gehirnzuständen zugrunde liegt. Oder anders ausgedrückt: Alles, was wir denken, fühlen und erleben können, hat ein bestimmtes neuronales Korrelat, also eine Aktivierung oder auch eine zeitliche Sequenz von Aktivierungen von Neuronen in unserem Gehirn. Man spricht in diesem Zusammenhang auch von raumzeitlichen Aktivierungsmustern.

Auch bei dieser Abschätzung gehen wir wieder von Vereinfachung aus. Zu jedem gegebenen Zeitpunkt kann ein bestimmtes Neuron entweder aktiv sein, also ein Aktionspotential aussenden, was einer Eins entspricht, oder es tut dies nicht und ist somit inaktiv, was einer Null entspricht. Auch hier landen wir also wieder beim Binärsystem. Als weitere Vereinfachung unterteilen wir den kontinuierlichen Zeitstrom in kleinste sinnvolle Einheiten. Die typische Dauer eines Aktionspotentials beträgt eine Millisekunde, also eine tausendstel Sekunde. Dies ist die charakteristische Zeitskala des Gehirns. In jeder Millisekunde kann demnach jedes der 10^{11} Neurone im Gehirn entweder aktiv oder inaktiv sein. Dies ergibt rein kombinatorisch $(2^{10})^{11}$ verschiedene Aktivierungsmuster pro Millisekunde. Nun haben wir natürlich nicht jede Millisekunde oder tausendmal pro Sekunde einen neuen Gedanken, Wahrnehmungs- oder Gefühlseindruck. Man geht davon aus, dass das, was wir als Jetzt, die Gegenwart oder den Moment erleben, eine Dauer von ca. drei Sekunden hat (Pöppel, 1997), was 3000 Millisekunden entspricht. Jeder mentale Zustand entspräche demnach innerhalb unserer Vereinfachungen einer Sequenz von 3000 verschiedenen Aktivierungsmustern.

Da es $((2^{10})^{11})^{3000}$ verschiedene derartige Sequenzen geben kann, ergibt unsere Abschätzung, dass es ebenso viele verschiedene Gehirnzustände geben kann.

Fazit

Wenn es Ihnen wie dem Autor geht, dann können Sie sich unter diesen Größenordnungen nichts Sinnvolles mehr vorstellen, gehen diese Zahlen doch im Grunde schon gegen Unendlich. Während wir die Zahl der möglichen Gehirne oder Konnektome noch umschreiben konnten mit einer Zahl mit einer Trilliarde Nullen, lässt sich die Zahl der Geisteszustände gar nicht mehr in Worte fassen, da wir selbst für die Anzahl der Stellen dieser Zahl bereits die Exponentialschreibweise bemühen müssten.

Wir können versuchen, diese absurden Größenordnungen zumindest etwas einzuordnen. Abgesehen von Unendlich, welches ist die größte Anzahl, die in den Naturwissenschaften noch eine sinnvolle Bedeutung hat? Es ist 10^{82}. So viele Atome gibt es ungefähr im beobachtbaren Universum (Eddington, 1931). Oder anders ausgedrückt: Es gibt deutlich weniger vom Allerkleinsten im Allergrößten, als es mögliche Gehirne und mentale Zustände gibt.

Wir können mit Fug und Recht behaupten, dass das menschliche Gehirn das wohl komplexeste System im Universum ist – das wir kennen. Selbstverständlich ist keineswegs ausgeschlossen, dass es irgendwo in den Weiten des Universums noch weitaus komplexere Systeme gibt, wie etwa die natürlichen oder evtl. auch künstlichen Informationsverarbeitungssysteme einer hoch entwickelten Spezies oder Künstlichen Intelligenz.

Literatur

Eddington, A. S. (1931). Preliminary note on the masses of the electron, the proton, and the universe. In *Mathematical Proceedings of the Cambridge Philosophical Society* (Bd. 27, No. 1, S. 15–19). Cambridge University Press.

Hagmann, P., Cammoun, L., Gigandet, X., Meuli, R., Honey, C. J., Van Wedeen, J., et al. (2008). Mapping the structural core of human cerebral cortex. *PLoS Biology, 6*(7), 1479–1493.

Herculano-Houzel, S. (2009). The human brain in numbers: A linearly scaled-up primate brain. *Frontiers in Human Neuroscience, 3*, 31.

Kandel, E. R., Schwartz, J. H., Jessell, T. M., Siegelbaum, S., Hudspeth, A. J., & Mack, S. (Hrsg.). (2000). *Principles of neural science (Bd. 4)* (S. 1227–1246). McGraw-Hill.

Sporns, O., Tononi, G., & Kötter, R. (2005). The human connectome: A structural description of the human brain. *PLoS Computational Biology, 1*(4), 0245–0251.

Pöppel, E. (1997). A hierarchical model of temporal perception. *Trends in Cognitive Sciences, 1*(2), 56–61.

3

Bausteine des Nervensystems

Es gibt nicht den geringsten Grund, daran zu zweifeln, dass Gehirne nichts anderes sind als Maschinen mit einer riesigen Anzahl von Teilen, die in perfekter Übereinstimmung mit den Gesetzen der Physik funktionieren.

Marvin Minsky

Neurone und Synapsen

Neurone (Nervenzellen) sind die fundamentalen Verarbeitungseinheiten jedes uns bekannten Nervensystems (Kandel et al., 2000). Grundlegender Aufbau und Funktion sind bei allen Neuronen gleich (Abb. 3.1). Wie die meisten anderen Zellen bestehen sie aus einem Zellkörper mit einem Zellkern, welcher die genetische Information enthält. Was sie jedoch einzigartig macht, sind die Dendriten. Das sind viele kleine, stark verzweigte, antennenartige Ausstülpungen an der Zelloberfläche, über welche die Nervenzelle Signale von anderen Nervenzellen empfängt. Ein weiteres Charakteristikum ist das Axon, welches den Ausgangskanal jedes Neurons darstellt, über das es Signale an nachfolgende Nervenzellen überträgt. Das Axon ist an seinem Ende ebenfalls meist stark verzweigt und bildet das sogenannte Telodendron (Kandel et al., 2000).

Die Kopplung zwischen zwei Nervenzellen, also der Ort, an dem ein Zweig des Telodendrons oder Axons des Vorgängerneurons auf einen Dendriten des Nachfolgerneurons trifft, nennt man Synapse.

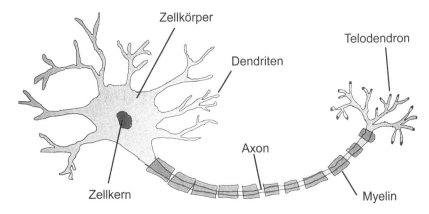

Abb. 3.1 Biologisches Neuron. Charakteristisch für das Neuron sind zwei Arten von Fortsätzen der Zellmembran. Die Dendriten empfangen Signale von anderen Neuronen und leiten diese an den Zellkörper weiter. Über das Axon werden Aktionspotentiale an andere Neurone weitergeleitet. Bei vielen Neuronen ist das Axon von einer Myelinhülle umgeben, welche wie eine Art Isolierung wirkt und die Signalleitungsgeschwindigkeit erhöht

Charakteristisch für den Aufbau der Synapse ist ein kleiner Spalt mit einer Breite von etwa 10 bis 50 Nanometern, der sogenannte synaptische Spalt, der das präsynaptische Neuron, welches Signale sendet, von dem postsynaptischen Neuron oder der Zielzelle, welche Signale empfängt, trennt. Wenn ein elektrisches Signal, ein sogenanntes Aktionspotential, das Ende des präsynaptischen Neurons erreicht, löst es die Freisetzung von chemischen Botenstoffen, sogenannten Neurotransmittern, in den synaptischen Spalt aus. Diese Neurotransmitter diffundieren durch den synaptischen Spalt und binden dann an Rezeptoren auf dem postsynaptischen Neuron oder der Zielzelle. Hier liegt also eine chemische Übertragung vor. Je nach Anzahl der Rezeptoren und der Menge der freigesetzten Neurotransmitter können die Synapsen unterschiedlich stark sein, d. h., sie können ein Signal mehr oder weniger gut weiterleiten und somit unterschiedlich großen Einfluss auf die Aktivität des Nachfolgerneurons haben. Außerdem gibt es prinzipiell zwei verschiedene Arten von Synapsen, die die Aktivität der postsynaptischen Zelle entweder stimulieren oder hemmen können: erregende Synapsen, welche die Aktivierung des Nachfolgerneurons begünstigen, und hemmende Synapsen, welche eine Aktivierung des Nachfolgerneurons eher verhindern. Formal lässt sich damit jeder Synapse eine reelle Zahl zuordnen, wobei der Betrag der Signalübertragungsstärke und das Vorzeichen der Art der Synapse entspricht: positiv für erregend und negativ für hemmend. Diese Zahl nennt man Synapsengewicht oder kurz Gewicht, sie wird häufig mit w abgekürzt. In der Gesamtheit der Synapsen des Nervensystems, genauer gesagt: in dem resultierenden Netzwerk und dem sich daraus ergebenden gerichteten Informationsfluss, ist die gesamte Information innerhalb eines Nervensystems gespeichert, also alles Wissen sowie Erinnerungen, erlernte Fähigkeiten, angeborene Verhaltensweisen und Reflexe bis hin zu Charaktereigenschaften (Kandel et al., 2000).

Alle an den Dendriten ankommenden Signale werden an den jeweiligen Synapsen übertragen und dabei mit dem Wert der Synapse gewichtet, was mathematisch einer Multiplikation des Signals mit dem kontinuierlichen Synapsengewicht entspricht. Die Informationsübertragung von der Synapse zum Zellkörper nutzt also eine analoge Kodierung. Schließlich werden alle gewichteten Signale im Zellkörper des Neurons räumlich und zeitlich zum sogenannten Membranpotential aufintegriert. Überschreitet dieses einen bestimmten Schwellenwert, wird das Neuron aktiv und feuert am Axonhügel ein Aktionspotential oder auch Spike (Koch, 1999). Gleichzeitig wird das Membranpotential, nach einer kurzen Refraktärzeit von 2 bis 4 Millisekunden während der kein weiteres Aktionspotential generiert werden kann, wieder zurückgesetzt auf das Ruhemembranpotential. Das Aktionspotential entspricht einer kurzzeitigen Änderung des elektrischen Potentials, ausgelöst durch Ionen, welche in die Zelle eindringen. Da jedes Aktionspotential immer etwa den gleichen zeitlichen Verlauf, die gleiche Stärke und die gleiche Dauer von etwa einer Millisekunde hat, entspricht die Ausgabesequenz von Aktionspotentialen eines Neurons einem quasi-digitalen Code. In jeder Millisekunde kann entweder ein Aktionspotential ausgesendet werden oder nicht. Die Information ist hierbei in der zeitlichen Rate (Frequenz) und der genauen zeitlichen Abfolge der Aktionspotentiale repräsentiert. Das ausgesendete Aktionspotential läuft am Axon entlang, bis es schließlich wieder über Synapsen auf weitere nachfolgende Nervenzellen übertragen wird. Im Nervensystem findet somit ein ständiger Wechsel von analoger Kodierung durch chemische Übertragung und quasi-digitaler Kodierung durch elektrische Übertragung statt. Es ist noch nicht vollständig geklärt, ob die gleichzeitige Nutzung beider Kodierungsarten notwendig ist, um kognitive Funktionen im Gehirn zu ermöglichen, oder ob rein analoge oder rein digitale Kodierungen ebenfalls zu vergleichbaren Leistungen führen können (Kolb & Whishaw, 1989, 1998; Kandel et al., 2000).

Die synaptischen Gewichte eines Neurons zu all seinen Nachfolgern haben – obwohl dies selbstverständlich rein mathematisch möglich wäre und in künstlichen neuronalen Netzen auch meist der Fall ist – keine verschiedenen, sondern alle dasselbe Vorzeichen. Das bedeutet, dass ein Neuron jeweils nur eine Art von Neurotransmitter an seinen Synapsen ausschüttet.

Im Gegensatz zu künstlichen neuronalen Netzen gibt es in biologischen neuronalen Netzen also (bis auf wenige Ausnahmen) ausschließlich rein erregende oder rein hemmende Neurone – eine Eigenschaft, welche als Dale's Prinzip bekannt ist[1] (Dale, 1935; Strata & Harvey, 1999).

Neuroplastizität

Lernen ist gleichbedeutend damit, dass sich die Verbindungsstruktur der neuronalen Netze im Gehirn erfahrungsabhängig verändert, was als Neuroplastizität bezeichnet wird. Dabei können verschiedene Arten von Veränderungen unterschieden werden (Kolb & Whishaw, 1989, 1998; Kandel et al., 2000).

Pruning bezeichnet den Prozess der Beseitigung ungenutzter oder schwacher synaptischer Verbindungen zwischen Neuronen im Gehirn. Dieses Ausdünnen ist ein wichtiger Mechanismus für die Entwicklung und Verfeinerung neuronaler Schaltkreise im Gehirn. Während der Entwicklung des Gehirns bilden Neuronen in großem Umfang synaptische Verbindungen aus, um eine Vielzahl synaptischer Verbindungen zu ermöglichen. Durch den Prozess des Prunings werden jedoch nur die am häufigsten genutzten Verbindungen zwischen Neuronen verstärkt und aufrechterhalten, während ungenutzte oder schwache Verbindungen eliminiert werden. Dies führt zu neuronalen Netzen mit effizienteren und spezifischeren Verbindungen. Pruning findet aber nicht nur während der Entwicklung des Gehirns statt, sondern kann auch im Erwachsenenalter auftreten. Es wird angenommen, dass Pruning dazu beitragen kann, das Gehirn zu entlasten, indem nicht mehr benötigte oder redundante synaptische Verbindungen entfernt werden, um Ressourcen für wichtige Verbindungen freizusetzen. Außerdem spielt Pruning eine wichtige Rolle beim Prägungslernen während der Entwicklung des Gehirns (Kandel et al., 2000).

Mit synaptischer Plastizität bezeichnet man den Prozess der Stärkung oder Schwächung der synaptischen Verbindung zwischen Neuronen durch Verstärkung oder Abschwächung der Aktivität (Kandel et al., 2000). Es werden diverse Mechanismen diskutiert, welche dieser Art von Plastizität zugrunde liegen könnten. Die Hebb'sche Regel besagt, dass die synaptische

---

[1] Keine Regel ohne Ausnahme: Eigentlich hängt die Wirkung vom Rezeptor an der Postsynapse ab. Im dopaminergen System z. B. kann derselbe Transmitter entgegengesetzte Wirkung haben (Missale et al., 1998). Auch wurden inzwischen Neurone entdeckt, welche entgegen Dale's Principle zwei verschiedene Transmitter an ihren Synapsen ausschütten (Vaaga et al., 2014).

Verbindung zwischen zwei Neuronen verstärkt wird, wenn das präsynaptische Neuron aktiv ist und gleichzeitig das postsynaptische Neuron
aktiviert wird. Anders ausgedrückt: „Cells that fire together wire together"
(Zellen, die gemeinsam feuern, vernetzen sich miteinander) (Hebb, 2005).
Wenn also ein Neuron wiederholt feuert und ein anderes Neuron gleichzeitig feuert, dann wird die Synapse und somit die Verbindung zwischen
den beiden Neuronen verstärkt. Dies wird auch als Langzeitpotenzierung
bezeichnet. Umgekehrt werden die synaptischen Verbindungen
abgeschwächt, wenn die Neuronen nur selten oder nie gleichzeitig aktiv
sind, was auch als Langzeitdepression bezeichnet wird.

Die sogenannte Spike Timing Dependent Plasticity (STDP) hingegen
beschreibt, wie sich die synaptische Verbindung zwischen Neuronen aufgrund der exakten zeitlichen Abfolge ihrer Aktivität verändert (Gerstner
et al., 1996). Demnach wird die Synapse nur dann verstärkt, wenn das
präsynaptische Neuron kurz vor dem postsynaptischen Neuron aktiv ist,
und geschwächt, wenn das präsynaptische Neuron kurz nach dem postsynaptischen Neuron aktiv ist. In gewisser Weise kann die STDP als
Erweiterung der Hebb'schen Regel betrachtet werden. Die Abhängigkeit
von der zeitlichen Abfolge der Neuronenaktivität entspricht der Berück-
sichtigung von Kausalität. Ein Neuron, welches bereits ein Aktionspotential
aussendet, bevor das Vorgängerneuron dies tat, ist entweder zufällig aktiv
oder wurde von einem anderen Neuron erregt. Daher ist es in diesem Fall
durchaus sinnvoll, die Synapse abzuschwächen, anstatt sie zu stärken.

Während Langzeitpotenzierung und -depression aktivitätsabhängig und
damit lokal auf bestimmten Synapsen einwirken, existiert eine weitere Art
synaptischer Plastizität, welche eher global funktioniert und als synaptische
Skalierung bezeichnet wird (Tononi & Cirelli, 2003; De Vivo, 2017).
Gemeint ist damit, dass alle Eingangssynapsen eines Neurons proportional
zu ihrer jeweiligen Stärke abgeschwächt werden. Sinn dieses Prozesses, der
überwiegend im Schlaf stattfindet, ist es, zu verhindern, dass einerseits
einzelne Synapsen immer stärker werden und dass andererseits die Summe
aller Eingänge eines Neurons zu groß wird und das Neuron somit zu häufig
feuert.

Einem ähnlichen Zweck dient die intrinsische Plastizität, über welche
die Aktivität eines Neurons verändert werden kann (Daoudal & Debanne,
2003; Zhang & Linden, 2003). Ziel ist es, das längerfristige durchschnittliche Aktivitätsniveau eines Neurons auf einem mittleren Level zu halten.
Ein Neuron, welches nie feuert, ist aus informationstheoretischer Sicht nämlich genauso sinnlos wie ein Neuron, welches ständig feuert. Beide Prozesse,
synaptische Skalierung und intrinsische Plastizität, werden zusammen als

homöostatische Plastizität bezeichnet und sorgen dafür, ein Gleichgewicht im neuronalen Netzwerk aufrechtzuerhalten, welches für die Informationsverarbeitung optimal ist (Desai, 2003; Marder & Goaillard, 2006).

Schließlich zählen auch Neurogenese und Myelinplastizität zu Neuroplastizität. Neurogenese bezieht sich auf die Fähigkeit des Gehirns, neue Neuronen zu bilden, was im erwachsenen Gehirn ausschließlich im Hippocampus stattfindet. Myelinplastizität bezieht sich auf Veränderungen in der Myelinschicht, welche die Axone als elektrische Isolierung umgibt und die Geschwindigkeit der Signalweiterleitung beeinflusst.

Gliazellen

Nicht unerwähnt sollen die Gliazellen bleiben, die mehr als die Hälfte des Volumens des neuronalen Gewebes ausmachen. Diese wichtige Zellart kann zwar selbst keine Aktionspotentiale erzeugen, spielt aber dennoch eine bedeutende Rolle für die Funktion des Nervensystems. Zu ihren Hauptfunktionen gehört die Ummantelung von Neuronen mit Myelin, um die Reizweiterleitung zu beschleunigen und die Position der Neuronen zu fixieren. Darüber hinaus sorgen Gliazellen für die Versorgung der Neuronen mit Nährstoffen und Sauerstoff, bekämpfen Krankheitserreger, beseitigen abgestorbene Neuronen und recyceln Neurotransmitter (Kandel et al., 2000).

Neuere Forschungsergebnisse deuten darauf hin, dass Gliazellen ebenfalls eine aktive Rolle bei der neuronalen Verarbeitung spielen könnten. So wurde beispielsweise festgestellt, dass Astrozyten an der Regulierung der Neurotransmitterspiegel, an der Aufrechterhaltung der richtigen chemischen Umgebung für die neuronale Signalübertragung und sogar an der Modulation der synaptischen Übertragung beteiligt sind (Clarke & Barres, 2013; Sasaki et al., 2014). Mikroglia hingegen wurden mit Pruning und der neuronalen Entwicklung in Verbindung gebracht (Schafer et al., 2012).

In einigen theoretischen Arbeiten wurden Computermodelle simuliert, in denen Gliazellen, insbesondere Astrozyten, eine Rolle bei der Erzeugung und Modulation neuronaler Oszillationen spielen. In diesen Modellen wird angenommen, dass Gliazellen als eine Art Puffer für extrazelluläre Kaliumionen (K^+) fungieren, die von Neuronen während Aktionspotentialen freigesetzt werden. Durch die Aufnahme überschüssiger K^+-Ionen und die Modulation der extrazellulären Ionenkonzentrationen könnten Gliazellen möglicherweise die neuronale Erregbarkeit und Synchronisation regulieren, was zur Entstehung neuronaler Oszillationen beitragen könnte (Wang et al., 2012).

Fazit

Das Gehirn hat eine bemerkenswerte Fähigkeit, sich flexibel an neue Gegebenheiten anzupassen und seine Struktur zu verändern. Die potentiellen Implikationen der verschiedenen Arten von Neuroplastizität für die Entwicklung neuer Lernalgorithmen der Künstlichen Intelligenz sind beträchtlich. Durch die Untersuchung der Lern- und Anpassungsfähigkeit des Gehirns können Forschende neue Algorithmen entwickeln, die in ähnlicher Weise lernen und sich anpassen können wie das menschliche Gehirn. Die Erforschung der synaptischen Plastizität, d. h. der Stärkung oder Schwächung der Verbindungen zwischen Neuronen, hat beispielsweise zur Entwicklung künstlicher neuronaler Netze geführt, die die Struktur und Funktion des menschlichen Gehirns nachahmen und in der Lage sind, aus Beispielen zu lernen und ihr Verhalten mit der Zeit anzupassen.

Die Erforschung der strukturellen Plastizität, bei der es um Veränderungen in der physischen Struktur von Neuronen und ihren Verbindungen geht, kann ebenfalls zur Entwicklung von Algorithmen führen, die sich als Reaktion auf neue Daten und Erfahrungen umstrukturieren können. Dies könnte zu flexibleren und anpassungsfähigeren KI-Systemen führen, die aus neuen Daten lernen und ihr Verhalten entsprechend anpassen können.

Literatur

Clarke, L. E., & Barres, B. A. (2013). Emerging roles of astrocytes in neural circuit development. *Nature Reviews Neuroscience, 14*(5), 311–321.

Dale, H. H. (1935). Pharmacology and nerve-endings. *Proceedings of the Royal Society of Medicine, 28*, 319–332.

Daoudal, G., & Debanne, D. (2003). Long-term plasticity of intrinsic excitability: Learning rules and mechanisms. *Learning & Memory, 10*(6), 456–465.

De Vivo, L., Bellesi, M., Marshall, W., Bushong, E. A., Ellisman, M. H., Tononi, G., & Cirelli, C. (2017). Ultrastructural evidence for synaptic scaling across the wake/sleep cycle. *Science, 355*(6324), 507–510.

Desai, N. S. (2003). Homeostatic plasticity in the CNS: Synaptic and intrinsic forms. *Journal of Physiology – Paris, 97*(4–6), 391–402.

Gerstner, W., Kempter, R., Van Hemmen, J. L., & Wagner, H. (1996). A neuronal learning rule for sub-millisecond temporal coding. *Nature, 383*(6595), 76–78.

Hebb, D. O. (2005). *The organization of behavior: A neuropsychological theory.* Psychology press.

Kandel, E. R., Schwartz, J. H., Jessell, T. M., Siegelbaum, S., Hudspeth, A. J., & Mack, S. (Hrsg.). (2000). *Principles of Neural Science, Bd. 4* (S. 1227–1246). McGraw-Hill.

Koch, C. (1999). *Biophysics of computation: Information processing in single neurons.* Oxford University Press.

Kolb, B., & Whishaw, I. Q. (1989). Plasticity in the neocortex: Mechanisms underlying recovery from early brain damage. *Progress in Neurobiology, 32*(4), 235–276.

Kolb, B., & Whishaw, I. Q. (1998). Brain plasticity and behavior. *Annual Review of Psychology, 49*(1), 43–64.

Marder, E., & Goaillard, J. M. (2006). Variability, compensation and homeostasis in neuron and network function. *Nature Reviews Neuroscience, 7*(7), 563–574.

Missale, C., Nash, S. R., Robinson, S. W., Jaber, M., & Caron, M. G. (1998). Dopamine receptors: From structure to function. *Physiological Reviews, 78*(1), 189–225.

Sasaki, T., Ishikawa, T., Abe, R., Nakayama, R., Asada, A., Matsuki, N., & Ikegaya, Y. (2014). Astrocyte calcium signalling orchestrates neuronal synchronization in organotypic hippocampal slices. *The Journal of Physiology, 592*(13), 2771–2783.

Schafer, D. P., Lehrman, E. K., Kautzman, A. G., Koyama, R., Mardinly, A. R., Yamasaki, R., & Stevens, B. (2012). Microglia sculpt postnatal neural circuits in an activity and complement-dependent manner. *Neuron, 74*(4), 691–705.

Strata, P., & Harvey, R. (1999). Dale's principle. *Brain Research Bulletin, 50*(5), 349–350.

Tononi, G., & Cirelli, C. (2003). Sleep and synaptic homeostasis: A hypothesis. *Brain Research Bulletin, 62*(2), 143–150.

Vaaga, C. E., Borisovska, M., & Westbrook, G. L. (2014). Dual-transmitter neurons: Functional implications of co-release and co-transmission. *Current Opinion in Neurobiology, 29,* 25–32.

Wang, F., Smith, N. A., Xu, Q., Fujita, T., Baba, A., Matsuda, T., & Nedergaard, M. (2012). Astrocytes modulate neural network activity by Ca2+-dependent uptake of extracellular K+. *Science Signaling, 5*(218), ra26–ra26.

Zhang, W., & Linden, D. J. (2003). The other side of the engram: Experience-driven changes in neuronal intrinsic excitability. *Nature Reviews Neuroscience, 4*(11), 885–900.

4

Organisation des Nervensystems

Traue nie etwas, das selbst denken kann, wenn du nicht sehen kannst, wo es sein Hirn hat!

Arthur Weasley

Modularität des Nervensystems

Ein grundlegendes Organisationsprinzip des Nervensystems höher entwickelter Spezies ist seine starke Modularität. Es handelt sich also nicht um ein gigantisches homogenes neuronales Netz, vielmehr besteht es aus verschiedenen Funktionseinheiten, welche nicht nur anatomisch voneinander abgrenzbar sind, sondern auch weitgehend unabhängig voneinander operieren können.

Ein weiteres Charakteristikum, welches alle Wirbeltiernervensysteme gemeinsam haben, ist ihre bipolare Spiegelsymmetrie. Jedes anatomisch abgrenzbare Modul existiert doppelt, jeweils in der linken und rechten Körperhälfte. Es gibt durchaus Beispiele im Tierreich für andere Architekturen. Cephalopoden (Kopffüßer), z. B. Kraken, haben ein Nervensystem mit zirkulärer Symmetrie.

Auf höchster Ebene kann zwischen zentralem und peripherem Nervensystem unterschieden werden. Das zentrale Nervensystem (ZNS) ist die Hauptsteuerungseinheit des Körpers und setzt sich aus dem Gehirn, dem Hirnstamm, der das Gehirn mit dem Rückenmark verbindet und

P. Krauss, *Künstliche Intelligenz und Hirnforschung*,
https://doi.org/10.1007/978-3-662-67179-5_4

eine wichtige Rolle bei der Regulierung lebenswichtiger Funktionen wie Atmung, Herz-Kreislauf und Blutdruck spielt, sowie dem Rückenmark zusammen. Das Rückenmark wiederum fungiert als Verbindung zwischen dem ZNS und dem peripheren Nervensystem, welches autonomes und somatisches Nervensystem umfasst und als Schnittstelle zwischen dem Organismus und der Welt betrachtet werden kann. Das autonome Nervensystem steuert eine Reihe von unwillkürlichen Körperprozessen wie Herzfrequenz, Atmung, Verdauung und Pupillenkontraktion. Diese Prozesse laufen automatisch ab und unterliegen nicht der bewussten Kontrolle. Das autonome Nervensystem besteht aus zwei komplementären Systemen: Sympathikus und Parasympathikus. Das sympathische Nervensystem bereitet den Organismus auf Aktivität vor, indem es für die Aktivierung von Organen und Körperfunktionen sorgt und den Körper so in den Fight-or-Flight-Modus (Kampf- oder Fluchtreaktion) versetzt. Der Parasympathikus hingegen ist in Ruhe- und Entspannungsphasen aktiv und trägt zur Beruhigung und Erholung des Körpers bei. Das autonome Nervensystem reagiert auf eine Vielzahl von Reizen, darunter Stress, körperliche Aktivität und Veränderungen der Umwelt. Es arbeitet mit anderen Körpersystemen zusammen, um die Homöostase aufrechtzuerhalten und den Körper optimal funktionieren zu lassen. Die autonomen Funktionen können zwar nicht bewusst gesteuert, aber auf verschiedene Weise beeinflusst werden, z. B. durch Entspannungstechniken, Bewegungs- und Atemübungen. Das somatische Nervensystem schließlich ist zuständig für die Übertragung sensorischer Informationen von den Sinnesorganen an das ZNS sowie für die Weiterleitung motorischer Befehle vom ZNS an die Muskeln zur Kontrolle willkürlicher Bewegungen (Abb. 4.1).

Rückenmark und Hirnstamm

Das Rückenmark ist Teil des zentralen Nervensystems und verläuft vom Gehirn durch den Wirbelkanal bis in den unteren Rücken. Es ist ein langer, schmaler Strang aus Nervengewebe, der aus Nervenzellen und Nervenfasern besteht. Es spielt eine wichtige Rolle bei der Übertragung von motorischen Steuersignalen zwischen dem Gehirn und der Skelettmuskulatur und bei der Übertragung von Empfindungen wie Schmerz, Temperatur, Berührung und Druck von den Sinnesorganen zum Gehirn. Dabei darf man sich das Rückenmark aber keineswegs wie einen großen Kabelbaum vorstellen, welcher einfach nur Informationen in beide Richtungen überträgt. Vielmehr ist es eine eigenständige Kontrolleinheit für die Koordination von

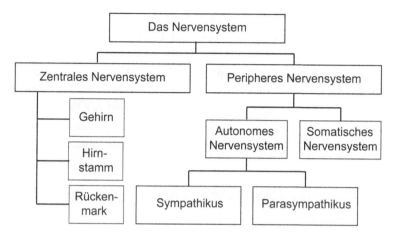

Abb. 4.1 Organisation des Nervensystems. Das zentrale Nervensystem steuert den Körper und besteht aus dem Gehirn, dem Hirnstamm und dem Rückenmark. Das periphere Nervensystem umfasst das autonome und das somatische Nervensystem. Das autonome Nervensystem regelt unwillkürliche Körperprozesse und umfasst das sympathische und das parasympathische Nervensystem. Das somatische Nervensystem überträgt sensorische Informationen an das ZNS und leitet motorische Befehle vom ZNS an die Muskeln weiter

Bewegungen, welche die Schaltkreise zur Steuerung vieler Reflexe sowie die Programme für komplexe Bewegungsabläufe wie etwa Laufen enthält. Bei den Reflexen unterscheidet man zwischen Eigen- und Fremdreflexen (Kandel et al., 2000).

Ein Eigenreflex ist eine unwillkürliche und automatische Reaktion des Körpers auf einen bestimmten Reiz, die ohne Beteiligung des Gehirns abläuft. Es handelt sich um eine lokale Reaktion, bei der sensorische Nervenendigungen in Muskeln oder Sehnen eine Information an das Rückenmark weiterleiten, die direkt auf entsprechende Motoneurone verschaltet wird und dadurch eine motorische Reaktion im selben Muskel auslöst. Da die Information vom Input zum Output nur über eine einzige Synapse geleitet wird, spricht man auch von monosynaptischen Reflexen. Ein typisches Beispiel ist der Kniesehnenreflex, bei dem ein leichter Schlag auf die Sehne unterhalb der Kniescheibe zu einer Dehnung des Oberschenkelstreckmuskels führt, was als Gegenreaktion eine Kontraktion dieses Muskels auslöst. Eigenreflexe sind wichtig für die Kontrolle der Muskelspannung und helfen, Muskelverletzungen und ungewollte Bewegungen zu vermeiden.

Im Gegensatz dazu ist ein Fremdreflex, auch polysynaptischer Reflex genannt, ein Reflex, bei dem die Reflexantwort nicht im reizaufnehmenden

Organ entsteht. Der Reflexbogen wird hier über mehrere Synapsen von den sensorischen Nervenenden im Körper zum Rückenmark weitergeleitet, wo dann die motorische Reaktion ausgelöst wird. Die Information wird ebenfalls zu übergeordneten Zentren im Gehirn weitergeleitet. Dies dient aber nur dazu, das Gehirn quasi nachträglich darüber zu informieren, dass gerade etwas passiert ist. Die Steuerung des Fremdreflexes erfolgt im Rückenmark, da die Reaktion sonst viel zu langsam wäre. Ein Beispiel für einen Fremdreflex ist der Schmerzreflex, bei dem ein Schmerzreiz auf der Haut (etwa durch Berühren einer heißen Herdplatte oder das Treten auf einen spitzen Gegenstand) eine sofortige Rückzugsbewegung auslöst. Fremdreflexe dienen dazu, den Körper vor möglichen Schäden zu schützen und eine schnelle Reaktion auf Gefahren zu ermöglichen.

Die Vorteile dieses Prinzips der subsidiären Bewegungssteuerung im Rückenmark liegen auf der Hand. Zum einen kann sehr schnell auf Störungen im Bewegungsablauf, beispielsweise durch Stolpern, reagiert werden, zum anderen ist sie sehr effizient, da das Gehirn von immer wiederkehrenden, trivialen Steuerungsaufgaben entlastet wird.

Der Thalamus

Der Thalamus ist eine kleine, aber wichtige Struktur tief im Zentrum des Gehirns. Er fungiert als Relaisstation für sensorische Informationen, indem er Signale von den Sinnesorganen verarbeitet und an die entsprechenden Bereiche der Großhirnrinde (Cortex) weiterleitet. Nur sie alleine ist für die Wahrnehmung und bewusste Verarbeitung aller Sinnesreize und die (motorische) Antwort darauf zuständig. Der Thalamus wird oft als „Pförtner" der Großhirnrinde bezeichnet, da er den Informationsfluss zur Großhirnrinde filtert und reguliert, sodass nur die relevantesten und wichtigsten Sinneseindrücke das Bewusstsein erreichen. Dies wird durch ein Netzwerk von thalamokortikalen Schleifen erreicht, d. h. von wechselseitigen Verbindungen zwischen dem Thalamus und verschiedenen Regionen der Großhirnrinde. Diese Schleifen ermöglichen es, die Aktivität des Cortex zu modulieren und zu regulieren, indem irrelevante Informationen herausgefiltert und wichtige Signale verstärkt werden.

Der Thalamus spielt auch eine Rolle bei der Regulierung von Schlaf und Wachsein sowie bei bestimmten kognitiven Funktionen wie Gedächtnis, Aufmerksamkeit und Sprache. Er ist mit verschiedenen anderen Teilen des Gehirns verbunden, darunter die Basalganglien, der Hypothalamus und die Amygdala (Teile des sogenannten limbischen Systems, das auch für die

Verarbeitung von Emotionen zuständig ist), wodurch er zu einer Vielzahl von Funktionen und Verhaltensweisen beiträgt.

Dabei ist der Thalamus keine homogene Struktur, sondern besteht aus mehreren Kernen, von denen jeder seine eigene Funktion hat. Spezifische Kerne, die auch als Relaiskerne bezeichnet werden, sind für die Weiterleitung spezifischer sensorischer Informationen aus der Peripherie (wie Augen, Ohren, Haut oder Geschmacksknospen) an die entsprechenden Regionen der Großhirnrinde verantwortlich. Diese Kerne fungieren u.a. als Filter, indem sie den sensorischen Input je nach Bedeutung der Information verstärken oder abschwächen. Die unspezifischen Kerne sind dagegen an der Regulierung der Gesamtaktivität des Cortex beteiligt. Diese Kerne erhalten Input aus verschiedenen Regionen des Gehirns, einschließlich der Basalganglien, des limbischen Systems und des Hirnstamms, und senden Projektionen an den Cortex, um dessen Aktivität zu modulieren. Unspezifische Thalamuskerne spielen eine entscheidende Rolle bei der Regulierung von Aufmerksamkeit, Erregung und Schlaf-Wach-Zyklen (Kandel et al., 2000).

Der Cortex

Das Großhirn, der größte Teil des Gehirns des Menschen und der meisten höheren Säugetiere, besteht aus zwei Hemisphären, die durch den sogenannten Balken (Corpus callosum) miteinander verbunden sind. Dieses mächtige Faserbündel enthält ca. 200 Mio. Nervenfasern, die sogenannten Kommissuren. Zum Vergleich: Der Sehnerv, welcher sämtliche Informationen von der Netzhaut des Auges ins Gehirn weiterleitet, besteht nur aus 1 Mio. Nervenfasern.

Die Nervenzellen sind parallel zur Oberfläche des Cortex in sechs Schichten organisiert. Um eine möglichst große Hirnoberfläche in einem begrenzten Schädelvolumen unterzubringen, ist die Großhirnrinde (Cortex) durch zahlreiche Windungen (Gyri) und Furchen (Sulci) stark gefaltet. Dieser Faltungseffekt erhöht die Anzahl der Nervenzellen, die entlang der Oberfläche des Großhirns untergebracht werden können. Da der Schädel anatomischen Zwängen unterliegt, ist es, als würde man ein großes Handtuch in einen kleinen Kochtopf stopfen. Um das Problem zu lösen, muss man das Handtuch zusammenknüllen. Die äußeren Bereiche des Cortex enthalten die graue Substanz, die aus den Zellkörpern der ca. 16 Mrd. Neuronen des Großhirns besteht. Der Rest des Großhirns besteht aus den Axonen der Neurone, also den „verbindenden Kabeln", die aufgrund ihrer

Myelinscheide als weiße Substanz bezeichnet werden. Bei einer Fläche von etwa 2500 cm^2, was etwa vier DIN A4 Seiten entspricht, ist der Cortex nur etwa 3 mm dick. Der Cortex ist also eine flache, näherungsweise zwei-dimensionale Struktur. Alle höheren kognitiven Leistungen wie bewusste Wahrnehmung, Sprache, Denken, Gedächtnis, Bewegung und Gefühle sind im Cortex angesiedelt (Kandel et al., 2000), weshalb die Organisation des Cortex im nächsten Kapitel ausführlich dargestellt wird.

Der Hippocampus

Der Hippocampus befindet sich im medialen Temporallappen. Er ver-dankt seinen Namen der Tatsache, dass er aussieht wie ein Seepferdchen. Zusammen mit dem Mandelkern (Amygdala) gehört er zum limbischen System und bildet mit dem entorhinalen Cortex die sogenannte Hippo-campusformation. Er empfängt Input aus praktisch allen Regionen des Cortex und ist essenziell wichtig für die Bildung neuer deklarativer und episodischer Gedächtnisinhalte, insbesondere bei der Konsolidierung und dem Abruf episodischer und räumlicher Erinnerungen, sowie für die räum-liche Navigation.

Der Hippocampus gilt als höchste Ebene der kortikalen Hierarchie, da er Informationen aus verschiedenen Hirnregionen integriert und verarbeitet, bevor er sie zur Speicherung und weiteren Verarbeitung an andere Regionen weiterleitet (Hawkins & Blakeslee, 2004).

Das hippocampale Replay ist ein Phänomen, das bei der Bildung, Festigung und dem Abruf von Erinnerungen auftritt (Wilson & McNaughton, 1994). Es handelt sich dabei um die Reaktivierung von neuronalen Aktivitätsmustern, die ursprünglich während einer bestimmten Erfahrung oder eines bestimmten Ereignisses erzeugt wurden. Es wird angenommen, dass diese Wiederholung die Gedächtnisspur stärkt und stabilisiert. Es gibt zwei Hauptarten von Replay: im Wachzustand und im Schlaf. Replay im Wachzustand findet in Ruhe- oder Inaktivitätsphasen statt, wenn eine Person noch bei Bewusstsein ist, während Replay im Schlaf während des Nicht-REM-Schlafs (Tiefschlaf) auftritt. Beide Arten des Replay sind entscheidend für die Gedächtniskonsolidierung und die Integration neuer Informationen in bestehende Gedächtnisnetzwerke.

Es wird angenommen, dass der schnell lernende Hippocampus tags-über neue Gedächtnisinhalte speichert und diese dann während des Schlafs

(Replay) quasi als Trainer an den langsam lernenden Cortex überträgt. Der Hippocampus dient damit als eine Art Zwischenspeicher oder RAM (Rapid Access Memory). Dies ist die Lösung des Gehirns für das sogenannte Stabilitäts-Plastizitäts-Dilemma (Grossberg, 1982).

Dieses Dilemma ist eine grundlegende Herausforderung für neuronale Systeme, insbesondere wenn es um Lernen und Gedächtnis geht. Es verdeutlicht die Notwendigkeit, ein Gleichgewicht zwischen der Beibehaltung bereits gelernter Informationen und der Anpassung an neue Erfahrungen zu finden. Jedes neuronale System muss in der Lage sein, langfristige Erinnerungen zu speichern und abzurufen, und gleichzeitig flexibel genug sein, um neue Informationen aufzunehmen und sich an veränderte Umstände anzupassen, ohne dabei bereits gelerntes wieder zu vergessen.

Eine mögliche Lösung für das Stabilitäts-Plastizitäts-Dilemma ist daher die Existenz getrennter Gedächtnissysteme im Gehirn wie des Hippocampus und des Cortex (McClelland, 1995). Der Hippocampus ist an der schnellen Kodierung und anfänglichen Konsolidierung neuer Erinnerungen beteiligt, während der Cortex für den langsamen, schrittweisen Prozess der Gedächtniskonsolidierung und -speicherung verantwortlich ist. Diese Trennung der Gedächtnissysteme kann dazu beitragen, dass neues Lernen nicht mit bereits gespeicherten Informationen kollidiert und so ein Gleichgewicht zwischen Stabilität und Plastizität entsteht.

Der Hippocampus spielt auch eine Schlüsselrolle bei der Mustertrennung (O'Reilly & McClelland, 1994) und der Mustervervollständigung (McClelland, 1995). Mustertrennung ist der Prozess, bei dem ähnliche Erfahrungen oder Ereignisse als unterschiedliche Erinnerungen repräsentiert werden, was einen präzisen Abruf ermöglicht und Interferenzen zwischen den Erinnerungen minimiert. Die Mustervervollständigung hingegen ist der Prozess, bei dem unvollständige oder gestörte bzw. verrauschte Signale den Abruf einer vollständigen Erinnerung auslösen können.

Neuere Studien deuten außerdem darauf hin, dass der Hippocampus neben der räumlichen Navigation (Morris et al., 1982) auch die Navigation in abstrakten, mentalen Räumen ermöglicht und somit domänenübergreifend bei der Organisation von Gedanken beteiligt ist, indem er kognitive Karten beliebigen Inhalts konstruiert und flexibel auf neue Situationen und Kontexte transferiert (Bellmund et al., 2018). Diese Funktionalität könnte, wenn sie genau repliziert wird, die Fähigkeiten unserer maschinellen Lernsysteme erheblich verbessern (Bermudez-Contreras et al., 2020).

Die Basalganglien

Die Basalganglien sind eine Gruppe von Kernen tief im Gehirn, die für viele wichtige Funktionen der motorischen Kontrolle und des Lernens verantwortlich sind. Eine ihrer Hauptaufgaben besteht darin, als eine Art „Servomechanismus" für den Cortex zu fungieren, d. h., sie helfen bei der Regulierung und Feinabstimmung von Bewegungen und Handlungen, die von der Großhirnrinde initiiert werden (Kolb & Whishaw, 2009).

Eine wichtige Funktion der Basalganglien ist das Lernen und Speichern komplexer Input-Output-Zusammenhänge. Dazu erhalten sie Input aus allen sensorischen Cortexarealen und senden ihren Output über den Thalamus an die motorischen Kontrollbereiche des Cortex. Diese direkten Verbindungen wirken wie Abkürzungen in der Informationsweiterleitung und ermöglichen eine effizientere und effektivere, automatisierte Bewegungssteuerung, da der sensorische Input schneller und präziser in den entsprechenden motorischen Output umgesetzt werden kann, ohne die vergleichsweise langsame und komplexe Hierarchie der Cortexareale durchlaufen zu müssen.

Schließlich sind die Basalganglien auch an einer Form des Lernens beteiligt, die als modellfreies Verstärkungslernen bezeichnet wird (Bar-Gad et al., 2003). Das bedeutet, dass sie aus den Ergebnissen von Handlungen lernen und ihr Verhalten entsprechend anpassen können, ohne explizit ein Modell der Umgebung erstellen zu müssen. Diese Art des Lernens ist wesentlich für adaptives Verhalten und ermöglicht es uns, unsere Handlungen und Entscheidungen im Laufe der Zeit kontinuierlich zu verbessern. Die Basalganglien sind auch an kognitiven Prozessen wie Entscheidungsfindung und Motivation beteiligt.

Man geht davon aus, dass der größte Teil unserer Bewegungssteuerung unbewusst und automatisiert abläuft. Wenn man zum Beispiel Autofahren lernt, ist das eine sehr komplexe und anstrengende Aufgabe. Man muss unter anderem mit nur zwei Füßen drei Pedale bedienen und gleichzeitig alle Verkehrsteilnehmer und die Straßenschilder im Auge behalten. Praktisch alle Areale des Cortex sind dabei stark aktiviert. Doch mit zunehmender Fahrpraxis passiert etwas Interessantes. Die Großhirnrinde wird immer weniger aktiv. Ein geübter Fahrer kann quasi unbewusst, völlig automatisiert fahren. Vor allem auf Routinestrecken wie dem täglichen Weg zur Arbeit oder auf langen Autobahnfahrten ist der Cortex dabei im sogenannten Default Mode, einem Ruhezustand, den der Cortex immer dann einnimmt, wenn es „nichts zu tun gibt". Daher kann Autofahren für geübte Fahrer oft sogar meditativ sein, da der Cortex im Wesentlichen im Leerlauf ist und man sich seinen Tagträumen hingeben oder über etwas völlig anderes als das Fahren nachdenken kann. Dabei besteht allerdings auch die Gefahr, dass es zu eintönig und langweilig wird und man einschläft. Dies wäre einem bei der ersten Fahrstunde sicherlich nicht passiert.[1]

Der Cortex wird dann wieder voll aktiv, wenn eine kritische Situation eintritt. In solchen Situationen übernimmt der Cortex wieder die Kontrolle, und der Fahrer richtet seine volle Aufmerksamkeit auf die Straße, weil er schnell auf das Unerwartete reagieren muss. Sicherlich haben Sie diese oder eine ähnliche Situation selbst schon erlebt, sei es beim Fahren oder auch beim Beifahren. Sie führen während der Fahrt eine Unterhaltung, dank ihrer Basalganglien kann die Fahrerin ihren Cortex ja für etwas anderes benutzen als für das Steuern des Wagens. Als plötzlich ein Kind hinter einem geparkten Auto auf die Straße läuft, hört die Fahrerin schlagartig auf zu sprechen und richtet ihre volle Aufmerksamkeit auf die Straße.

Das Kleinhirn

Das Kleinhirn (Cerebellum) ist eine der entwicklungsgeschichtlich ältesten Hirnregionen und macht etwa 10 % des Gesamtvolumens des Gehirns aus. Das Kleinhirn besteht aus zwei Hemisphären und ist in verschiedene Lappen und Kerne unterteilt. Von den insgesamt 86 Mrd. Neuronen des Gehirns enthält das Kleinhirn mit etwa 69 Mrd. Neuronen die meisten Neurone aller Gehirnteile. In der Evolution hat das Volumen des Kleinhirns parallel zur Oberflächenvergrößerung des Cortex zugenommen und ist beim Menschen am stärksten ausgeprägt (Barton & Venditti, 2014; Sereno et al., 2020).

Das Kleinhirn ist für die Koordination und Feinabstimmung von Bewegungen verantwortlich, indem es Informationen von sensorischen Systemen und anderen Hirnregionen integriert und mit motorischen Systemen interagiert. Es unterstützt auch die Planung und Ausführung von Bewegungen sowie die Anpassung an veränderte Bedingungen und die Korrektur von Fehlern. Darüber hinaus spielt das Kleinhirn auch eine Rolle bei Kognition und Emotion, obwohl seine genaue Funktion in diesen

---

[1] Die hier beschriebene Abfolge der unterschiedlichen Phasen der neuronalen Aktivität entspricht übrigens der Kompetenzstufenentwicklung, einem Modell aus der Entwicklungspsychologie, beginnend mit unbewusster Inkompetenz über bewusste Inkompetenz und bewusste Kompetenz bis hin zur unbewussten Kompetenz (Adams, 2011).

Bereichen noch nicht vollständig verstanden ist (Kandel et al., 2000; Kolb & Whishaw, 2009).

Eine der wichtigsten Funktionen des Kleinhirns ist die zeitliche Koordination von Bewegungen, die die reibungslose Ausführung komplexer Bewegungen wie Gehen, Laufen oder das Spielen eines Musikinstruments ermöglicht. Das Kleinhirn empfängt Informationen vom Rückenmark, dem Gleichgewichtssinn und praktisch allen sensorischen Cortexarealen und nutzt diese, um Bewegungen zu koordinieren und anzupassen. Neben der Koordination von Bewegungen ist das Kleinhirn auch für die Korrektur von Bewegungsfehlern zuständig. Wenn es eine Diskrepanz zwischen der beabsichtigten und der tatsächlichen Bewegung gibt, erkennt das Kleinhirn diesen Fehler und nimmt die notwendigen Anpassungen vor, um die Bewegung zu korrigieren. Auch beim Erlernen neuer motorischer Fähigkeiten spielt das Kleinhirn eine entscheidende Rolle. Durch die ständige Anpassung und Verfeinerung der Bewegungen ermöglicht das Kleinhirn dem Menschen, seine motorischen Fähigkeiten im Laufe der Zeit zu verbessern (Kandel et al., 2000; Kolb & Whishaw, 2009).

Das Kleinhirn gliedert sich in drei Hauptteile. Das Vestibulocerebellum empfängt Informationen über die Position und Bewegung des Körpers vom vestibulären System (Gleichgewichtsorgane im Innenohr), die es zur Regulierung der Körperhaltung und des Gleichgewichts verwendet. Es ist auch für die präzise Koordination fast aller Augenbewegungen verantwortlich, die von verschiedenen okulomotorischen Zentren im Hirnstamm ausgehen (Kandel et al., 2000; Kolb & Whishaw, 2009).

Das Spinocerebellum empfängt sensorische Signale aus dem Rückenmark, die Informationen über die Stellung von Gelenken und Muskeln liefern, sowie eine kontinuierliche Rückmeldung über die Bewegungssignale, welche an das Rückenmark und die Peripherie gesendet werden. Außerdem sorgt es für eine Feinabstimmung der Bewegungssignale und dafür, dass die Bewegung wie beabsichtigt ausgeführt wird. Dazu gehört auch die komplizierte Koordination der Gesichts- und Kehlkopfmuskulatur, die für das Sprechen erforderlich ist.

Das Pontocerebellum ist funktionell mit der Großhirnrinde verbunden. Es erhält Input aus verschiedenen Bereichen, insbesondere aus den prämotorischen Zentren im Frontallappen (prämotorischer Cortex und supplementärer motorischer Cortex), wo motorische Pläne gebildet werden. Im Kleinhirn werden diese zeitlich präzise moduliert und die geplante Aktivität der beteiligten Muskeln koordiniert. Die Ergebnisse dieser Berechnungen werden an den Thalamus weitergeleitet, von wo aus sie schließlich an den motorischen Cortex als Input weitergeleitet werden (Kandel et al., 2000).

Es gibt einige Hinweise darauf, dass das Kleinhirn nicht nur für motorische Funktionen, sondern auch für kognitive Prozesse eine wichtige Rolle spielt. Für diese These gibt es verschiedene Argumente. Wie bereits erwähnt, sind die Hemisphären des Kleinhirns beim Menschen besonders ausgeprägt, was evolutionsgeschichtlich mit dem Wachstum des Großhirns und der Entwicklung der kognitiven Fähigkeiten des Menschen einhergeht. Andererseits erhält das Kleinhirn auch eine enorme Menge an Informationen aus praktisch allen Arealen der Großhirnrinde. Darüber hinaus konnte gezeigt werden, dass der Output des Kleinhirns über den Thalamus nicht nur motorische Cortexareale, sondern auch andere Bereiche des Cortex erreicht. Interessanterweise wurde auch beobachtet, dass bestimmte Läsionen, also Verletzungen, des Kleinhirns keinen Einfluss auf die Bewegungskoordination haben, was darauf schließen lässt, dass die entsprechenden Bereiche für andere, nichtmotorische Funktionen zuständig sein müssen. Schließlich haben funktionelle Untersuchungen mit modernen bildgebenden Verfahren gezeigt, dass das Kleinhirn auch bei vielen kognitiven Aufgaben aktiviert wird.

Eines der bemerkenswertesten Merkmale des Kleinhirns ist sein extrem regelmäßiger streng geometrischer Schaltplan (Abb. 4.2). Die Parallelfasern sind die Axone der Körnerzellen, welche die häufigste Art von Neuronen in der Kleinhirnrinde darstellen. Diese Fasern steigen zunächst vertikal nach oben, zweigen sich dann in zwei entgegengesetzte Äste auf und verlaufen schließlich horizontal durch die Molekularschicht des Kleinhirns, wo sie Synapsen mit den fächerartigen Dendriten von Purkinje-Zellen bilden. Die Parallelfasern gelten im Allgemeinen als nicht oder nur sehr dünn myelinisiert, wodurch diese eine sehr langsame Leitungsgeschwindigkeit aufweisen. Es wird angenommen, dass diese Eigenschaft es dem Kleinhirn ermöglicht, kleinste Zeitunterschiede zwischen eintreffenden Signalen zu detektieren. Diese Fähigkeit ist wichtig für die präzise Synchronisation und Koordination neuronaler Aktivität, was wiederum für die Rolle des Kleinhirns bei motorischer Kontrolle, Lernen und Koordination von entscheidender Bedeutung ist (Kandel et al., 2000; Kolb & Whishaw, 2009).

Interessanterweise gibt es eine Struktur im Nervensystem, welche einen ganz ähnlichen Aufbau wie das Kleinhirn hat, der Dorsale Cochleäre Nucleus (DCN) (Oertel & Young, 2004; Bell et al., 2008; Singla et al., 2017). Der DCN ist eine der ersten Verarbeitungsstufen des Hörsystems. Es wird angenommen, dass hier der Informationsgehalt des auditorischen Inputs aus der Cochlea (Hörschnecke) ermittelt und überwacht wird, indem

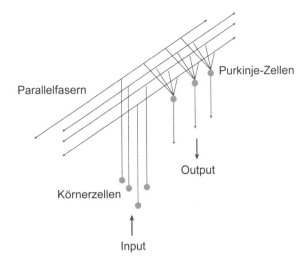

Abb. 4.2 Schaltplan des Kleinhirns. Die Körnerzellen stellen die Inputschicht des Kleinhirns dar, ihre Axone steigen auf und verzweigen sich dann zu Parallelfasern. Dort bilden sie Synapsen mit den fächerartigen Dendriten der Purkinje-Zellen, die wie eine Art von Ko-Inzidenz-Detektoren funktionieren. Nur wenn ausreichend viele Aktionspotentiale zur selben Zeit über die Parallelfasern ankommen, werden sie aktiviert

die Autokorrelation des Signals berechnet wird (Licklider, 1951; Krauss et al., 2016, 2017). Aufgrund der anatomischen Ähnlichkeit ist es naheliegend anzunehmen, dass das Kleinhirn ähnliche Berechnungen durchführt und somit zumindest teilweise eine ähnliche Funktion wie der DCN hat, nämlich den Informationsgehalt zu quantifizieren und zu regeln.

Fazit

Das Gehirn ist nicht ein einziges großes neuronales Netz, sondern weist im Gegenteil einen sehr hohen Grad an Modularität auf. Die Erforschung der Modularität des Gehirns kann wertvolle Erkenntnisse für die Entwicklung neuer KI-Systeme, -Architekturen und -Algorithmen liefern. Ein wichtiges Konzept des Maschinellen Lernens ist die Idee des modularen Lernens, bei dem ein komplexes Problem in kleinere, besser handhabbare Teilprobleme zerlegt wird. Dies ist vergleichbar mit der Art und Weise, wie das Gehirn in verschiedene Module unterteilt ist, die bestimmte Funktionen übernehmen.

Darüber hinaus bietet die Erforschung der Modularität des Gehirns auch die Möglichkeit, effizientere und spezialisiertere KI-Algorithmen zu entwickeln, die bestimmte Aufgaben mit hoher Genauigkeit ausführen können. Durch die Zerlegung einer komplexen Aufgabe in kleinere Teilaufgaben und die Entwicklung separater Module für jede Teilaufgabe kann ein KI-System für diese spezielle Aufgabe optimiert werden. Dies kann zu einer schnelleren und genaueren Leistung führen als bei einem KI-System, das versucht, alle Aufgaben in einem einzigen Modul zu erledigen.

Die modulare Organisation des Gehirns ermöglicht Flexibilität und Anpassungsfähigkeit, da verschiedene Module neu konfiguriert und für unterschiedliche Aufgaben verwendet werden können. Ebenso können KI-Systeme mit modularen Architekturen entwickelt werden, die eine einfache Integration neuer Module und die Anpassung an neue Aufgaben und Umgebungen ermöglichen. Beispielsweise könnte das Hippocampus-Cortex-System für künftige KI-Systeme als Vorbild zur Lösung des Stabilitäts-Plastizitäts-Dilemmas dienen.

Literatur

Adams, L. (2011). *Learning a new skill is easier said than done.* Gordon Training International.

Bar-Gad, I., Morris, G., & Bergman, H. (2003). Information processing, dimensionality reduction and reinforcement learning in the basal ganglia. *Progress in Neurobiology, 71*(6), 439–473.

Barton, R. A., & Venditti, C. (2014). Rapid evolution of the cerebellum in humans and other great apes. *Current Biology, 24*(20), 2440–2444.

Bell, C. C., Han, V., & Sawtell, N. B. (2008). Cerebellum-like structures and their implications for cerebellar function. *Annual Review of Neuroscience, 31,* 1–24.

Bellmund, J. L., Gärdenfors, P., Moser, E. I., & Doeller, C. F. (2018). Navigating cognition: Spatial codes for human thinking. *Science, 362*(6415), eaat6.

Bermudez-Contreras, E., Clark, B. J., & Wilber, A. (2020). The neuroscience of spatial navigation and the relationship to artificial intelligence. *Frontiers in Computational Neuroscience, 14,* 63.

Grossberg, S. (1982). How Does a Brain Build a Cognitive Code?. In: *Studies of Mind and Brain. Boston Studies inthe Philosophy of Science,* vol 70. Springer, Dordrecht. https://doi.org/10.1007/978-94-009-7758-7_1

Hawkins, J., & Blakeslee, S. (2004). *On intelligence.* Macmillan.

Kandel, E. R., Schwartz, J. H., Jessell, T. M., Siegelbaum, S., Hudspeth, A. J., & Mack, S. (Hrsg.). (2000). *Principles of neural science, Bd. 4* (S. 1227–1246). McGraw-Hill.

Kolb, B., & Whishaw, I. Q. (2009). *Fundamentals of human neuropsychology.* Macmillan.

Krauss, P., Tziridis, K., Metzner, C., Schilling, A., Hoppe, U., & Schulze, H. (2016). Stochastic resonance controlled upregulation of internal noise after hearing loss as a putative cause of tinnitus-related neuronal hyperactivity. *Frontiers in Neuroscience, 10,* 597.

Krauss, P., Metzner, C., Schilling, A., Schütz, C., Tziridis, K., Fabry, B., & Schulze, H. (2017). Adaptive stochastic resonance for unknown and variable input signals. *Scientific Reports, 7*(1), 2450.

Licklider, J. C. R. (1951). A duplex theory of pitch perception. *The Journal of the Acoustical Society of America, 23*(1), 147–147.

McClelland, J. L., McNaughton, B. L., & O'Reilly, R. C. (1995). Why there are complementary learning systems in the hippocampus and neocortex: Insights from the successes and failures of connectionist models of learning and memory. *Psychological Review, 102*(3), 419.

Morris, R. G., Garrud, P., Rawlins, J. A., & O'Keefe, J. (1982). Place navigation impaired in rats with hippocampal lesions. *Nature, 297*(5868), 681–683.

Oertel, D., & Young, E. D. (2004). What's a cerebellar circuit doing in the auditory system? *Trends in Neurosciences, 27*(2), 104–110.

O'Reilly, R. C., & McClelland, J. L. (1994). Hippocampal conjunctive encoding, storage, and recall: Avoiding a trade-off. *Hippocampus, 4*(6), 661–682.

Sereno, M. I., Diedrichsen, J., Tachrount, M., Testa-Silva, G., d'Arceuil, H., & De Zeeuw, C. (2020). The human cerebellum has almost 80% of the surface area of the neocortex. *Proceedings of the National Academy of Sciences, 117*(32), 19538–19543.

Singla, S., Dempsey, C., Warren, R., Enikolopov, A. G., & Sawtell, N. B. (2017). A cerebellum-like circuit in the auditory system cancels responses to self-generated sounds. *Nature Neuroscience, 20*(7), 943–950.

Wilson, M. A., & McNaughton, B. L. (1994). Reactivation of hippocampal ensemble memories during sleep. *Science, 265*(5172), 676–679.

5

Organisation des Cortex

Der Mensch besteht aus zwei Teilen – seinem Gehirn und seinem Körper.
Aber der Körper hat mehr Spaß.

Woody Allen

Einteilung des Cortex in Hemisphären und Lappen

Wie praktisch jeder Teil des Nervensystems existiert auch die Großhirnrinde, der Cortex, doppelt. Die beiden Hälften des Cortex werden als linke und rechte Hemisphäre bezeichnet. Anatomisch kann jede Hemisphäre grob in fünf sogenannte Lappen unterteilt werden, die durch tiefere Fissuren voneinander getrennt sind. Die Unterteilung des Cortex in Lappen ist anatomisch und funktionell von Bedeutung, da sich jedem Lappen sowohl ein bestimmtes primäres Verarbeitungsareal als auch eine ganze Funktionsgruppe zuordnen lässt. An der Oberfläche des Gehirns befinden sich der Frontal- oder Stirnlappen, der Parietal- oder Scheitellappen, der Okzipital- oder Hinterhauptlappen sowie der Temporal- oder Schläfenlappen. Der Insellappen oder auch insulärer Cortex ist von außen nicht sichtbar, da er vom Frontal-, Parietal- und Temporallappen bedeckt wird (Abb. 5.1).

Diese anatomische Einteilung korreliert ebenfalls mit den großen funktionellen Systemen des Cortex. Im Frontallappen, welcher beim

© Der/die Autor(en), exklusiv lizenziert an Springer-Verlag GmbH, DE, ein Teil von Springer Nature 2023
P. Krauss, *Künstliche Intelligenz und Hirnforschung*,
https://doi.org/10.1007/978-3-662-67179-5_5

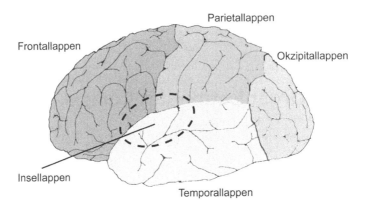

Abb. 5.1   Einteilung des Cortex in Lappen. Jede Hemisphäre des Cortex besteht aus fünf Lappen: Frontallappen, Parietallappen, Temporallappen und Okzipitallappen. Von außen nicht sichtbar, da er von den Frontal-, Parietal- und Temporallappen bedeckt wird, befindet sich der fünfte, der Insellappen (gestrichelte Line)

Menschen besonders stark ausgeprägt ist, befinden sich die motorischen Areale, welche für Bewegungssteuerung und -planung zuständig sind. Außerdem scheinen hier am vordersten Pol, dem sogenannten Orbitofrontalcortex, welcher über den Augenhöhlen liegt, grundlegende Persönlichkeitsmerkmale lokalisiert zu sein. Nach hinten schließt sich der Parietallappen an, in dem sich das primäre somatosensorische Zentrum und Areale der räumlichen Wahrnehmung befinden. Im Hinterhaupt-lappen befinden sich die Areale, welche für die visuelle Wahrnehmung zuständig sind. Im Schläfenlappen befinden sich das Hörzentrum sowie höhere visuelle Areale, z. B. für Gesichtserkennung, und Areale des Lang-zeitgedächtnisses, sogenannte multimodale Assoziationsareale. Die Insel-rinde ist bislang am wenigsten erforscht und beherbergt unter anderem das primäre Geschmacksareal sowie weitere Areale, welche vegetative Körper-zustände repräsentieren. Hier wird auch das primäre Zentrum für die basale Viszerosensitivität, d. h. für Informationen aus den Eingeweiden, vermutet.

Kolumnen: Die radiale Organisation des Cortex

Zusätzlich zur vertikalen Organisation in Schichten existiert eine radiale Organisation in sogenannte Säulen oder Kolumnen.

Mikrokolumnen (Mountcastle, 1997) sind kleinere Strukturen, die aus Gruppen von ca. 80 Neuronen mit ähnlichen Antwortmerkmalen bestehen, die durch vertikale Verbindungen stark miteinander vernetzt sind. Jede Mikrokolumne ist für eine bestimmte Merkmalsausprägung eines Sinnesreizes oder eines kognitiven Prozesses selektiv. Im visuellen Cortex kann eine Mikrokolumne beispielsweise Neurone enthalten, die alle auf eine bestimmte Ausrichtung (Winkel) oder eine bestimmte Farbe eines visuellen Reizes an einem bestimmten Ort im Gesichtsfeld reagieren. Es wird angenommen, dass Mikrokolumnen die grundlegenden Einheiten der Informationsverarbeitung im Cortex darstellen könnten. Nach dieser Auffassung wird die Information in der Aktivität der Neurone innerhalb der Mikrokolumnen kodiert und über die Mikrokolumnen hinweg integriert, um den jeweiligen Output zu bilden.

Aufgrund der Anzahl der Neurone im Cortex (ca. 16 Mrd.) und der Anzahl der Neurone pro Mikrokolumne (ca. 80) ergibt sich eine ungefähre Anzahl von ca. 200 Mio. Mikrokolumnen im Cortex. Interessanterweise entspricht dies sowohl der Anzahl an Kommissuren (Nervenfasern) im Balken, welche beide Hemisphären miteinander verbinden, als auch der Anzahl von Nervenfasern, welche den Cortex über die Pons mit dem Kleinhirn verbinden. Dies könnte darauf hindeuten, dass jede Mikrokolumne ihre Informationen im Mittel genau über eine Nervenfaser sowohl in die gegenüberliegende Hemisphäre als auch ins Kleinhirn sendet, was die Hypothese wonach die Mikrokolumnen die fundamentalen Verarbeitungseinheiten des Cortex sind unterstützt.

Makrokolumnen wiederum sind Gruppen aus etwa hundert Mikrokolumnen, welche zusammenarbeiten, um Informationen aus einer bestimmten Sinnesmodalität oder kognitiven Funktion zu verarbeiten (Mountcastle, 1997). Eine Makrokolumne besteht aus den Repräsentationen aller möglichen Ausprägungen eines bestimmten Merkmals an einem bestimmten Ort; in der visuellen Verarbeitung beispielsweise alle möglichen Winkel oder Farben eines Reizes an einem bestimmten Ort im Gesichtsfeld.

Selbstverständlich bedeutet das nicht, dass wir an einem gegebenen Ort im Gesichtsfeld jeweils nur zwischen ca. hundert verschiedenen Farben oder Winkeln unterscheiden können. Durch sogenannte Populationskodierung ist die tatsächliche Anzahl der repräsentierbaren Merkmalsausprägungen nahezu unbegrenzt. Die Populationskodierung ist ein neuronales Kodierungsschema, das sensorische oder motorische Informationen durch die Aktivität einer ganzen Population von Neuronen oder Mikrokolumnen und nicht nur durch die Aktivität einzelner Neuronen oder Kolumnen repräsentiert. Mit anderen Worten: Die Information wird durch die kombinierte Aktivität einer Gruppe von Neuronen oder Mikrokolumnen repräsentiert.

Dieses Kodierungsschema wird im Gehirn verwendet, um eine Vielzahl von Informationen wie visuelle Reize, auditive Reize und motorische Befehle darzustellen. Jedes Neuron in der Population hat eine bevorzugte Merkmalsausprägung oder einen bevorzugten Reiz, und seine Feuerungsrate ist so eingestellt, dass es am besten auf diese Ausprägung des Merkmals reagiert. Wenn der Population ein Reiz präsentiert wird, trägt jedes Neuron proportional zu seiner Empfindlichkeit für den Reiz zur Gesamtantwort bei.

Die Populationskodierung hat Vorteile gegenüber anderen Kodierungsschemata wie der Ratenkodierung oder der zeitlichen Kodierung, da sie komplexe Stimuli mit größerer Genauigkeit darstellen kann und Rauschen oder Schwankungen in der Reaktion einzelner Neuronen toleriert. Außerdem ermöglicht sie die Integration von Informationen aus verschiedenen Sinnesmodalitäten oder Quellen, was für viele kognitive Funktionen von entscheidender Bedeutung ist (Averbeck et al., 2006).

Schichten: Die vertikale Organisation des Cortex

Der Cortex ist bemerkenswert gleichmäßig aufgebaut, weshalb er auch als Isocortex (gleichförmiger Cortex) bezeichnet wird. Schneidet man ihn quer zu Oberfläche an und betrachtet die Schnitte unter verschiedenen Färbungen im Mikroskop, kann man eine vertikale Schichtstruktur erkennen. Die verschiedenen Schichten sind unterschiedlich dicht gepackt und bestehen aus verschiedenen Arten von Neuronen. Außerdem gibt es verschiedene vertikale und horizontale Verbindungen zwischen den Zellen der einzelnen Schichten. Insgesamt lassen sich sechs verschiedene Schichten unterscheiden, die in einer hoch organisierten Weise angeordnet und untereinander verbunden sind. Obwohl diese Struktur im Prinzip im gesamten Cortex an jeder Stelle gleich ist, gibt es doch auch Unterschiede. Je nachdem, wo man untersucht, variieren relative Dicke und Zelldichte der einzelnen Schichten im Schnittbild.

Brodmann-Areale

Im frühen 20. Jahrhundert untersuchte der Psychiater und Neuroanatom Korbinian Brodmann systematisch viele Schnitte aus allen Regionen des Cortex und stellte fest, dass sich der Cortex in verschiedene Areale einteilen lässt, wobei sich jedes Areal durch eine einzigartige Kombination von Zelltypen, -dichten und -schichten auszeichnet (Brodmann, 1910). Brodmann veröffentlichte ein System zur Kartierung des menschlichen Gehirns auf der Grundlage seiner Zytoarchitektur, d. h. der Organisation von Zellen in den verschiedenen Gehirnregionen. Die nach ihm benannten Brodmann-Areale sind entsprechend ihrer Lage im Gehirn nummeriert, von den primären sensorischen und motorischen Arealen im oberen zentralen Teil des Gehirns bis hin zu den komplexeren Assoziationsarealen im vorderen Teil des Gehirns. Das Nummerierungssystem reicht von 1 bis 52, wobei einige Nummern entfallen sind, weil sich später herausstellte, dass es sich bei den Arealen um Duplikate oder Kombinationen anderer Areale handelt (Abb. 5.2).

Interessanterweise korrelieren diese strukturellen anatomischen Unterschiede mit funktionellen Unterschieden. Das bedeutet, dass jedes Brodmann-Areal, das sich unter dem Mikroskop äußerlich von seinen Nachbarn unterscheidet, tatsächlich auch eine andere Funktion erfüllt. So hat man beispielsweise herausgefunden, dass in den Brodmann-Arealen 17, 18 und 19 im hinteren Teil des Gehirns visuelle Informationen verarbeitet werden, während in den Arealen 41 und 42 am oberen Rand des Schläfenlappens akustische Informationen verarbeitet werden. Areal 4 entspricht dem primären motorischen Cortex, welcher Steuerbefehle an die Skelettmuskulatur sendet, und die Areale 1, 2 und 3 entsprechen dem primären sensorischen Cortex, der für die Verarbeitung taktiler Reize von der Körperoberfläche zuständig ist.

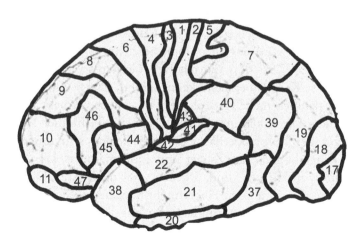

Abb. 5.2 Brodmann-Areale. Jedes Brodmann-Areal ist durch eine einzigartige Kombination von Zelltypen, Zelldichten und Schichten definiert und wird mit unterschiedlichen Funktionen und Verhaltensweisen in Verbindung gebracht. So ist das Brodmann-Areal 4 im primären motorischen Cortex für die Steuerung willkürlicher Bewegungen zuständig, während das Brodmann-Areal 17 im primären visuellen Cortex für die Verarbeitung visueller Informationen verantwortlich ist

Allerdings ist die tatsächliche Anzahl der Cortexareale deutlich größer, als es die Einteilung in 52 Brodmann-Areale nahelegt (Amunts & Zilles, 2015; Coalson et al., 2018; Gordon et al., 2016). Mithilfe von multimodalen MRT-Daten aus dem Human Connectome Project (Elam et al., 2021) und einem objektiven, halbautomatischen neuroanatomischen Ansatz konnten jüngst 180 Areale pro Hemisphäre identifiziert werden, die sich durch ihre Architektur, Funktion, Konnektivität oder Topographie unterscheiden (Glasser et al., 2016).

Doch auch dies dürfte wohl nur eine vorläufige, ungefähre Anzahl sein. Die praktische Schwierigkeit, den Cortex einerseits in sinnvoll abgegrenzte Karten oder Areale einzuteilen, und andererseits die prinzipielle Schwierigkeit, diesen Karten bestimmte Funktionen zuzuordnen, die weder zu eng gefasst noch zu allgemein sind, beschreibt David Poeppel als *Maps Problem* (Einteilung in Karten) und *Mapping Problem* (Zuordnung von Funktionen) (Poeppel, 2012).

Karten im Kopf

Eine weitere Besonderheit ist die kartenartige Organisation dieser Areale. Betrachten wir beispielsweise das primär somatosensorische Areal, also das Cortexareal, in dem die Informationen von den Tast- und Berührungsrezeptoren der Hautoberfläche verarbeitet werden, so fällt auf, dass es eine Systematik gibt. Input von benachbarten Gebieten der Haut werden auch in benachbarten Gebieten dieses Cortexareals verarbeitet. Dieses Organisationsprinzip wird als Somatotopie bezeichnet (Abb. 5.3).

Was noch auffällt, ist, dass die relativen Größen ganz anders sind, als man das von der Körperoberfläche kennt. Hand, Zunge und Lippen etwa beanspruchen deutlich mehr Platz als der Fuß und sogar mehr Platz als der gesamte Rücken. Die Erklärung dafür ist, dass die Dichte der Berührungsrezeptoren auf der Körperoberfläche je nach Region sehr unterschiedlich ist. In den Fingerkuppen, an Zunge und Lippen finden wir die höchste Rezeptordichte, an Beinen und Rücken die niedrigste. Dies leuchtet unmittelbar ein, da wir mit den Fingern sehr hochaufgelöst und exakt tasten können, was etwa auch die Grundlage für das Lesen von Blindenschrift ist. Mit dem Rücken gelingt uns das eher nicht. Die Reizdiskriminationsschwelle oder auch Tastschärfe an Fingerkuppen, Lippen und Zunge beträgt etwa einen Millimeter: Werden wir, ohne dass wir es sehen, mit zwei Nadeln gepiekst, können wir erst ab einem Abstand der Nadeln von weniger als einem Millimeter nicht mehr unterscheiden ob wir mit einer oder mit zwei Nadeln gestochen wurden. Demgegenüber beträgt die Tastschärfe

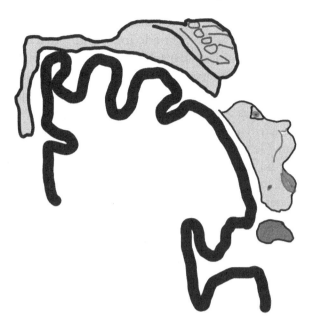

Abb. 5.3 Somatosensorischer Homunkulus. Projektion der Körperoberfläche auf das primär sensomotorische Cortexareal. Die relative Größe der Körperteile ist stark verzerrt und basiert auf der jeweiligen Dichte der Berührungs- und Tastrezeptoren. Die Repräsentationen von Hand, Zunge und Lippen beanspruchen deutlich mehr Platz als diejenigen für Fuß und Rücken

an Beinen und Rücken sogar einige Zentimeter. Eine hohe Tastschärfe ist gleichbedeutend damit, dass von der entsprechenden Körperregion sehr viel Information in den Cortex gelangt, was wiederum viel Verarbeitungskapazität beansprucht, also einen relativ großen Bereich des entsprechenden Areals. Im Gegensatz dazu wird für den Rücken, wo die Rezeptordichte am geringsten ist, nur ein relativ kleiner Bereich zur Verarbeitung benötigt.

Analog verhält es sich mit dem primären motorischen Areal, von welchem die Steuerbefehle an die Muskulatur gesendet werden. Wir können die Finger sehr fein abgestimmt und exakt bewegen, den Fuß eher nicht. Entsprechend sind die Bereiche zur Steuerung von Händen und Gesicht relativ groß im Vergleich zu den Bereichen, welche die Muskeln der Füße und Zehen kontrollieren. Versuchen Sie mal, mit Ihren Füßen Klavier zu spielen!

Auch das primär visuelle Areal (Sehrinde) folgt diesem topografischen Organisationsprinzip. Hier spricht man von Retinotopie, da der Input von der Netzhaut, der Retina kommt. Die Netzhaut ist so aufgebaut, dass die räumlichen Beziehungen zwischen den verschiedenen Teilen des Gesichtsfeldes erhalten bleiben. Das bedeutet, dass benachbarte Teile der Netzhaut mit benachbarten Teilen des Gesichtsfeldes korrespondieren. Wenn die Informationen des Sehnervs die Sehrinde im Gehirn erreichen, werden sie auf ähnliche Weise organisiert. Benachbarte Regionen der Sehrinde entsprechen benachbarten Regionen des Gesichtsfeldes, wodurch eine „Karte" der visuellen Welt entsteht. Wieder ist diese Karte keine perfekte Eins-zu-Eins-Darstellung des Gesichtsfeldes. Vielmehr gibt es Verzerrungen und Unregelmäßigkeiten in der Art und Weise, wie verschiedene Teile des Gesichtsfeldes im Gehirn repräsentiert werden. Die Fovea, die Stelle des schärfsten Sehens im relativ kleinen zentralen Bereich der Netzhaut, ist im primär visuellen Cortex stark überrepräsentiert. Obwohl die Fovea nur ca. 1 Prozent der Gesamtfläche der Netzhaut ausmacht, ist etwa die Hälfte des primär visuellen Cortex für die Verarbeitung von Informationen aus der Fovea zuständig.

Der Grund für diese starke Überrepräsentation liegt wieder in der hohen Empfindlichkeit und Sehschärfe der Fovea. Da die Fovea eine hohe Dichte an Photorezeptoren enthält und für unser schärfstes Sehen verantwortlich ist, liefert sie dem Gehirn die detailliertesten und genauesten Informationen über die visuelle Welt. Daher weist das Gehirn der Fovea einen größeren Anteil seiner Verarbeitungsressourcen zu, um sicherzustellen, dass diese Informationen mit der größtmöglichen Genauigkeit verarbeitet werden. Im Gegensatz dazu werden die peripheren Regionen des Gesichtsfeldes im visuellen Cortex stark komprimiert repräsentiert.

Das letzte Beispiel bezieht sich auf das auditorische System, das für die Wahrnehmung von Geräuschen und Sprache verantwortlich ist. Auch hier gibt es eine kartenartige Struktur, die Tonotopie, wobei hier benachbarte Frequenzen an benachbarten Stellen des primär auditorischen Areals verarbeitet werden. Der akustische Input wird an der Basilarmembran der Cochlea (Hörschnecke) in seine einzelnen Frequenzkomponenten zerlegt, wobei ähnliche Frequenzen an benachbarten Orten der Basilarmembran repräsentiert werden. Diese Tonotopie setzt sich in allen weiteren Verarbeitungsstationen der Hörbahn bis zum primären auditorischen Cortexareal fort.

Bekanntlich nutzen die meisten Fledermäuse Ultraschall-Echoortung, um ihre Beute und Hindernisse in ihrer Umgebung auch bei Dunkelheit zu lokalisieren. Sie können dann anhand der Laufzeit und der Frequenzverschiebung des Echos Informationen über die Position und Bewegung der Objekte in ihrer Umgebung ableiten. Der Frequenzbereich der von den Fledermäusen ausgesendeten Ultraschallwellen ist für sie daher besonders wichtig und wird in ihrem auditorischen System entsprechend hoch aufgelöst repräsentiert, d. h., sie können in diesem Bereich kleinste Frequenz unterschiede erkennen und er nimmt dementsprechend überproportional viel Raum in ihrem primär auditorischen Cotexareal ein, weshalb man in Analogie zum visuellen System des Menschen auch von einer „auditorischen Fovea" spricht.

Tatsächlich findet man die kartenartige Organisation in allen sensorischen Modalitäten und im motorischen System, wobei sie jeweils in den primären Arealen am offensichtlichsten ist, da diese Areale der Außenwelt quasi am nächsten sind. Die primär sensorischen Areale stellen die Input-Areale des Cortex dar, empfangen also ihre Eingaben aus den Sinnesorganen, während das primär motorische Areal das Output-Areal des Cortex ist, welches seine Ausgabe an die Muskulatur und damit quasi an die Außenwelt sendet. Im Gegensatz dazu empfangen alle anderen Areale ihren Input von anderen Cortexarealen und senden ihren Output ebenfalls wieder an andere Cortex-areale. Da die Struktur des Cortex grundsätzlich überall dieselbe ist, ist davon auszugehen, dass auch die fundamentalen Funktionsprinzipien in allen Cortexarealen dieselben sind. Das heißt, dass jedes Areal eine Karte seines Inputs anlegt, wobei ähnlicher Input an benachbarten Orten repräsentiert ist und häufigerer und damit wichtigerer Input mehr Raum auf der Karte einnimmt. Mit zunehmendem Abstand des jeweiligen Areals von der Außenwelt werden die Repräsentationen jedoch immer abstrakter und die kartenartige Organisation damit schwerer nachzuvollziehen.

Der kanonische Schaltkreis des Cortex

Die sechs Schichten des Cortex sind auf eine bestimmte Art und Weise mit-einander verbunden. Obwohl grundsätzlich alle möglichen Kombinationen von Verbindungen existieren, sind einige deutlich stärker ausgeprägt als andere. Aus dieser Tatsache ergibt sich folgendes Muster für den Informationsfluss innerhalb eines Cortexareals: Der Input aus den Sinnes-organen (bei primären sensorischen Arealen) oder von anderen, niedrigeren Cortexarealen gelangt zunächst in die Schicht 4. Von dort wird die Information zu den Schichten 2/3 weitergeleitet und schließlich in Schicht 5/6, die als Output-Schicht des Cortex fungiert, von wo aus die Information zurück zum Thalamus oder zu niedrigeren Cortexarealen als Feedback übertragen wird. Außerdem projizieren Fasern aus den Schichten 2/3 in weitere Cortexareale. Je nachdem, welche Schicht jeweils Quelle und Ziel ist, lassen sich drei verschiedene Verbindungstypen zwischen je zwei Cortex-arealen unterscheiden: aufsteigende (bottom-up, feed-forward), absteigende (top-down, feedback) und horizontale (laterale) Verbindungen (Kolb & Whishaw, 2009; Kandel et al., 2000; Imam & Finlay, 2020) (Abb. 5.4).

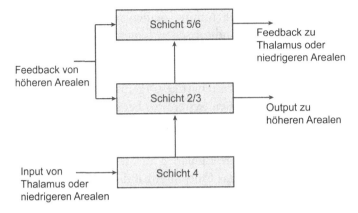

Abb. 5.4 Informationsfluss in den Cortexschichten. Die sechs Schichten des Cortex sind spezifisch miteinander verbunden. Input von Sinnesorganen oder hierarchisch niedrigeren Cortexarealen gelangt zu Schicht 4, wird zu den Schichten 2/3 weitergeleitet und erreicht schließlich die Output-Schichten 5/6. Von dort wird Feedback an den Thalamus oder hierarchisch niedrigere Cortexareale zurück gesendet. Zudem projizieren Fasern aus Schichten 2/3 in hierarchisch höhere Cortexareale oder über den Balken in homologe Areale auf der anderen Hemisphäre. Feedback von höheren Arealen endet in den Schichten 2/3 und 5/6

Hierarchie der Cortexareale

Durch Analyse der Art der Verbindungen zwischen den Cortexarealen lässt sich eine Art Schaltplan des Informationsflusses durch die Areale rekonstruieren. Es zeigt sich, dass die Areale des Cortex hierarchisch-parallel organisiert sind, d. h., auf jeder Hierarchieebene gibt es in der Regel nicht nur eines, sondern mehrere Areale, wobei die Anzahl der Areale pro Ebene mit steigendem Hierarchie-Level ebenfalls zunimmt. Interessanterweise stellt sich dabei heraus, dass der Hippocampus an der Spitze der Hierarchie der sensorischen Areale steht (Kolb & Whishaw, 2009; Felleman & Van Essen, 1991; Van Essen et al., 1992) (Abb. 5.5).

Fazit

Die Großhirnrinde weist eine beeindruckend einheitliche Struktur auf, die eine hierarchisch-parallele Verarbeitung ermöglicht, wobei die Cortexareale kartenartig organisiert sind. Sie repräsentieren ihren jeweiligen Input topologieerhaltend nach Ähnlichkeit und Wichtigkeit. Ähnlicher Input wird in benachbarten Bereichen verarbeitet, wobei die relative Größe des Bereichs mit der Informationsmenge und somit der Wichtigkeit des Inputs korreliert.

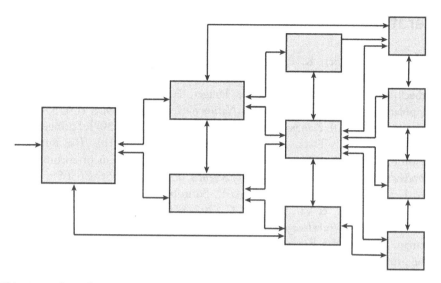

Abb. 5.5 Hierarchisch-parallele Organisation des Cortex. Die Analyse der Verbindungen zwischen Cortexarealen ermöglicht die Rekonstruktion eines Schaltplans des Informationsflusses. Die Areale sind hierarchisch und parallel angeordnet, wobei auf jeder Ebene mehrere Areale vorhanden sind und die Anzahl der Areale pro Ebene mit höherem Hierarchie-Level zunimmt

Das Verständnis der Organisation und Funktion des Cortex könnte wichtige Auswirkungen auf die Entwicklung neuer KI-Architekturen haben.

Erkenntnisse über die vertikale und horizontale Organisation des Cortex könnten zur Entwicklung neuer Architekturen für tiefe neuronale Netze beitragen, um die Informationsverarbeitung in verschiedenen Schichten und zwischen verschiedenen Bereichen des Netzes effizienter zu gestalten. Darüber hinaus könnte die Untersuchung der Funktionsweise von Mikro- und Makrokolumnen sowie der Populationskodierung im Cortex dazu beitragen, neue Ansätze für die Informationsverarbeitung und -repräsentation in künstlichen neuronalen Netzen zu entwickeln, die möglicherweise robuster und effizienter sind. Die Analyse kanonischer Schaltkreise und des Informationsflusses im Cortex könnte zur Entwicklung neuer Algorithmen und Lernstrategien für künstliche neuronale Netze beitragen, die sowohl lokale als auch globale Informationen berücksichtigen und besser auf Feedback reagieren.

Schließlich könnte das Verständnis der Rolle des Hippocampus in der Hierarchie der sensorischen Areale und seiner Beteiligung an der Informationsverarbeitung und -integration dazu beitragen, neue Modelle der künstlichen Intelligenz zu entwickeln, die besser in der Lage sind, räumlich-zeitliche Informationen zu verarbeiten und ein Langzeitgedächtnis aufzubauen.

Literatur

Amunts, K., & Zilles, K. (2015). Architectonic mapping of the human brain beyond Brodmann. *Neuron, 88*(6), 1086–1107.

Averbeck, B. B., Latham, P. E., & Pouget, A. (2006). Neural correlations, population coding and computation.*Nature Reviews Neuroscience, 7*(5), 358–366.

Brodmann, K. (1910). *Feinere Anatomie des Grosshirns* (S. 206–307). Springer.

Coalson, T. S., Van Essen, D. C., & Glasser, M. F. (2018). The impact of traditional neuroimaging methods on the spatial localization of cortical areas. *Proceedings of the National Academy of Sciences, 115*(27), E6356–E6365.

Elam, J. S., Glasser, M. F., Harms, M. P., Sotiropoulos, S. N., Andersson, J. L., Burgess, G. C., … & Van Essen, D. C. (2021). The human connectome project: A retrospective. *NeuroImage, 244*, 118543.

Felleman, D. J., & Van Essen, D. C. (1991). Distributed hierarchical processing in the primate cerebral cortex. *Cerebral Cortex, 1*(1), 1–47.

Glasser, M. F., Coalson, T. S., Robinson, E. C., Hacker, C. D., Harwell, J., Yacoub, E., … & Van Essen, D. C. (2016). A multi-modal parcellation of human cerebral cortex. *Nature, 536*(7615), 171–178.

Gordon, E. M., Laumann, T. O., Adeyemo, B., Huckins, J. F., Kelley, W. M., & Petersen, S. E. (2016). Generation and evaluation of a cortical area parcellation from resting-state correlations. *Cerebral Cortex, 26*(1), 288–303.

Imam, N., & Finlay, B. L. (2020). Self-organization of cortical areas in the development and evolution of neocortexs. *Proceedings of the National Academy of Sciences, 117*(46), 29212–29220.

Kandel, E. R., Schwartz, J. H., Jessell, T. M., Siegelbaum, S., Hudspeth, A. J., & Mack, S. (Hrsg.). (2000). *Principles of neural science* (Bd. 4, S. 1227–1246). McGraw-Hill.

Kolb, B., & Whishaw, I. Q. (2009). *Fundamentals of human neuropsychology*. Macmillan.

Mountcastle, V. B. (1997). The columnar organization of the neocortex. *Brain: A Journal of Neurology, 120*(4), 701–722.

Poeppel, D. (2012). The maps problem and the mapping problem: Two challenges for a cognitive neuroscience of speech and language. *Cognitive Neuropsychology, 29*(1–2), 34–55.

Van Essen, D. C., Anderson, C. H., & Felleman, D. J. (1992). Information processing in the primate visual system: An integrated systems perspective. *Science, 255*(5043), 419–423.

6

Methoden der Hirnforschung

Man erblickt nur, was man schon weiß und versteht.

Johann Wolfgang von Goethe

Bildgebende Verfahren: Dem Gehirn beim Denken zuschauen

Bildgebende Verfahren sind Methoden, mit denen Bilder des Gehirns oder anderer Körperstrukturen erstellt werden. Bildgebende Verfahren spielen in der Hirnforschung eine wichtige Rolle, da sie es den Forschern ermöglichen, detaillierte Informationen über das Gehirn zu sammeln und zu analysieren. Mit diesen Techniken kann die Gehirnaktivität bei verschiedenen Aufgaben gemessen werden, und es lässt sich nachvollziehen, wie verschiedene Gehirnregionen miteinander interagieren. Bildgebende Verfahren können auch helfen, Krankheiten und Störungen des Gehirns wie Schlaganfall, Demenz und Epilepsie zu erkennen und zu untersuchen. Insgesamt sind bildgebende Verfahren ein wichtiger Bestandteil der Hirnforschung und tragen dazu bei, unser Verständnis des Gehirns und seiner Funktionsweise zu erweitern.

© Der/die Autor(en), exklusiv lizenziert an Springer-Verlag GmbH, DE, ein Teil von Springer Nature 2023
P. Krauss, *Künstliche Intelligenz und Hirnforschung,*
https://doi.org/10.1007/978-3-662-67179-5_6

CT

Die Computertomografie (CT) erzeugt mithilfe von Röntgenstrahlen detaillierte Schnittbilder des Gehirns. Dabei werden Röntgenbilder des Kopfes aus verschiedenen Blickwinkeln aufgenommen und im Computer zu einem dreidimensionalen Bild des Gehirns rekonstruiert. Das resultierende Bild zeigt die Strukturen des Gehirns, einschließlich der Ventrikel, des Schädels und der Blutgefäße. Die CT-Bildgebung ist ein gängiges Verfahren zur Diagnose neurologischer Erkrankungen wie Schlaganfall, Schädel-Hirn-Trauma und Hirntumoren. Allerdings liefert die CT-Bildgebung keine Informationen über die funktionelle Aktivität des Gehirns, die mit anderen bildgebenden Verfahren wie PET, fMRI, EEG und MEG gewonnen werden können (Ward, 2015; De Groot & Hagoort, 2017).

PET

Die Positronen-Emissions-Tomografie (PET) macht die Stoffwechselaktivität von Zellen und Geweben im Körper sichtbar. Dabei wird eine kleine Menge einer radioaktiven Substanz, ein sogenannter Radiotracer, in den Körper gespritzt. Der Radiotracer sendet Positronen aus, positiv geladene Teilchen, die mit Elektronen im Körper in Wechselwirkung treten. Wenn ein Positron auf ein Elektron trifft, vernichten sie sich gegenseitig und erzeugen Gammastrahlen, die vom PET-Scanner erfasst werden. Der PET-Scanner nimmt diese Gammastrahlen auf und erzeugt daraus ein dreidimensionales Bild der Stoffwechselaktivität des Gehirns. Da das Gehirn jedoch ständig aktiv ist, können aussagekräftige Daten mit PET nur durch Subtraktion zweier Bilder erzeugt werden. In der Regel wird dazu ein Bild während einer bestimmten kognitiven Aufgabe oder eines bestimmten Reizes sowie ein weiteres Bild von der Hintergrundaktivität des Gehirns aufgenommen und anschließend das Differenzbild berechnet (Ward, 2015; De Groot & Hagoort, 2017).

MRT

Die Magnetresonanztomografie (MRT), auch Kernspintomografie genannt, nutzt die Eigenschaft von Wasserstoffkernen, sich entlang magnetischer Feldlinien auszurichten, um detaillierte Bilder zu erzeugen. Kurze magnetische

Pulse regen die ausgerichteten Kerne zur Aussendung elektromagnetischer Wellen an, die detektiert und zur Bestimmung der Verteilung von Wasserstoff, hauptsächlich in Form von Wasser, verwendet werden. Die funktionelle Magnetresonanztomografie (fMRT) nutzt die Tatsache, dass der rote Blutfarbstoff das magnetische Signal der Wasserstoffkerne unterschiedlich stark beeinflusst, je nachdem, ob er Sauerstoff gebunden hat oder nicht. Aus dem Vergleich von Messungen unter verschiedenen Stimulationsbedingungen lassen sich Veränderungen der Sauerstoffsättigung des Blutes (Blood Oxygenation Level Difference, BOLD) ableiten, die als indirektes Maß für die Veränderung der Durchblutung eines bestimmten Hirnareals dienen. Dahinter steht die Annahme, dass aktive Hirnareale mehr Sauerstoff benötigen und daher stärker durchblutet sind. Das BOLD-Signal baut sich langsam auf und erreicht etwa sechs bis zehn Sekunden nach Beginn des Stimulus ein Maximum, bevor es langsam wieder abfällt. Im Vergleich zu MEG und EEG hat die Kernspintomografie eine geringere zeitliche Auflösung von etwa einer Aufnahme pro Sekunde (1 Hz), dafür aber eine wesentlich höhere räumliche Auflösung im Bereich von etwa einem Kubikmillimeter (Menon & Kim, 1999), d. h., die Aktivität des Gehirns kann in etwa einer Million sogenannter Voxel[1] gleichzeitig gemessen werden (Ward, 2015; De Groot & Hagoort, 2017).

EEG und MEG

Die Elektroenzephalografie (EEG) ist eine nichtinvasive Methode zur Messung der elektrischen Aktivität des Gehirns mithilfe von Elektroden, die auf der Kopfhaut angebracht werden. Die verschiedenen Muster der elektrischen Aktivität des Gehirns werden zur Diagnose von neurologischen Erkrankungen wie Epilepsie, Schlafstörungen, Hirntumoren und Kopfverletzungen verwendet und sind auch in der Forschung zur Untersuchung von Gehirnfunktionen und Verhalten von Bedeutung. Die EEG ist für ihre extrem hohe zeitliche Auflösung bekannt, da sie bis zu 100.000 Messungen pro Sekunde (100 kHz) durchführen kann. Die räumliche Auflösung ist jedoch begrenzt, und die elektrischen Felder werden durch das Hirngewebe stark gedämpft. Mit sogenannten High-Density-EEG-Systemen kann die Gehirnaktivität in 128 über die Kopfoberfläche verteilten Kanälen gleichzeitig gemessen werden. Die EEG eignet sich am besten zur Messung der

---

[1] Ein Voxel, von Volumen-Pixel, ist das dreidimensionale Analogon zu einem Pixel (Bildpunkt).

Aktivität der Großhirnrinde, insbesondere der Gyri, da diese in unmittelbarer Nähe des Schädelknochens liegen. Für die Messung der Aktivität tieferer Hirnregionen ist die MEG besser geeignet (Ward, 2015; De Groot & Hagoort, 2017).

Die Magnetenzephalografie (MEG) ist ebenfalls eine nichtinvasive Methode und dient der Messung der magnetischen Aktivität des Gehirns mithilfe von supraleitenden Magnetometern (Hämäläinen et al., 1993), sogenannten SQUIDs (Super Conducting Quantum Interference Devices). Ähnlich wie die EEG kann die MEG zur Diagnose von neurologischen Erkrankungen wie Epilepsie oder Hirntumoren, aber auch in der Forschung zur Untersuchung von Hirnfunktionen und Verhalten eingesetzt werden. Die MEG zeichnet sich ebenfalls durch eine extrem hohe zeitliche Auflösung aus, da die Gehirnaktivität mit bis zu 100.000 Messungen pro Sekunde (100 kHz) erfasst werden kann. Die räumliche Auflösung ist etwas besser als bei der EEG (ca. 250 über die Kopfoberfläche verteilte Magnetometer). Da magnetische Felder durch Hirngewebe praktisch nicht gedämpft oder verzerrt werden, eignet sich die MEG besonders gut zur Messung der Aktivität in den Sulci des Cortex und auch in tieferen Hirnregionen unterhalb der Großhirnrinde (subcorticale Regionen). MEG und EEG ergänzen sich daher gut und können simultan in kombinierten M/EEG-Messungen eingesetzt werden (Ward, 2015; De Groot & Hagoort, 2017).

Ereigniskorrelierte Potentiale und Felder

Ereigniskorrelierte   Potentiale (EKPs) (engl. Event-Related   Potentials, ERP) sind ein Maß für die Hirnaktivität, die mit EEG gemessen werden kann, während die Versuchsperson eine bestimmte Aufgabe ausführt oder mit bestimmten Reizen konfrontiert wird (Handy, 2005; Sur & Sinha, 2009). EKPs sind zeitlich auf die Präsentation des Reizes oder Ereignisses aligniert und nur sichtbar, wenn sie über viele (mindestens 50) Messwiederholungen gemittelt werden. Das liegt daran, dass das Rauschen auf den eigentlichen EKPs um den Faktor zehn bis hundert größer ist als das eigentliche Signal. EKPs repräsentieren die neuronale Aktivität, die mit der kognitiven oder sensorischen Verarbeitung eines Ereignisses verbunden ist. EKPs werden in der Regel durch ihre Polarität, Latenz und Amplitude charakterisiert. Die Polarität bezieht sich darauf, ob das an der Kopfhaut aufgezeichnete elektrische Potential im Verhältnis zu einer Referenzelektrode positiv oder negativ ist. Die Latenz ist das Zeitintervall zwischen der Stimuluspräsentation und dem Auftreten der Spitze der ERP-Wellenform.

Die Amplitude spiegelt die Stärke oder Größe des an der Kopfhaut aufgezeichneten elektrischen Potentials wider. EKPs werden in den kognitiven
Neurowissenschaften häufig verwendet, um kognitive Prozesse wie Aufmerksamkeit, Gedächtnis, Sprache, Wahrnehmung und Entscheidungsfindung
zu untersuchen. Sie können Aufschluss über die neuronalen Mechanismen
geben, die diesen Prozessen zugrunde liegen, und können auch als Biomarker für verschiedene neurologische und psychiatrische Störungen verwendet werden. Ereigniskorrelierte Felder (Event-Related Fields, ERF)
entsprechen dem mit MEG gemessenen magnetischen Analogon der EKPs
(Ward, 2015; De Groot & Hagoort, 2017).

Intrakranielle EEG

Intrakranielle Elektroenzephalografie (iEEG) ist eine invasive Technik zur
Messung der Gehirnaktivität (Parvizi & Kastner, 2018). Dabei werden
Elektroden direkt am oder im Gehirn platziert, normalerweise während
einer Operation, um die elektrische Aktivität aufzuzeichnen. Dies ermöglicht eine sehr hohe räumliche Auflösung, da die Elektroden in bestimmten
Regionen des Gehirns platziert werden, oft in unmittelbarer Nähe des
interessierenden Bereichs. iEEG hat auch eine sehr hohe zeitliche Auflösung,
wodurch elektrische Signale mit einer Rate von bis zu mehreren tausend
Mal pro Sekunde aufgezeichnet werden können (Ward, 2015; De Groot &
Hagoort, 2017). Patienten, die wegen einer medikamentenresistenten Epilepsie behandelt werden, werden einige Wochen vor der OP zur Resektion
ihres Epilepsieherdes zu diagnostischen Zwecken iEEG-Elektroden
implantiert, um festzustellen, welche Hirnregionen bei der Operation
geschont werden müssen, damit wichtige Funktionen wie Sprache erhalten
bleiben. Diese Patienten nehmen häufig an neuropsychologischen Studien
teil, da die so gewonnenen Daten äußerst selten und wertvoll sind.

Fazit

Heute stehen diverse Techniken zur Verfügung, um die Struktur und Aktivität des Gehirns zu messen. Jede Methode hat spezifische Vor- und Nach-
teile und keine Methode ist perfekt. Idealerweise werden komplementäre
Methoden wie MEG und EEG oder fMRT und EEG simultan eingesetzt,
um ein vollständigeres Bild der Gehirnaktivität zu bekommen. Doch selbst
dann sind wir noch weit davon entfernt, das Gehirn in der raumzeitlichen

Auflösung auslesen zu können, die erforderlich wäre, um den exakten zeitlichen Aktivitätsverlauf jedes Neurons und jeder Synapse zu erfassen. Das ist ein Grund, weshalb Computermodelle der Gehirnfunktion zwingend notwendig sind. Im Gegensatz zum Gehirn bieten simulierte Modelle den entscheidenden Vorteil, dass alle internen Parameter und Variablen zu jeder Zeit mit beliebiger Genauigkeit ausgelesen werden können.

Literatur

De Groot, A. M., & Hagoort, P. (Hrsg.). (2017). *Research methods in psycholinguistics and the neurobiology of language: A practical guide.* Wiley.

Hämäläinen, M., Hari, R., Ilmoniemi, R. J., Knuutila, J., & Lounasmaa, O. V. (1993). Magnetoencephalography – Theory, instrumentation, and applications to noninvasive studies of the working human brain. *Reviews of Modern Physics, 65*(2), 413.

Handy, T. C. (Hrsg.). (2005). *Event-related potentials: A methods handbook.* MIT press.

Menon, R. S., & Kim, S. G. (1999). Spatial and temporal limits in cognitive neuroimaging with fMRI. *Trends in Cognitive Sciences, 3*(6), 207–216.

Parvizi, J., & Kastner, S. (2018). Promises and limitations of human intracranial electroencephalography. *Nature Neuroscience, 21*(4), 474–483.

Sur, S., & Sinha, V. K. (2009). Event-related potential: An overview. *Industrial Psychiatry Journal, 18*(1), 70.

Ward, J. (2015). *The student's guide to cognitive neuroscience.* Psychology Press.

7

Gedächtnis

Das Langzeitgedächtnis ist das Ergebnis dauerhafter Veränderungen, die durch das Wachstum neuer synaptischer Verbindungen entstehen.

Eric Kandel

Das Gedächtnis als Informations-verarbeitungssystem

Gedächtnis ist ein wesentlicher Aspekt der menschlichen Kognition, da es dem Gehirn ermöglicht, Informationen zu kodieren, zu speichern und über einen längeren Zeitraum hinweg abzurufen (Milner et al., 1998; Kandel, 2007). Die Erinnerung an vergangene Ereignisse bildet die Grundlage für die Entwicklung von Sprache, sozialen Beziehungen und persönlicher Identität. Ohne das Gedächtnis wäre die menschliche Erfahrung stark eingeschränkt.

Das Gedächtnis ist als mehrstufiges Informationsverarbeitungssystem organisiert. In der ersten Stufe nehmen die Sinnesorgane Informationen aus der Umwelt auf. Die nachgeschaltete modalitätsspezifische neuronale Verarbeitung wirkt als Ultrakurzzeit- oder sensorisches Gedächtnis. Von den Sinnessystemen wird die vorverarbeitete Information weiter an das Kurzzeit- und ggf. das Arbeitsgedächtnis übertragen. In dieser Phase werden die eingehenden sensorischen Informationen vorübergehend gespeichert und ggf. mit Informationen aus anderen Modalitäten und kognitiven Systemen integriert

P. Krauss, *Künstliche Intelligenz und Hirnforschung*, https://doi.org/10.1007/978-3-662-67179-5_7

und verarbeitet. Von dort aus können die Informationen eventuell konsolidiert und in das Langzeitgedächtnis übertragen werden (Atkinson & Shiffrin, 1968). Das Langzeitgedächtnis ist für die Speicherung von Informationen über längere Zeiträume bis hin zur gesamten Lebensspanne zuständig. In dieser Phase werden Erinnerungen zu einem Teil der persönlichen Biografie und tragen zur Entwicklung der Persönlichkeit und des Selbstbildes bei.

Die Fähigkeit, Informationen über einen längeren Zeitraum zu speichern und abzurufen, ist ebenfalls entscheidend für die Kontrolle zukünftiger Handlungen. Die im Gedächtnis gespeicherten Informationen bilden die Grundlage für Entscheidungen und ermöglichen es dem Individuum, auf frühere Erfahrungen zurückzugreifen, um somit aktuelle Handlungen zu beeinflussen. Das Gedächtnis spielt damit eine entscheidende Rolle bei der Steuerung des Verhaltens und der Reaktionen eines Organismus auf seine Umwelt (Squire, 1987, 1993; Mandler, 1967).

Sensorisches Gedächtnis

Das sensorische Gedächtnis ist die erste Stufe im Informationsverarbeitungssystem des Gedächtnisses. Es speichert Informationen, die über die Sinnesorgane aufgenommen werden, nur für einen sehr kurzen Zeitraum, in der Regel weniger als eine Sekunde. Das sensorische Gedächtnis ist entscheidend dafür, dass wir die Welt um uns herum wahrnehmen und verarbeiten können. Man unterscheidet je nach Sinnesmodalität verschiedene Arten des sensorischen Gedächtnisses, darunter das ikonische, das echoische und das haptische Gedächtnis.

Das ikonische Gedächtnis bezieht sich auf visuelle Reize und ermöglicht es, ein Bild kurz vor dem geistigen Auge zu behalten (Sperling, 1963). Diese Art des Gedächtnisses spielt eine entscheidende Rolle bei Aufgaben wie Lesen, bei denen sich die Augen schnell bewegen müssen, um den Text zu verarbeiten. Das echoische Gedächtnis hingegen bezieht sich auf auditive Reize und ermöglicht es, gehörte Laute oder Wörter für kurze Zeit zu behalten, was die Grundlage für die Fähigkeit zur Verarbeitung von Sprache und Kommunikation darstellt. Das haptische Gedächtnis schließlich bezieht sich auf taktile Reize und ermöglicht es, Empfindungen körperlicher Berührungen für kurze Zeit zu speichern. Diese Art des Gedächtnisses ist wichtig, damit sich Menschen in ihrer Umgebung zurechtfinden und mit Objekten in ihrer Umgebung interagieren können.

Es wird angenommen, dass das sensorische Gedächtnis der kurzfristigen neuronalen Aktivität in spezifischen sensorischen Gehirnregionen wie dem visuellen oder dem auditorischen Cortex entspricht. Die genauen neuronalen Korrelate des sensorischen Gedächtnisses variieren je nach der Art der sensorischen Information, die gespeichert wird, und es wird weiterhin erforscht, wie diese Informationen im Gehirn verarbeitet und aufrechterhalten werden (Gazzaniga et al., 2006).

Das Partial-Report-Paradigma, das 1963 von George Sperling eingeführt wurde (Sperling, 1963), ist eine Methode zur Untersuchung des sensorischen Gedächtnisses. In der klassischen Variante wird den Probanden eine Matrix von Buchstaben oder Zahlen für eine sehr kurze Zeit präsentiert, in der Regel für etwa 50 Millisekunden. Unmittelbar danach ertönt ein Ton oder ein Hinweis, der angibt, welche Zeile des Gitters die Teilnehmenden nennen sollen. Die Versuchspersonen werden dann gebeten, die Buchstaben oder Zahlen aus der angegebenen Zeile zu wiederholen. Sperling fand heraus, dass die Teilnehmenden in der Lage waren, fast alle Buchstaben in der angegebenen Reihe zu nennen, wenn der Ton oder der Hinweis unmittelbar nach dem Verschwinden des Gitters gegeben wurde, wohlgemerkt obwohl die Teilnehmenden vor der Präsentation der Matrix nicht wussten, auf welche Zeile es ankam. Dies deutet darauf hin, dass das sensorische Gedächtnis eine relative große Speicherkapazität haben muss, da offensichtlich für eine kurze Zeitspanne alle Zeilen der Matrix gespeichert werden können. Wurde der Hinweis auf die Zeile jedoch um einige hundert Millisekunden verzögert, konnten sich die Teilnehmer meist nur noch an sehr wenige Buchstaben der entsprechenden Zeile erinnern. Dies wiederum deutet darauf hin, dass das sensorische Gedächtnis schnell verblasst.

Sperling führte auch eine weitere Variante des Paradigmas ein, das Full-Report-Paradigma, bei dem die Testpersonen gebeten werden, sich an alle Buchstaben oder Ziffern des Gitters zu erinnern und nicht nur an die in einer bestimmten Zeile. Im Allgemeinen sind die Teilnehmenden dann aber nur in der Lage, sich an einige wenige Buchstaben oder Ziffern der gesamten Matrix zu erinnern, unabhängig davon, ob der Hinweis sofort oder später erfolgt. Dies deutet darauf hin, dass der bewusste Zugriff auf das sensorische Gedächtnis eine begrenzte Kapazität hat, die kleiner ist als die eigentliche Speicherkapazität des sensorischen Gedächtnisses.

Das Partial-Report-Paradigma ist in der Forschung zum sensorischen Gedächtnis und zur Aufmerksamkeit weit verbreitet und hat wichtige Einblicke in die Natur dieser Prozesse geliefert. Es wurde auch zur Untersuchung der visuellen und auditiven Wahrnehmung sowie der Kodierung und des Abrufs von Erinnerungen verwendet (Abb. 7.1).

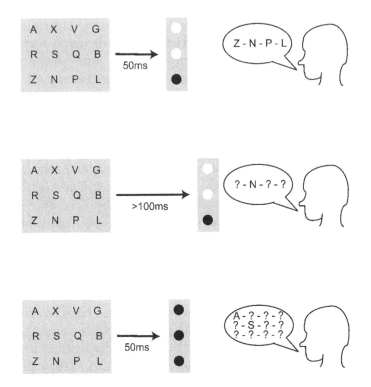

Abb. 7.1 Partial-Report-Paradigma. Oben: Das sensorische Gedächtnis hat eine relativ große Speicherkapazität, da fast alle Buchstaben in der angegebenen Zeile genannt werden können, wenn der Hinweis unmittelbar gegeben wird. Mitte: Es verblasst jedoch schnell, was gezeigt wird, wenn der Hinweis verzögert gegeben wird. Unten: Beim Full-Report-Paradigma wird gezeigt, dass der bewusste Zugriff auf das sensorische Gedächtnis eine begrenzte Kapazität hat, die kleiner ist als die Speicherkapazität des sensorischen Gedächtnisses selbst

Kurzzeitgedächtnis

Als Kurzzeitgedächtnis bezeichnet man die Fähigkeit, eine kleine Menge von Informationen vorübergehend für einige Sekunden bis zu einer Minute zu speichern, ohne sie zu verändern. Es beruht auf der kurzfristigen neuronalen Aktivität in multimodalen Gehirnregionen, insbesondere im präfrontalen, parietalen und temporalen Cortex (Fuster & Alexander, 1971; Funahashi et al., 1989). Es wird auch eine Beteiligung von Thalamus, Basalganglien und Kleinhirn diskutiert.

Das Kurzzeitgedächtnis ist für das tägliche Leben unerlässlich, da es uns beispielsweise ermöglicht, uns wichtige Details wie Telefonnummern, Adressen oder Wegbeschreibungen zu merken. Das Kurzzeitgedächtnis hat jedoch eine sehr begrenzte Kapazität. Diese wird häufig mit der „magischen Zahl" sieben angegeben. Das geht auf eine Publikation von George Miller aus den 1950er-Jahren zurück (Miller, 1956). Dort schlug er vor, dass die durchschnittliche Anzahl von Elementen oder „Chunks", die im Kurzzeitgedächtnis gespeichert werden können, sieben plus oder minus zwei beträgt. Demnach müssten die meisten Menschen zu einem bestimmten Zeitpunkt fünf bis neun Informationseinheiten gleichzeitig speichern können. Neuere Forschungsergebnisse deuten jedoch darauf hin, dass die tatsächliche Zahl etwas niedriger sein könnte, und gehen von einer durchschnittlichen Kapazität von nur etwa vier Chunks aus (Cowan, 2001; Luck & Vogel, 1997; Rouder et al., 2008). Das heißt, wenn wir versuchen, uns mehr als diese vier bis fünf Objekte oder Inhalte zu merken, gelingt uns das nur sehr schlecht und wir werden wahrscheinlich einige davon vergessen.

Glücklicherweise gibt es aber Methoden, die Kapazität des Kurzzeitgedächtnisses zu erhöhen. Eine wirksame Strategie ist das sogenannte Chunking, bei dem einzelne Informationen zu größeren Blöcken zusammengefasst werden. Wenn wir z. B. versuchen, uns eine Telefonnummer zu merken, können wir sie in Gruppen von drei oder vier Ziffern aufteilen, um sie uns leichter zu merken.

Probieren Sie es aus. Merken Sie sich bitte diese Nummer:

3471892341

Haben Sie es geschafft? Wenn es Ihnen wie den meisten Menschen inklusive dem Autor geht, fällt es Ihnen eher schwer bzw. gelingt es Ihnen gar nicht, sich die Nummer auf diese Art zu merken.

Dann versuchen Sie doch jetzt einmal, sich diese Nummer einzuprägen:

347 189 2341

Es sollte Ihnen jetzt deutlich leichter gefallen sein. Der Unterschied liegt darin, dass im ersten Fall die Nummer aus zehn Ziffern besteht, die Sie sich merken müssen, während im zweiten Fall nur drei Chunks, bestehend aus jeweils drei bis vier Ziffern, gemerkt werden müssen.

Wie wir gerade gesehen haben, funktioniert dieses Chunking interessanterweise selbst dann, wenn die einzelnen Chunks keine besondere Bedeutung haben. Haben die Chunks jedoch eine sinnvolle Bedeutung, kann die Speicherkapazität des Kurzzeitgedächtnisses noch deutlich weiter erhöht werden, da es dann rekursiv angewendet werden kann, was man auch als hierarchisches Chunking bezeichnet.

Merken Sie sich doch mal diese beiden Schriftzeichen:

你好

Wenn Sie nicht zufällig Mandarin sprechen und vor allem lesen können, dann ist es praktisch unmöglich, sich diese zwei Zeichen auf die Schnelle einzuprägen, die übrigens „Du gut" oder „Hallo" bedeuten. Das liegt daran, dass Sie sich in Wahrheit nicht nur zwei, sondern tatsächlich - je nach zählweise - Form, Größe, Position und Ausrichtung von etwa zwanzig Einzelobjekten, den Strichen, einprägen müssten.

Hätten Sie die Schriftzeichen bereits früher einmal gelernt, weil Sie Mandarin gelernt haben, dann müssten Sie sich statt der zwanzig Striche jetzt nur zwei Einzelobjekte, die Schriftzeichen für „du" und „gut" im Kurzzeitgedächtnis merken, oder wenn Sie wissen, dass beides zusammen so viel bedeutet wie „Hallo", sogar nur ein einziges Objekt.

Arbeitsgedächtnis

Das Arbeitsgedächtnis ist ein theoretisches Konzept, das in der kognitiven Psychologie, der Neuropsychologie und den kognitiven Neurowissenschaften eine zentrale Rolle spielt. Es ist ein wichtiges kognitives System, das es uns ermöglicht, Informationen vorübergehend im Gedächtnis zu speichern und zu manipulieren. Damit ist dieses System für viele höhere kognitive Funktionen wie logisches Schließen, Problemlösung, Entscheidungsfindung und Verhaltenssteuerung unerlässlich.

Das Arbeitsgedächtnis besteht aus mehreren Subkomponenten (Baddeley & Hitch, 1974), von denen jede ihre eigene Funktion hat (Abb. 7.2). Die zentrale exekutive Komponente ist für die Steuerung der Aufmerksamkeit und die Koordination der Informationsverarbeitung zuständig. Eine weitere Komponente ist die phonologische Schleife, die für die Zwischenspeicherung verbaler Informationen zuständig ist. Sie kann weiter unterteilt werden in die artikulatorische Schleife, die für die subvokale Wiederholung verbaler Informationen zuständig ist, und den akustischen Puffer, der für die temporäre Speicherung sprachlicher Informationen zuständig ist. Der episodische Puffer ist eine weitere Komponente des Arbeitsgedächtnisses, die als temporäres Speichersystem für die Integration von Informationen aus verschiedenen Modalitäten wie z. B. visuellen und auditiven Informationen dient. Der visuell-räumliche Notizblock schließlich ist für die temporäre Speicherung und Manipulation visuell-räumlicher Informationen zuständig. Dieses System benutzen wir beispielsweise beim mentalen Rotieren eines Objektes.

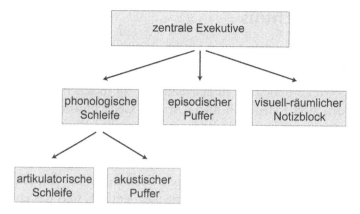

Abb. 7.2 Multikomponentenmodell des Arbeitsgedächtnisses. Das Arbeitsgedächtnis besteht aus mehreren Subkomponenten. Die zentrale Exekutive steuert die Aufmerksamkeit und koordiniert die Informationsverarbeitung. Die phonologische Schleife speichert verbale Informationen, während der episodische Puffer Informationen aus verschiedenen Modalitäten integriert und der visuell-räumliche Notizblock die temporäre Speicherung und Manipulation visuell-räumlicher Informationen ermöglicht

Die neuronalen Korrelate des Kurzzeit- und Arbeitsgedächtnisses sind das Ergebnis zahlreicher komplexer Hirnaktivitäten, an denen eine Vielzahl von Hirnregionen beteiligt sind (Goldman-Rakic, 1995). Studien haben gezeigt, dass die zentrale exekutive Komponente des Arbeitsgedächtnisses mit Aktivitäten im präfrontalen Cortex und in den Basalganglien verbunden ist (Hikosaka et al., 1989; Graybiel, 1995). Die phonologische Schleife ist mit Aktivitäten in der linken Gehirnhälfte assoziiert, insbesondere im Parietal- und Temporallappen. Der visuell-räumliche Notizblock ist mit Aktivität im hinteren Parietallappen und in der präfrontalen Cortexregion verbunden (Milner et al., 1985). Der episodische Puffer hingegen wird mit Aktivität in der medialen Temporalregion und im Hippocampus in Verbindung gebracht. Auch der Thalamus soll über die Steuerung und Modulation der Feedback-Schleifen mit dem Cortex eine wichtige Rolle bei der Aufrechterhaltung des Arbeitsgedächtnisses spielen (Watanabe & Funahashi, 2012). Schließlich wird auch dem Kleinhirn eine (allerdings noch nicht genau verstandene) Funktion in der Kontrolle und Steuerung des Kurzzeitgedächtnisses zugeschrieben (Ivry, 1997; Desmond & Fiez, 1998).

Langzeitgedächtnis

Das Langzeitgedächtnis beruht im Wesentlichen auf synaptischer Plastizität (Bailey & Kandel, 1993) und ermöglicht es uns, Informationen über längere Zeiträume – von Stunden bis zu Jahrzehnten – zu speichern und abzurufen. Dabei werden zwei Kategorien dieser Art des Gedächtnisses unterschieden: das deklarative (explizite) Gedächtnis und das nichtdeklarative, prozedurale (implizite) Gedächtnis (Eichenbaum & Cohen, 2004).

Das deklarative Gedächtnis bezieht sich auf den bewussten Abruf von Informationen und kann weiter unterteilt werden in das semantische Gedächtnis, welches allgemeines Faktenwissen enthält, und das episodische Gedächtnis, welches spezifische Ereignisse und deren Ablauf enthält (Tulving, 1972, 1983). Dabei muss es sich nicht zwingend um selbst erlebte Ereignisse oder Episoden handeln, stattdessen kann es sich auch um gesehene Filme oder die Handlung gelesener Bücher handeln. Ein Spezialfall des episodischen Gedächtnisses ist das autobiografische Gedächtnis, welches die Erinnerungen an bestimmte Ereignisse aus dem eigenen Leben enthält (Conway & Pleydell-Pearce, 2000). Der mediale Temporallappen und der Hippocampus sind wichtige Hirnregionen, die an der Bildung und dem Abruf deklarativer Langzeiterinnerungen beteiligt sind (Milner, 1970; Zola-Morgan & Squire, 1986); Squire, 1987, 1992; Gazzaniga et al., 2006). Wie wir bereits gesehen haben, ist es insbesondere so, dass der Hippocampus als eine Art Zwischenspeicher für deklarative Erinnerungen fungiert (Scoville & Milner, 1957; Penfield & Milner, 1958) und während des Tiefschlafs seine Informationen an den Cortex überträgt. Dieser Prozess wird auch als Gedächtniskonsolidierung bezeichnet (Squire, 1992; Conway & Pleydell-Pearce, 2000).

Das nichtdeklarative, prozedurale Gedächtnis hingegen bezieht sich auf unser unbewusstes Gedächtnis für Fertigkeiten, Abläufe und motorische Fähigkeiten wie etwa Klavierspielen, Schwimmen oder Fahrradfahren. Diese Art des Gedächtnisses zeigt sich oft in unserem Verhalten und muss nicht bewusst abgerufen werden. Das Kleinhirn und die Basalganglien sind Schlüsselregionen des Gehirns, die an der Bildung und dem Abruf des prozeduralen Langzeitgedächtnisses beteiligt sind (Graybiel, 1995; Desmond & Fiez, 1998).

Fazit

Zusammenfassend lässt sich sagen, dass das Gedächtnis einen integralen Bestandteil menschlicher Kognition darstellt, der es ermöglicht, Informationen zu kodieren, zu manipulieren, zu speichern und im Laufe der Zeit abzurufen. Das Verständnis, wie das Gedächtnis als Informationsverarbeitungssystem funktioniert, ist entscheidend für das Verständnis seiner Rolle in unserem Erleben und Verhalten.

Die Erforschung des menschlichen Gedächtnisses hat wichtige Auswirkungen auf die Entwicklung Künstlicher Intelligenz. Wenn wir verstehen, wie das menschliche Gedächtnis funktioniert, können wir KI-Systeme entwickeln, die noch effizienter lernen und Informationen verarbeiten können als bisherige Systeme. Einer der wichtigsten Forschungsbereiche in diesem Zusammenhang ist die Entwicklung von Modellen des Arbeitsgedächtnisses für KI-Systeme. Das Arbeitsgedächtnis ist für viele kognitive Aufgaben, einschließlich Problemlösung und Entscheidungsfindung, von entscheidender Bedeutung. Durch die Integration eines Arbeitsgedächtnisses in KI-Systeme könnten deren Fähigkeiten, komplexe Aufgaben zu bewältigen und genauere Vorhersagen zu treffen, erheblich verbessert werden.

Darüber hinaus hat die Erforschung des Langzeitgedächtnisses Auswirkungen auf die Entwicklung von Künstlicher Intelligenz, die im Laufe der Zeit lernen und sich anpassen können soll. So wie Menschen Informationen über lange Zeiträume speichern und abrufen, könnten diese Systeme so konzipiert werden, dass sie große Datenmengen speichern und abrufen und diese Informationen nutzen, um ihre Leistung im Laufe der Zeit zu verbessern. Dies ist besonders wichtig in Bereichen wie der Verarbeitung natürlicher Sprache oder realer Bilder, in denen sich die Systeme ständig an neue Daten und Kontexte anpassen müssen.

Da das menschliche Gedächtnis ein komplexes, vielschichtiges System ist, welches noch nicht vollständig verstanden ist, stellt die Entwicklung von KI-Systemen, die das menschliche Gedächtnis simulieren, nach wie vor eine große Herausforderung dar.

Literatur

Atkinson, R. C., & Shiffrin, R. M. (1968). Human memory: A proposed system and its control processes. In *Psychology of learning and motivation* (Bd. 2, S. 89–195). Academic: Elsevier.

Baddeley, A. D., & Hitch, G. (1974). Working memory. In *Psychology of learning and motivation* (Bd. 8, S. 47–89). Academic: Elsevier.

Bailey, C. H., & Kandel, E. R. (1993). Structural changes accompanying memory storage. *Annual Review of Physiology, 55*(1), 397–426.

Conway, M. A., & Pleydell-Pearce, C. W. (2000). The construction of autobiographical memories in the self-memory system. *Psychological Review, 107*(2), 261.

Cowan, N. (2001). The magical number 4 in short-term memory: A reconsideration of mental storage capacity. *Behavioral and Brain Sciences, 24*(1), 87–114.

Desmond, J. E., & Fiez, J. A. (1998). Neuroimaging studies of the cerebellum: Language, learning and memory. *Trends in Cognitive Sciences, 2*(9), 355–362.

Eichenbaum, H., & Cohen, N. J. (2004). *From conditioning to conscious recollection: Memory systems of the brain* (No. 35). Oxford University Press on Demand.

Funahashi, S., Bruce, C. J., & Goldman-Rakic, P. S. (1989). Mnemonic coding of visual space in the monkey's dorsolateral prefrontal cortex. *Journal of Neurophysiology, 61*(2), 331–349.

Fuster, J. M., & Alexander, G. E. (1971). Neuron activity related to short-term memory. *Science, 173*(3997), 652–654.

Gazzaniga, M. S., Ivry, R. B., & Mangun, G. R. (2006). *Cognitive Neuroscience. The biology of the mind.* Norton.

Goldman-Rakic, P. S. (1995). Cellular basis of working memory. *Neuron, 14*(3), 477–485.

Graybiel, A. M. (1995). Building action repertoires: Memory and learning functions of the basal ganglia. *Current Opinion in Neurobiology, 5*(6), 733–741.

Hikosaka, O., Sakamoto, M., & Usui, S. (1989). Functional properties of monkey caudate neurons. III. Activities related to expectation of target and reward. *Journal of Neurophysiology, 61*(4), 814–832.

Ivry, R. (1997). Cerebellar timing systems. *International Review of Neurobiology, 41*, 555–573. PMID: 9378608.

Kandel, E. R. (2007). *In search of memory: The emergence of a new science of mind.* Norton.

Luck, S. J., & Vogel, E. K. (1997). The capacity of visual working memory for features and conjunctions. *Nature, 390*(6657), 279–281.

Mandler, G. (1967). Organization and memory. In *Psychology of learning and motivation* (Bd. 1, S. 327–372). Academic: Elsevier.

Milner, B., Petrides, M., & Smith, M. L. (1985). Frontal lobes and the temporal organization of memory. *Human Neurobiology, 4*(3), 137–142.

Miller, G. A. (1956). The magical number seven, plus or minus two: Some limits on our capacity for processing information. *Psychological Review, 63*(2), 81.

Milner, B. (1970). Memory and the medial temporal regions of the brain. *Biology of Memory, 23,* 31–59.

Milner, B., Squire, L. R., & Kandel, E. R. (1998). Cognitive neuroscience and the study of memory. *Neuron, 20*(3), 445–468.

Penfield, W., & Milner, B. (1958). Memory deficit produced by bilateral lesions in the hippocampal zone. *AMA Archives of Neurology & Psychiatry, 79*(5), 475–497.

Rouder, J. N., Morey, R. D., Cowan, N., Zwilling, C. E., Morey, C. C., & Pratte, M. S. (2008). An assessment of fixed-capacity models of visual working memory. *Proceedings of the National Academy of Sciences, 105*(16), 5975–5979.

Scoville, W. B., & Milner, B. (1957). Loss of recent memory after bilateral hippocampal lesions. *Journal of Neurology, Neurosurgery, and Psychiatry, 20*(1), 11.

Sperling, G. (1963). A model for visual memory tasks. *Human Factors, 5*(1), 19–31.

Squire, L. R. (1987). *Memory and brain.* Oxford University Press.

Squire, L. R. (1992). Memory and the hippocampus: A synthesis from findings with rats, monkeys, and humans. *Psychological Review, 99*(2), 195.

Squire, L. R., Knowlton, B., & Musen, G. (1993). The structure and organization of memory. *Annual Review of Psychology, 44*(1), 453–495.

Tulving, E. (1972). Episodic and semantic memory. In *Organization of memory* (S. 381–402). Academic: Elsevier.

Tulving, E. (1983). *Elements of episodic memory.* Oxford University Press.

Watanabe, Y., & Funahashi, S. (2012). Thalamic mediodorsal nucleus and working memory. *Neuroscience & Biobehavioral Reviews, 36*(1), 134–142.

Zola-Morgan, S., & Squire, L. R. (1986). Memory impairment in monkeys following lesions limited to the hippocampus. *Behavioral Neuroscience, 100*(2), 155.

8

Sprache

Sprache ist ihrem Wesen nach eine gemeinschaftliche Sache, das heißt, sie drückt nie das Exakte aus, sondern einen Kompromiss – das, was dir, mir und allen anderen gemeinsam ist.

Thomas Ernest Hulme

Wie kommt der Mensch zur Sprache?

Die Frage, wie der Mensch zur Sprache kommt, ist eines der ältesten wissenschaftlichen Rätsel. Laut dem griechischen Historiker Herodot versuchte der ägyptische Pharao Psametich bereits vor 2500 Jahren, den Ursprung der Sprache zu ergründen. Dazu führte er ein Experiment mit zwei Kindern durch, die er als Neugeborene einem Hirten übergab, der sie füttern und versorgen sollte, aber die Anweisung hatte, nicht mit ihnen zu sprechen. Psametich stellte die Hypothese auf, dass das erste Wort der Säuglinge in der Ursprache aller Menschen gesprochen würde. Als eines der Kinder "bekos" rief, was der Klang des phrygischen Wortes für "Brot" war, schloss Psametich daraus, dass das Phrygische die Ursprache aller Menschen sei (Rawlinson & Wilkinson, 1861). Hinter diesem grausamen Experiment stand offensichtlich die Annahme, dass Menschen mit angeborenen Wörtern und deren Bedeutungen geboren werden und dass diese Ursprache während der individuellen Entwicklung und des ersten Spracherwerbs irgendwie verformt oder überschrieben wird.

© Der/die Autor(en), exklusiv lizenziert an Springer-Verlag GmbH, DE, ein Teil von Springer Nature 2023
P. Krauss, *Künstliche Intelligenz und Hirnforschung,*
https://doi.org/10.1007/978-3-662-67179-5_8

Heutzutage ist natürlich klar, dass Wörter und Bedeutungen nicht angeboren sind, sondern während des Spracherwerbs erlernt werden, und dass es keinen kausalen Zusammenhang zwischen dem Klangmuster und der Bedeutung eines Wortes gibt (de Saussure, 1916). Es ist jedoch nach wie vor sehr umstritten, inwieweit Sprachfähigkeiten angeboren sind oder erlernt werden müssen (Goodluck, 1991).

Noam Chomskys Universalgrammatik

Nach der Theorie der Universalgrammatik verfügt jeder Mensch über eine angeborene, genetisch bedingte Sprachfähigkeit, die beispielsweise zwischen verschiedenen Wortklassen wie Substantiven und Verben unterscheidet, was es Kindern nicht nur erleichtert, sondern überhaupt erst ermöglichen soll, sprechen zu lernen (Chomsky, 2012, 2014).

Die Theorie besagt, dass es bestimmte universelle Prinzipien und Regeln gibt, die allen menschlichen Sprachen zugrunde liegen, und dass diese Prinzipien von Geburt an in unserem Gehirn fest verdrahtet sind. Das Konzept der Universalgrammatik wurde erstmals von dem Linguisten Noam Chomsky in den 1950er-Jahren vorgeschlagen. Chomsky vertrat die Ansicht, dass Kinder mit einem angeborenen Wissen über die grundlegende grammatikalische Struktur der Sprache geboren werden, welches es ihnen ermöglicht, die spezifischen Regeln ihrer Muttersprache schnell zu erlernen, wenn sie mit ihr konfrontiert werden.

Eine der Grundannahmen der Universalgrammatik ist, dass alle Sprachen eine Reihe grundlegender struktureller Merkmale aufweisen, wie z. B. die Verwendung von Verben, Substantiven und Adjektiven sowie die Fähigkeit, Sätze mit Subjekt, Verb und Objekt zu bilden. Es wird angenommen, dass diese Merkmale die angeborenen kognitiven Fähigkeiten des menschlichen Gehirns widerspiegeln und in allen Sprachen unabhängig von ihren spezifischen linguistischen Merkmalen vorhanden sind.

Kognitive Linguistik: Gebrauchsbasierte Ansätze

Im Gegensatz zur Universalgrammatik und anderen Ansätzen in der Linguistik, die sich auf formale Regeln und Strukturen konzentrieren, untersucht die Kognitive Linguistik, wie Sprache in unserem Gehirn verarbeitet und repräsentiert wird. Sie untersucht auch, wie Sprache und Kognition miteinander interagieren und wie sie von Faktoren wie Kultur und sozialer Interaktion beeinflusst werden. In sogenannten gebrauchsbasierten Ansätzen *(usage-based approaches)* des Spracherwerbs wird eine tiefgreifende Beziehung zwischen Sprachstruktur und Sprachgebrauch angenommen (Goldberg, 1995, 2003, 2019; Tomasello, 2005; Langacker, 2008). Insbesondere wird davon ausgegangen, dass kontextuelle mentale Verarbeitung und mentale Repräsentationen die kognitive Kapazität haben, die Komplexität des tatsächlichen Sprachgebrauchs auf allen Ebenen zu erfassen (Bybee et al., 1994; Hopper & Bybee, 2001; Bybee, 2013; Diessel et al., 2019; Schmid, 2020).

Bei den gebrauchsorientierten Ansätzen wird die Bedeutung der kindlichen Erfahrung mit Sprache für den Spracherwerbsprozess betont. Diese Theorien gehen davon aus, dass Kinder Sprache lernen, indem sie die Sprachgebrauchsmuster in ihrer sprachlichen Umgebung beobachten und nachahmen. Insbesondere wird die Vorstellung abgelehnt, dass es ein festes, angeborenes Sprachwissen gibt, das Kinder von Geburt an besitzen, wie es die Theorie der Universalgrammatik postuliert. Stattdessen wird argumentiert, dass Kinder ihr sprachliches Wissen durch die Akkumulation von Sprachgebrauchsmustern aufbauen.

Ein wichtiges Konzept in gebrauchsbasierten Ansätzen ist die Idee des Konstruktionslernens. Nach dieser Theorie lernen Kinder, Sprache zu verwenden, indem sie sich bestimmte Sprachverwendungsmuster oder Konstruktionen aneignen, die sie in der Sprache um sich herum hören. Konstruktionen sind Form-Bedeutungs-Paare und können von einzelnen Wörtern über einfachen Phrasen und Sätzen bis hin zu komplexeren Strukturen reichen und werden durch wiederholten Kontakt und Gebrauch erlernt. Die Kognitive Linguistik betrachtet Sprache als ein komplexes System von Konstruktionen, die auf der Basis von Erfahrung und Wahrnehmung gebildet werden und die unsere sprachlichen Fähigkeiten und unser Sprachverständnis prägen. Dies impliziert, dass es im Gegensatz zu den Annahmen der klassischen Linguistik keine strikte Trennung zwischen Wörtern (Lexikon) und Grammatikregeln (Syntax) gibt, sondern dass es sich vielmehr um ein Lexikon-Syntax-Kontinuum handelt, es also auch alle möglichen Übergangsformen aus Wörtern einerseits und Regeln andererseits geben kann. Ein Beispiel hierfür wären sogenannte Kollokationen.

Eine Kollokation ist eine Kombination von Wörtern, die häufig zusammen auftreten und im Sprachgebrauch als natürliche Einheit empfunden werden. Diese Kombinationen sind oft idiomatisch und können nicht immer durch die Bedeutung ihrer einzelnen Wörter erklärt werden. Die Verwendung einer Kollokation kann dazu beitragen, dass sich ein Satz flüssiger und natürlicher anhört. Eine Kollokation liegt insbesondere dann vor, wenn es mehrere Möglichkeiten gibt, einen Sachverhalt durch verschiedene Wortkombinationen auszudrücken, Sprecher oder Schreiber aber dazu neigen, eine bestimmte Kombination bevorzugt zu verwenden, da andernfalls die Aussage an Natürlichkeit verliert. Beispielsweise klingen „kräftige Suppe" und „starker Kaffee" deutlich natürlicher als „starke Suppe" und „kräftiger Kaffee", obwohl grammatikalisch und semantisch alle Kombinationen möglich wären. Bei einer strikten Trennung von Wörtern und Grammatikregeln lassen sich derartige Phänomene nur schlecht erklären, da dann alle alternativen Wortkombinationen etwa gleich häufig vorkommen müssten.

Gebrauchsbasierte Ansätze betonen auch die Rolle der sozialen Interaktion und Kommunikation beim Spracherwerb. Sie argumentieren, dass Sprache durch soziale Interaktion mit anderen Sprechern gelernt wird und dass das Sprachverständnis von Kindern durch die kommunikativen Funktionen geprägt wird, die Sprache in sozialen Situationen erfüllt.

Sprache im Gehirn

Sprache ist die wohl komplexeste kognitive Fähigkeit des Menschen, bei der alle kognitiven Teilsysteme beteiligt sind: Aufmerksamkeit, Bewegungsplanung und -steuerung, Gedächtnis, Wahrnehmung usw. Entsprechend besteht die Sprachverarbeitung im Gehirn aus komplexen, miteinander verbundenen neuronalen Netzwerken, die für verschiedene Aspekte der Sprache verantwortlich sind, darunter Sprachverstehen, Sprachproduktion und Spracherwerb.

Die primären Bereiche des Gehirns, die für die Sprachverarbeitung verantwortlich sind, befinden sich in der linken Hemisphäre, insbesondere in den Regionen des Frontal-, Temporal- und Parietallappens (Pulvermüller, 2002). Diese Bereiche arbeiten zusammen, um verschiedene Aspekte der Sprache zu verarbeiten, z. B. die Phonologie (die Laute der Sprache), die Syntax (die Regeln für die Kombination von Wörtern zu Sätzen), die Semantik (die Bedeutung von Wörtern und Sätzen) und die Pragmatik, also die Verwendung von Sprache in sozialen Kontexten (Herbst, 2010).

Das Broca-Areal ist eine Hirnregion im linken Frontallappen und gilt als motorisches Sprachzentrum. Es ist nach dem französischen Neurologen Paul Broca benannt, der als erster die Bedeutung dieses Areals für die Sprachverarbeitung erkannte. Das Broca-Areal ist vor allem an der Sprachproduktion beteiligt, insbesondere an der Fähigkeit, Sprache zu produzieren und grammatikalisch korrekte Sätze zu bilden. Eine Schädigung dieses Areals kann zu einem Zustand führen, der als Broca-Aphasie bezeichnet wird und durch Schwierigkeiten bei der Bildung zusammenhängender Sätze gekennzeichnet ist, obwohl die betroffene Person noch über ein relativ gutes Sprachverständnis verfügt. Neuere Studien deuten auch darauf hin, dass das Broca-Areal über die Sprachverarbeitung hinaus eine Rolle bei anderen kognitiven Funktionen wie Arbeitsgedächtnis, Aufmerksamkeit und Entscheidungsfindung spielen könnte (Kemmerer, 2014).

Das zweite wichtige Areal in der Sprachverarbeitung ist das Wernicke-Areal, welches auch als sensorisches Sprachzentrum gilt und sich im hinteren Teil des linken Temporallappens in der Nähe der auditorischen Areale befindet (Wernicke, 1874). Es ist nach dem deutschen Neurologen Carl Wernicke benannt, der als erster erkannte, dass das Wernicke-Areal in erster Linie am Sprachverständnis beteiligt ist, insbesondere an der Fähigkeit, gesprochene und geschriebene Sprache zu verstehen und zu interpretieren. Eine Schädigung dieses Areals kann zu einer sogenannten Wernicke-Aphasie führen, die sich durch Schwierigkeiten beim Sprachverständnis, aber auch bei der Produktion kohärenter Sprache auszeichnet. Allerdings deuten auch hier neuere Studien darauf hin, dass das Wernicke-Areal ebenso bei anderen kognitiven Funktionen als der Sprachverarbeitung eine Rolle spielt, z. B. bei der visuellen Wahrnehmung und dem Gedächtnis (Kemmerer, 2014). Diese neueren Befunde zur Funktion von Broca- und Wernicke-Areal deuten auf zwei Probleme hin, die der Neurowissenschaftler David Poeppel als das *Maps Problem* und das *Mapping Problem* bezeichnet (vergleiche dazu auch Kap. 5).

Einer der wichtigsten Prozesse beim Sprachverstehen ist das sogenannte Parsing, bei dem das Gehirn einen Satz in seine Bestandteile zerlegt und jedem Teil eine Bedeutung zuweist. Dies erfordert ein Arbeitsgedächtnis, Aufmerksamkeit und die Fähigkeit, Informationen aus verschiedenen Quellen schnell zu verarbeiten und zu integrieren.

Die Sprachproduktion umfasst eine ähnliche Reihe von Prozessen, bei denen das Gehirn zunächst eine Botschaft erzeugt und sie anschließend in eine Folge von Wörtern und grammatikalischen Strukturen kodiert. Auch dieser Prozess erfordert die Integration verschiedener Informationsquellen, darunter semantisches Wissen, syntaktische Regeln und sozialer Kontext (Kemmerer, 2014).

Der Spracherwerb ist ein komplexer Prozess, bei dem verschiedene kognitive und neuronale Mechanismen wie Aufmerksamkeit, Gedächtnis und soziale Wahrnehmung zusammenwirken. Man geht davon aus, dass Kinder in kritischen Entwicklungsphasen besonders sensibel für Sprache sind und dass der Kontakt mit Sprache in diesen Phasen entscheidend für den Erwerb von Sprachkompetenz ist.

Einem neuen Modell zufolge, das zum Verständnis der funktionellen Anatomie der Sprache vorgeschlagen wurde, finden die frühen Stadien der Sprachverarbeitung in den auditorischen Arealen statt, die sich im Temporallappen des Cortex auf beiden Seiten des Gehirns befinden. Analog zum visuellen System, in dem es einen ventralen „Wo"- und einen dorsalen „Was"-Pfad der Verarbeitung gibt, teilt sich auch die Sprachverarbeitung im Cortex in einen ventralen und einen dorsalen Pfad auf (Hickok & Poeppel, 2004, 2007, 2016). Während der „Was"-Pfad für die Zuordnung von Lauten zu Bedeutungen verantwortlich ist, bildet der „Wo"-Pfad Laute auf motorisch-artikulatorische Repräsentationen ab (Wo wird der Laut erzeugt).

Selbstverständlich ist nicht nur der Cortex an der Verarbeitung von Sprache beteiligt. Auch der Thalamus, die Basalganglien und das Kleinhirn spielen eine wichtige Rolle bei der Sprachwahrnehmung und -produktion.

Der Thalamus als sensorische Relaisstation im Gehirn, die eingehende sensorische Informationen empfängt und verarbeitet, bevor sie zur weiteren Verarbeitung an die entsprechenden kortikalen Bereiche weitergeleitet werden, ist ebenfalls an der Vorverarbeitung auditiver Informationen, einschließlich Sprachlauten, beteiligt.

Die Basalganglien sind in die Planung und Ausführung von Sprechbewegungen involviert. Sie spielen auch eine Rolle bei der Bildung grammatikalischer Strukturen und bei der Auswahl geeigneter Wörter bei der Sprachproduktion.

Und schließlich ist das Kleinhirn, das traditionell mit motorischer Koordination und Gleichgewicht in Verbindung gebracht wird, ebenfalls an kognitiven Prozessen wie der Sprachverarbeitung beteiligt. Es ist für die Koordination von Sprechbewegungen sowie für das Timing der Sprachproduktion verantwortlich und spielt eine wichtige Rolle beim Erlernen von (Fremd-)Sprachen.

Fazit

Die Frage, wie der Mensch zur Sprache kommt, beschäftigt die Wissenschaft seit Jahrtausenden. Die Erforschung der menschlichen Sprache und Sprachentwicklung hat unser Verständnis davon vertieft, wie Sprache erworben, verarbeitet und im Gehirn repräsentiert wird. Theorien wie Chomskys Universalgrammatik und gebrauchsbasierte Ansätze bieten unterschiedliche Perspektiven auf den Spracherwerb, während die neurowissenschaftliche

Forschung unser Wissen über die zugrunde liegenden Gehirnmechanismen erweitert.

Im Zusammenhang mit Künstlicher Intelligenz und großen Sprachmodellen wie GPT-4 liefern diese Einsichten wichtige Erkenntnisse für die Entwicklung und Verbesserung von Sprachverarbeitungssystemen. Die Erforschung der menschlichen Sprachfähigkeiten und der Sprachentwicklung kann dazu beitragen, die Architektur und die Lernmechanismen solcher Modelle zu optimieren und ihre Fähigkeit zu verbessern, natürliche Sprache zu verstehen und zu erzeugen.

Zukünftige Forschung in der Linguistik und den Neurowissenschaften könnte dazu beitragen, die Lücke zwischen menschlicher und künstlicher Sprachverarbeitung weiter zu schließen. Die Integration von Erkenntnissen aus verschiedenen Disziplinen wie der Kognitiven Linguistik, den Neurowissenschaften und der KI-Forschung könnte zu noch leistungsfähigeren und menschenähnlicheren Sprachmodellen führen. Darüber hinaus könnten solche Modelle unser Verständnis der menschlichen Sprache und Kognition vertiefen, indem sie als Werkzeuge zur Untersuchung sprachlicher Phänomene und kognitiver Prozesse eingesetzt werden.

Literatur

Bybee, J. L., Perkins, R. D., & Pagliuca, W. (1994). *The evolution of grammar: Tense, aspect, and modality in the languages of the world* (Bd. 196). University of Chicago Press.

Bybee, J. L. (2013). Usage-based Theory and Exemplar Representations of Constructions. In *The Oxford Handbook of Construction Grammar* Thomas Hoffmann, and Graeme Trousdale (eds.), (online edn, 16 Dec. 2013), Oxford Academic.   https://doi.org/10.1093/oxfordhb/9780195396683.013.0004, Accessed 9 Aug. 2023.

Chomsky, N. (2012). On the nature, use and acquisition of language. In *Language and meaning in cognitive science* (S. 13–32). Routledge: Taylor and Francis.

Chomsky, N. (2014). *Aspects of the theory of syntax* (Bd. 11). MIT press.

De Saussure, F. (1916). Nature of the linguistic sign. *Course in General Linguistics, 1,* 65–70.

Diessel, H., Dabrowska, E., & Divjak, D. (2019). Usage-based construction grammar. *Cognitive Linguistics, 2,* 50–80.

Goldberg, A. E. (1995). *Constructions: A construction grammar approach to argument structure.* University of Chicago Press.

Goldberg, A. E. (2003). Constructions: A new theoretical approach to language. *Trends in Cognitive Sciences, 7*(5), 219–224.

Goldberg, A. E. (2019). *Explain me this: Creativity, competition, and the partial productivity of constructions.* Princeton University Press.

Goodluck, H. (1991). *Language acquisition: A linguistic introduction.* Blackwell.

Herbst, T. (2010). *English Linguistics.* De Gruyter Mouton.

Hickok, G., & Poeppel, D. (2004). Dorsal and ventral streams: A framework for understanding aspects of the functional anatomy of language. *Cognition, 92*(1–2), 67–99.

Hickok, G., & Poeppel, D. (2007). The cortical organization of speech processing. *Nature Reviews Neuroscience, 8*(5), 393–402.

Hickok, G., & Poeppel, D. (2016). Neural basis of speech perception. In *Neurobiology of Language,* Gregory Hickok, Steven L. Small (eds.), (S. 299–310). Academic Press.

Hopper, P. J., & Bybee, J. L. (2001). Frequency and the emergence of linguistic structure. In *Typological Studies in Language* (S. 1–502). Amsterdam : John Benjamins Publishing Company. http://digital.casalini.it/9789027298034

Kemmerer, D. (2014). *Cognitive neuroscience of language.* Psychology Press.

Langacker, R. (2008). Cognitive grammar as a Basis for Language Instruction. In *BookHandbook of Cognitive Linguistics and Second Language Acquisition* (Bd. 1). Imprint Routledge.

Pulvermüller, F. (2002). *The neuroscience of language: On brain circuits of words and serial order.* Cambridge University Press.

Rawlinson, H. C., & Wilkinson, J. G. (1861). *The history of Herodotus* (Bd. 1). D. Appleton & Co. New York.

Schmid, H. J. (2020). *The dynamics of the linguistic system: Usage, conventionalization, and entrenchment.* Oxford University Press.

Tomasello, M. (2005). *Constructing a language: A usage-based theory of language acquisition.* Harvard University Press.

Wernicke, C. (1874). *Der aphasische Symptomencomplex: Eine psychologische Studie auf anatomischer Basis.* Cohn & Weigert.

9

Bewusstsein

Bewusstsein ist keine Reise nach oben, sondern eine Reise nach innen.

Bernard Lowe

Ein uraltes Rätsel

Seit mehr als 2000 Jahren steht die Frage nach dem Verständnis des Bewusstseins im Mittelpunkt des Interesses vieler Philosophen und Wissenschaftler. Die moderne Philosophie unterscheidet zwischen einem leichten und einem schweren Problem (Chalmers, 1995). Während das leichte Problem darin besteht, Funktion, Dynamik und Struktur des Bewusstseins zu erklären, besteht das schwere Problem darin, zu erklären, ob und warum irgendein physikalisches System, sei es ein Mensch, ein Tier, ein Fötus, ein Zellorganoid oder eine KI (Bayne et al., 2020), überhaupt bewusst und nicht unbewusst ist. Im Laufe der Geschichte wurden viele verschiedene Perspektiven vorgeschlagen, die von der pessimistischen Sicht des „Ignorabimus" – was so viel bedeutet wie „Wir werden es nie wissen"[1] – bis hin zu optimistischeren mechanistischen Ideen reichen, die sogar auf die

---

[1] Emil du Bois-Reymond machte diese Aussage auf der 45. Jahresversammlung der deutschen Naturforscher und Ärzte 1872 in seinem Vortrag über die Grenzen des wissenschaftlichen Wissens und bezog sich dabei auf die Beziehung zwischen Gehirnprozessen und subjektivem Erleben.

P. Krauss, *Künstliche Intelligenz und Hirnforschung*,
https://doi.org/10.1007/978-3-662-67179-5_9

Konstruktion eines künstlichen Bewusstseins abzielen. Diese unterschied-lichen Sichtweisen haben zu anhaltenden Debatten und Diskussionen über die Natur des Bewusstseins geführt und darüber, ob es letztendlich ver-standen werden kann oder nicht.

Im Kern geht es um das Leib-Seele-Problem oder, etwas moderner aus-gedrückt, um das Problem, in welcher Beziehung Gehirn und Geist zueinander stehen. Die Kernfrage lautet: Wie hängen mentale, geistige Zustände und Prozesse mit physikalischen Zuständen und Prozessen zusammen?

Auf der einen Seite haben wir das Gehirn, das ein materielles, physisches Objekt ist, das gemessen und untersucht werden kann. Auf der anderen Seite haben wir den Geist, der aus subjektiven, bewussten Erfahrungen besteht, die nicht auf die gleiche Weise wie physikalische Eigenschaften beobachtet oder gemessen werden können. Daraus ergeben sich zwei grund-legende Fragen. Die erste lautet, ob der Geist physisch oder etwas ganz anderes ist. Einige Philosophen vertreten die Ansicht, dass der Geist eine nichtphysische Entität ist, die unabhängig vom Körper existiert, während andere glauben, dass der Geist lediglich ein Nebenprodukt der physischen Prozesse im Gehirn ist. Die zweite Frage betrifft die kausale Beziehung zwischen Geist und Gehirn: Wie führen physische Prozesse im Gehirn zu subjektiven bewussten Erfahrungen? Einige Philosophen vertreten die Ansicht, dass es eine Eins-zu-Eins-Entsprechung zwischen den physischen Prozessen im Gehirn und den mentalen Prozessen im Geist gibt. Andere sind der Meinung, dass mentale Prozesse nicht auf physische Prozesse reduziert werden können und dass der Geist mehr ist als nur die Aktivität des Gehirns.

Eng damit verbunden ist das Konzept der Qualia. Das sind subjektive Erfahrungen aus der Erste-Person-Perspektive, die wir machen, wenn wir die Welt wahrnehmen oder mit ihr interagieren. Zu diesen Erfahrungen gehören Empfindungen wie Farbe, Geschmack und Klang, aber auch komplexere Erfahrungen wie Gefühle und Gedanken. Qualia werden oft als unaussprechlich angesehen, was bedeutet, dass sie nicht vollständig durch Sprache oder andere Darstellungsformen erfasst oder vermittelt werden können. Sie können also nicht von „außen", also aus der Dritte-Person-Perspektive untersucht werden. Dies hat einige Philosophen zu der Behauptung veranlasst, dass Qualia eine besondere Art von Phänomenen darstellen, die nicht auf physikalische oder objektive Eigenschaften der Welt reduziert oder durch diese erklärt werden können.

Monismus und Dualismus

Im Laufe der Geschichte der Philosophie wurde eine unüberschaubare Viel-zahl von Ideen und Konzepten zur Lösung des Leib-Seele-Problems ent-wickelt, die sich im Grunde alle in eine von zwei grundlegenden Ansichten einteilen lassen: Monismus und Dualismus.

Monismus ist die Vorstellung, dass es nur eine Art von Zustand oder Substanz im Universum gibt. Dieses Konzept geht auf den antiken griechischen Philosophen Aristoteles zurück, der glaubte, dass sich Geist und Körper zueinander verhalten Form und Materie. Für Aristoteles waren die verschiedenen Formen in der physischen Welt einfach verschiedene physische Zustände, und es gab keine nichtphysische oder geistige Substanz jenseits der physischen Welt.

Der Dualismus hingegen geht davon aus, dass sowohl geistige als auch physische Substanzen möglich sind. Dieser Gedanke wurde zuerst von Platon entwickelt, der glaubte, dass Geist und Körper in zwei getrennten Welten existieren. Nach Platons Vorstellung war der Geist Teil der idealen Welt der Formen, er war immateriell, nicht ausgedehnt und ewig. Die Idee eines idealen Kreises zum Beispiel existiert im Geist als vollkommenes Konzept, obwohl kein physischer Kreis in der materiellen Welt ihm jemals wirklich entsprechen kann. Im Gegensatz dazu gehört der Körper zur materiellen Welt, er ist ausgedehnt und vergänglich. Konkrete physische Kreise könnten in der materiellen Welt gefunden werden, aber sie würden immer unvollkommen sein und sich verändern.

Wie ist es, eine Fledermaus zu sein?

Das Hauptproblem bei der Analyse des Bewusstseins ist seine Subjektivität. Unser Verstand ist in der Lage, unsere eigenen Bewusstseinszustände wahr-zunehmen und zu verarbeiten. Durch Induktion sind wir auch in der Lage, anderen Menschen bewusste Prozesse zuzuschreiben. Sobald wir jedoch ver-suchen, uns vorzustellen, eine andere Spezies zu sein, wie es der Philosoph Thomas Nagel in seinem bahnbrechenden Aufsatz „Wie ist es, eine Fleder-maus zu sein?" (Nagel, 1974) beschreibt, scheitern wir sofort daran, diese Erfahrung bewusst zu verfolgen.

Die Grundidee besteht darin, sich vorzustellen, wie es wäre, die Welt als Fledermaus zu erleben, und zwar aus der subjektiven Perspektive der Fleder-maus selbst.

„… stellen Sie sich vor, Sie hätten Schwimmhäute an den Armen, die es Ihnen ermöglichen, in der Dämmerung herumzufliegen und Insekten mit dem Mund zu fangen; dass Sie sehr schlecht sehen und die Umgebung durch ein System reflektierter hochfrequenter Schallsignale wahrnehmen; und dass Sie den Tag kopfüber an den Füßen hängend auf einem Dachboden verbringen. Soweit ich mir das vorstellen kann (und das ist nicht sehr weit), sagt mir das nur, wie es für mich wäre, mich so zu verhalten wie eine Fledermaus. Aber das ist nicht die Frage. Ich möchte wissen, wie es für eine Fledermaus ist, eine Fledermaus zu sein" (Nagel, 1974).

Nagel argumentiert, dass es für uns unmöglich ist, das subjektive Erleben einer Fledermaus oder eines anderen Lebewesens vollständig zu verstehen, da wir durch unsere eigene menschliche Perspektive grundsätzlich eingeschränkt sind. Wir können zwar das Verhalten und die Physiologie von Fledermäusen studieren, aber wir werden nie wirklich wissen, wie es ist, die Welt durch Echoortung wahrzunehmen oder die einzigartigen sensorischen und kognitiven Prozesse zu erleben, die eine Fledermaus einsetzt, um bei völliger Dunkelheit zu navigieren und mit ihrer Umwelt zu interagieren.

Nach Nagels Auffassung geht es beim Bewusstsein nicht nur um objektive Fakten oder physikalische Prozesse, sondern auch um subjektive Erfahrungen, also darum, wie es ist, ein bestimmter Organismus zu sein. Er schlägt vor, dass wir eine neue Art von Wissenschaft entwickeln müssen, die die subjektive Erfahrung berücksichtigt, wenn wir hoffen, die Natur des Bewusstseins vollständig zu verstehen.

Er argumentiert weiter, dass die subjektive Natur des Bewusstseins jeden Versuch untergräbt, es mit objektiven und reduktionistischen Mitteln, also den Mitteln der Naturwissenschaften, zu entschlüsseln. Er vertritt die Ansicht, dass der subjektive Charakter der Erfahrung nicht durch ein System funktionaler oder intentionaler Zustände erklärt werden könne.

Er schlussfolgert, dass Bewusstsein nicht vollständig verstanden werden könne, wenn seine Subjektivität ignoriert werde, da diese nicht reduktionistisch erklärt werden könne, da es sich um ein geistiges Phänomen handele, welches nicht auf Materialismus reduziert werden könne. Nagel schließt mit der Behauptung, dass Physikalismus zwar nicht falsch, aber ebenfalls nur unvollständig verstanden sei, da ihm die Charakterisierung der subjektiven Erfahrung fehle. Dies wiederum sei aber eine notwendige Voraussetzung für das Verständnis des Leib-Seele-Problems.

Im Kern vertritt er damit eine dualistische Perspektive wie schon Plato zweieinhalb Jahrtausende vor ihm.

Bewusstsein als nützliche Illusion?

Der Philosoph Daniel Dennett dagegen vertritt eine monistische Auffassung und widerspricht Nagels Behauptung, das Bewusstsein der Fledermaus sei uns prinzipiell unzugänglich. Er begründet seine Ansicht damit, dass alle wichtigen Merkmale des Bewusstseins der Fledermaus von außen beobachtet werden könnten. Zum Beispiel sei klar, dass Fledermäuse keine Objekte erkennen können, die weiter als einige Meter entfernt sind, da ihr biologisches System zur Echoortung eine begrenzte Reichweite hat. Dennett ist der Ansicht, dass analog alle Aspekte der subjektiven Erfahrung einer Fledermaus durch weitere wissenschaftliche Untersuchungen entdeckt werden können (Dennet, 1991).

Weiterhin vertritt Dennett die Auffassung, dass das Bewusstsein kein einheitliches Phänomen sei, sondern vielmehr eine Ansammlung von mentalen Prozessen, die sich ständig verändern und miteinander interagieren. Er beschreibt das Bewusstsein als eine Art nützliche Illusion, die sich aus der Funktionsweise des Gehirns ergibt (Cohen & Dennet, 2011). Ganz ähnlich argumentiert der Neurowissenschaftler Anil Seth, der unser subjektives Erleben mit einer ständig neu erzeugten Halluzination gleichsetzt, welche laufend mit dem Input von den Sinnesorganen aus der Welt abgeglichen wird (Seth, 2021). Für Dennett ist die subjektive Erfahrung des Bewusstseins eine emergente Eigenschaft der Gehirnaktivität und kein eigenständiges Ding, das für sich existiert. Er beschreibt das Bewusstsein als eine „virtuelle Maschine", welche das Gehirn erschafft, um uns zu helfen, uns in der Welt zurechtzufinden. Dennett vertritt ebenfalls die Ansicht, dass das Bewusstsein nicht an einem einzigen zentralen Ort im Gehirn stattfindet, sondern vielmehr aus einer Reihe paralleler, verteilter Prozesse entsteht, die ständig mehrere verschiedene Entwürfe unserer Erfahrung erzeugen und aktualisieren (Dennet, 1991).

Dennetts Perspektive auf das Bewusstsein betont, wie wichtig es ist, die zugrunde liegenden Mechanismen des Gehirns zu verstehen, um die Natur der subjektiven Erfahrung zu begreifen. Er ist skeptisch gegenüber traditionellen dualistischen Ansichten des Bewusstseins, die eine separate immaterielle Seele oder einen Geist postulieren, und betont stattdessen, wie wichtig es ist, das Bewusstsein als Produkt des physischen Gehirns zu untersuchen.

Grenzen der Philosophie des Geistes

Ein Nachteil der Erforschung des Bewusstseins mit philosophischen Mitteln ist, dass wir niemals in der Lage sein werden, die zugrunde liegenden physikalischen, biologischen oder informationstheoretischen Prozesse zu erforschen. Durch Nachdenken allein werden wir nicht in der Lage sein, die Black Box zu öffnen.

Die Philosophie spielt zwar eine wichtige Rolle bei der Erweiterung unseres Wissens und Verständnisses zur Natur des Bewusstseins. Ihre Fähigkeit, umfassendere Fragen zu stellen, das große Ganze zu betrachten und die Beziehungen zwischen verschiedenen Bereichen zu erforschen, macht sie deshalb völlig zu Recht zu einem wesentlichen Bestandteil der Kognitionswissenschaften. Allerdings kann die Philosophie uns nur durch die Zusammenarbeit mit den empirischen Wissenschaften dabei helfen, neue Erkenntnisse zu gewinnen und ein umfassenderes Verständnis des Bewusstseins zu erlangen.

Neuronale Korrelate des Bewusstseins

In der Neurowissenschaft geht man derzeit davon aus, dass das Bewusstsein als eine Art Benutzeroberfläche fungiert (Seth and Bayne, 2022). Es kommt immer dann ins Spiel, wenn wir uns in neuen Situationen zurechtfinden, mögliche zukünftige Ereignisse antizipieren, Handlungen planen, verschiedene Szenarien in Betracht ziehen und zwischen ihnen wählen müssen (Graves et al., 2011). Während die philosophische Tradition von Aristoteles bis Descartes das Bewusstsein noch als ein ausschließlich menschliches Phänomen betrachtete, tendiert die moderne Neurowissenschaft eher dazu, das Bewusstsein als ein graduelles Phänomen zu betrachten, das grundsätzlich auch bei Tieren auftreten kann (Boly et al., 2013).

Die neuronalen Korrelate des Bewusstseins (NCC) beziehen sich auf spezifische Muster neuronaler Aktivität, von denen man annimmt, dass sie mit bewusster Erfahrung verbunden sind (Crick & Koch, 2003; Koch, 2004). Mit anderen Worten, NCC sind die Gehirnprozesse, die für das Auftreten von Bewusstsein notwendig sind. Das Konzept der NCC basiert auf der Vorstellung, dass eine enge Beziehung zwischen neuronaler Aktivität und bewusstem Erleben besteht. Wenn wir etwas bewusst wahrnehmen, gibt es bestimmte Muster neuronaler Aktivität, die immer mit dieser Erfahrung verbunden sind. Durch die Untersuchung dieser neuronalen Aktivitätsmuster erhofft man sich ein besseres Verständnis der Mechanismen, die dem bewussten Erleben zugrunde liegen. Es gibt verschiedene Ansätze, um NCC zu identifizieren. Ein Ansatz besteht darin, die Gehirnaktivität während bewusster und unbewusster Zustände wie Schlaf oder Narkose zu vergleichen. Ein anderer Ansatz besteht darin, die Veränderungen der neuronalen Aktivität zu untersuchen, die auftreten, wenn eine Person einen Reiz, z. B. einen visuellen oder auditiven Hinweis, wahrnimmt.

Francis Crick[2] und Christof Koch schlugen vor, dass Gehirnwellen mit einem Frequenzbereich zwischen 30 und 100 Zyklen pro Sekunde, sogenannte Gamma-Oszillationen, eine entscheidende Rolle bei der Entstehung von Bewusstsein spielen (Crick & Koch, 1990). Koch entwickelte dieses Konzept weiter und untersuchte die neuronalen Korrelate des Bewusstseins beim Menschen (Tononi & Koch, 2008; Koch et al., 2016). Demzufolge ist die Aktivität im primären visuellen Cortex zwar für die bewusste Wahrnehmung unerlässlich, aber nicht ausreichend, da die Aktivität in den hierarchisch höheren Cortexarealen des visuellen Systems enger mit den verschiedenen Aspekten der visuellen Wahrnehmung korreliert ist und eine Schädigung dieser Areale selektiv die Fähigkeit zur Wahrnehmung bestimmter Merkmale von Reizen beeinträchtigen kann (Rees et al., 2002) – ein Phänomen, welches als Agnosie bezeichnet wird. Weiter unten in diesem Kapitel werden wir darauf noch einmal zu sprechen kommen.

Darüber hinaus schlägt Koch vor, dass das genaue Timing oder die Synchronisation der neuronalen Aktivität viel wichtiger für die bewusste Wahrnehmung sein könnte als einfach nur das Ausmaß der neuronalen Aktivität. Neuere Studien mit bildgebenden Verfahren zu visuell ausgelöster Aktivität in parietalen und präfrontalen Cortexregionen scheinen diese Hypothesen zu bestätigen (Boly et al., 2017).

Basierend auf der Idee der neuronalen Korrelate des Bewusstseins wurde schließlich sogar eine Art Messverfahren entwickelt, welches unabhängig von der mit sensorischer und motorischer Verarbeitung assoziierten Aktivität den Grad des Bewusstseins (Perturbational Complexity Index) z. B. bei komatösen Patienten ermitteln soll (Seth et al., 2008; Casali et al., 2013; Casarotto et al., 2016). Dieser Ansatz mag zwar geeignet sein, die Komplexität der neuronalen Aktivität zu quantifizieren (Demertzi et al., 2019), sie gibt aber keine Auskunft über die zugrunde liegenden neuronalen Schaltkreise und die darin implementierten „Algorithmen".

---

[2] Das ist übrigens derselbe Francis Crick, der 1953 zusammen mit James Watson die Doppelhelix-Struktur der DNA entschlüsselte.

Integrated Information Theory

Aufbauend auf den Beobachtungen zu den neuronalen Korrelaten des Bewusstseins schlug Giulio Tononi die Integrated Information Theory (IIT) vor (Tononi et al., 2016). Dieser theoretische Rahmen versucht zu erklären, wie bewusste Erfahrung aus der physischen Aktivität des Gehirns entsteht (Tononi, 2004). Der Theorie zufolge ist Bewusstsein nicht einfach das Ergebnis der Aktivität einzelner Neuronen oder Hirnregionen, sondern entsteht aus der integrierten Aktivität des Gehirns als Ganzes. Tononi argumentiert, dass ein informationsverarbeitendes System nur dann bewusst sein kann, wenn die Information in ein einheitliches Ganzes integriert ist. Mit anderen Worten, es muss unmöglich sein, das System in quasi unabhängige Teile zu zerlegen, da diese Teile sonst wie zwei getrennte bewusste Einheiten erscheinen würden (Koch, 2013).

Die Theorie geht weiter davon aus, dass der Schlüssel zum Bewusstsein der Grad der Informationsintegration im Gehirn ist. Dieser Grad der Integration soll durch eine mathematische Größe namens „phi" quantifiziert werden können, die die Menge an kausaler Information darstellt, die durch Interaktionen zwischen verschiedenen Teilen des Gehirns erzeugt wird. Je höher der phi-Wert, desto integrierter ist die Informationsverarbeitung im Gehirn und desto bewusster soll das System sein. Die Integrated Information Theory geht davon aus, dass Bewusstsein eine fundamentale Eigenschaft bestimmter physikalischer Systeme ist, die dazu in der Lage sind, sich selbst zu beeinflussen. Demnach sei jedes System mit einem phi-Wert oberhalb einer bestimmten Schwelle zu einem gewissen Grad bewusst.

Der theoretische Physiker Max Tegmark verallgemeinerte Tononis Rahmenwerk sogar noch weiter von einem auf neuronalen Netzen basierenden Bewusstsein auf beliebige physikalische Quantensysteme. Er schlug vor, dass das Bewusstsein als ein Zustand der Materie mit ausgeprägten Informationsverarbeitungsfähigkeiten verstanden werden kann – also quasi ein zusätzlicher Aggregatzustand neben fest, flüssig und gasförmig. Er schlug den Namen „Perzeptronium" für diese Art bewusster Materie vor (Tegmark, 2014).

Ist das Gehirn ein Quantencomputer?

Wo wir gerade sowieso schon bei der Physik sind, wollen wir uns noch einer weiteren – zumindest für Physiker – naheliegenden Frage zuwenden.

Obwohl es einen großen Konsens darüber gibt, dass Bewusstsein als eine Art der Informationsverarbeitung verstanden werden kann (Cleeremans, 2005; Seth, 2009; Reggia et al., 2016; Grossberg, 2017; Dehaene et al., 2014, 2017), gibt es einen Dissens darüber, welches die angemessene Beschreibungsebene ist (Kriegeskorte & Douglas, 2018). Der Physiker Roger Penrose und der Arzt Stuart Hameroff stellten die Hypothese auf, dass das Gehirn eine Art Quantencomputer sei. Ihrer Ansicht nach finden in den sogenannten Mikrotubuli des Zellskeletts der Neurone Quantenberechnungen statt (Penrose, 1989, 1994; Hameroff & Penrose, 1996a, b; Hameroff, 2001; Hameroff et al., 2002). Diese Sichtweise ist jedoch höchst umstritten.

Max Tegmark und Christof Koch argumentieren, dass das Gehirn in einem rein neurobiologischen Rahmen verstanden werden kann, ohne auf quantenmechanische Eigenschaften zurückgreifen zu müssen: Quantenberechnungen, welche auf dem Phänomen der Verschränkung (sub-)atomarer Teilchen beruhen, erfordern einerseits, dass die Qubits (quantenmechanisches Analogon zum Bit) perfekt vom Rest des Systems isoliert sind, während andererseits eine Kopplung des Systems mit der Außenwelt für die Eingabe, Steuerung und Ausgabe der Berechnungen notwendig ist (Nielsen & Chuang, 2002). Aufgrund der feuchten und warmen Natur des Gehirns bringen all diese Operationen Störungen in Form von Rauschen in die Berechnungen ein, was zur Dekohärenz der Quantenzustände führt und somit Quantenberechnungen unmöglich macht. Darüber hinaus argumentieren sie, dass die molekularen Maschinen des Nervensystems wie z. B. die prä- und postsynaptischen Rezeptoren so groß sind, dass sie als klassische physikalische Systeme und nicht als Quantensysteme behandelt werden können. Sie schlussfolgern, dass Kognition vollständig innerhalb des theoretischen Rahmens der neuronalen Netze verstanden werden kann, ohne Quantenphänomene berücksichtigen zu müssen. (Tegmark, 2000; Koch & Hepp, 2006, 2007; Koch, 2013).

Global Workspace Theory

Als alternative und konkurrierende Theorie zur Integrated Information Theory führte Baars in den 1990er-Jahren das Konzept eines virtuellen globalen Arbeitsraums *(Global Workspace)* zur Beschreibung des Bewusstseins ein, der durch die Vernetzung verschiedener Hirnareale entsteht (Newman & Baars, 1993; Baars, 1994; Baars & Newman, 1994; Baars, 2017). Dieser globale Arbeitsraum ermöglicht die Integration und den Austausch von Informationen zwischen verschiedenen spezialisierten Hirnregionen, und es wird angenommen, dass er für die Entstehung bewusster Erfahrungen verantwortlich ist, indem er die selektive Übertragung von Informationen ermöglicht, die für die aktuellen Ziele und Bedürfnisse des Individuums relevant sind.

In der Global Workspace Theory (GWT) wird die bewusste Wahrnehmung mit einem Scheinwerfer verglichen, der die Inhalte des globalen Arbeitsraums beleuchtet und bewusst erfahrbar macht (Mashour et al., 2020). Die Inhalte des Arbeitsraums können sensorische Informationen, Gedanken, Gefühle und Erinnerungen sein. Die Theorie besagt, je umfassender und intensiver Informationen im globalen Arbeitsraum verarbeitet werden, desto eher erreichen sie die Bewusstseinsschwelle. Das bedeutet, dass Reize, die besonders auffällig, neuartig oder emotional bedeutsam sind, schneller ins Bewusstsein gelangen.

Die Idee des globalen Arbeitsraums wurde später von Stanislas Dehaene aufgegriffen und weiterentwickelt, und neuronale Korrelate wurden vorgeschlagen, welche ihr zugrunde liegen, insbesondere verteilte Netze aus präfrontalen, parietalen und sensorischen Cortexarealen (Dehaene et al., 1998; Dehaene & Naccache, 2001; Dehaene & Changeux, 2004; Sergent & Dehaene, 2004; Dehaene et al., 2011; Dehaene et al., 2014) (Abb. 9.1).

Ausgehend von den Implikationen dieser Theorie, nämlich dass *„Bewusstsein aus spezifischen Arten von informationsverarbeitenden Prozessen entsteht, die physikalisch durch die Hardware des Gehirns realisiert werden"* (Dehaene et al., 2017), argumentiert Dehaene, dass

„eine Maschine, die mit diesen Verarbeitungskapazitäten ausgestattet ist, sich so verhalten würde, als ob sie ein Bewusstsein hätte; sie würde z. B. wissen, dass sie etwas sieht, ihr Vertrauen in das Gesehene ausdrücken, es anderen mitteilen, Halluzinationen haben, wenn ihre Kontrollmechanismen versagen, und sogar die gleichen Wahrnehmungstäuschungen wie Menschen erleben" (Dehaene et al., 2017) .

Ich fühle, also bin ich! – Damasios Modell des Bewusstseins

Der Neurowissenschaftler und Psychologe Antonio Damasio hat die weltweit größte Datenbank von Hirnläsionen erstellt. Sie enthält Informationen über den Ort der Läsion und die jeweils damit verbundenen kognitiven Defizite von zehntausenden von Patienten, welche er über Jahr-

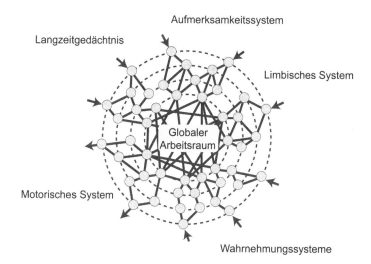

Aufmerksamkeitssystem

Langzeitgedächtnis

Limbisches System

Globaler
Arbeitsraum

Motorisches System

Wahrnehmungssysteme

Abb. 9.1 Globaler Arbeitsraum. Verschiedene neuronale Prozesse interagieren miteinander und tauschen Informationen aus. Der globale Arbeitsraum fungiert dabei als zentrale „Bühne", auf der bewusst wahrgenommene Informationen verarbeitet und koordiniert werden

zehnte gesammelt hat. Auf der Grundlage dieser Datenbasis und seiner Beobachtungen hat er eine eigene Theorie des Bewusstseins entwickelt.

Seine Sicht des Bewusstseins lässt sich in der Vorstellung zusammenfassen, dass Bewusstsein aus der Interaktion zwischen unserem biologischen Selbst und der Umwelt, mit der wir interagieren, entsteht (Damasio, 1999, 2014; Damasio und Meyer, 2009). Für Damasio ist Bewusstsein kein einzelnes Ding oder ein einzelner Prozess, sondern ein komplexes und dynamisches Phänomen, das aus der Interaktion zwischen verschiedenen Hirnregionen und anderen Körpersystemen entsteht. Seiner Ansicht nach ist das Bewusstsein eng mit Emotionen, Gefühlen und subjektiven Erfahrungen verbunden.

Damasio geht davon aus, dass die dem Bewusstsein zugrunde liegenden neuronalen Systeme hierarchisch organisiert sind, wobei die grundlegende sensorische und motorische Verarbeitung auf unteren Ebenen stattfindet und die komplexere kognitive und emotionale Verarbeitung auf höheren Ebenen. Bewusstsein entsteht, wenn Informationen aus diesen verschiedenen Ebenen kohärent und einheitlich integriert werden.

Eine von Damasios Schlüsselideen ist das Konzept der Körperschleife, das sich auf den ständigen Informationsfluss zwischen dem Gehirn und dem Rest des Körpers bezieht. Laut Damasio ist diese Schleife für die Erzeugung bewusster Erfahrungen unerlässlich, da sie es dem Gehirn ermöglicht, den

Zustand des Körpers und der Umwelt ständig zu überwachen und darauf zu reagieren.

Damasio betont auch die Bedeutung der Emotionen für die Erzeugung bewusster Erfahrungen. Er argumentiert, dass Emotionen nicht einfach nur mentale Zustände sind, sondern komplexe körperliche Reaktionen, die eine entscheidende Rolle dabei spielen, wie wir die Welt wahrnehmen und unser Verhalten steuern.

Emotionen und Gefühle

In Damasios Theorie sind Gefühle und Emotionen unterschiedliche, aber miteinander verknüpfte Phänomene (Damasio, 2001). Er definiert Emotionen als direkte Signale aus dem Körper, die einen positiven oder negativen Zustand anzeigen. Diese komplexen Muster aus physiologischen Reaktionen werden durch Reize aus der Umwelt ausgelöst. Im Gegensatz dazu sind Gefühle quasi Emotionen zweiter Ordnung, welche der bewussten Wahrnehmung dieser physiologischen Reaktionen entsprechen.

Emotionen sind Körperzustände, die durch sogenannte somatische Marker verursacht werden, also alles, was irgendwelche Rezeptoren im Körperinneren messen können, wie etwa der Blutdruck, die Herzfrequenz, der pH-Wert im Blut, der Zuckergehalt im Blut, die Konzentration von bestimmten Hormonen und so weiter und so fort. Die Gesamtheit aller somatischen Marker, also aller Messwerte aus dem Körperinneren zu einem bestimmten Zeitpunkt, entsprechen dem Körperzustand. Dieser wird von einer Vielzahl von Hirnregionen repräsentiert und gesteuert, unter anderem von der Amygdala, der Insula und dem präfrontalen Kortex. Diese Hirnregionen arbeiten zusammen, um den Zustand des Organismus zu repräsentieren und wie in einem Regelkreis die koordinierten physiologischen Reaktionen auf Umweltreize hervorzurufen und zu steuern, z. B. Veränderungen der Herzfrequenz, der Atmung und des Hormonspiegels.

Gefühle hingegen entstehen durch die bewusste Wahrnehmung und Interpretation dieser physiologischen Reaktionen. So kann beispielsweise das Gefühl der Angst durch die physiologischen Reaktionen hervorgerufen werden, die mit der Emotion der Angst verbunden sind, wie z. B. eine erhöhte Herzfrequenz und Schweißbildung. Nach Damasios Ansicht geben uns Gefühle eine bewusste Repräsentation unserer körperlichen Zustände und ermöglichen es uns, die Welt um uns herum zu verstehen und darauf zu reagieren.

Damasio betont auch die Rolle von Emotionen und Gefühlen bei der Entscheidungsfindung und im Verhalten. Er geht davon aus, dass Emotionen uns wichtige Informationen über die Umwelt liefern und dazu beitragen, unsere Handlungen auf adaptive Weise zu steuern. So kann uns beispielsweise das Gefühl des Ekels dabei helfen, potenziell schädliche Substanzen zu meiden, während das Gefühl der Liebe uns ermutigen kann, soziale Kontakte zu suchen.

Hierarchien des Bewusstseins

In Damasios Theorie des Bewusstseins wird von eine Hierarchie neuronaler und psychologischer Ebenen ausgegangen, welche zur Erzeugung bewussten Erlebens beitragen. Er unterscheidet zwischen Protoselbst, Kernselbst und erweitertem oder autobiografischem Selbst.

Auf der untersten Ebene dieser Hierarchie befindet sich das *Protoselbst,* das aus der ständigen Überwachung des inneren Körperzustands und der äußeren Reize entsteht. Bei Menschen und anderen Säugetieren wird es laufend durch neuronale Aktivität im Hirnstamm und im Thalamus erzeugt, indem hier die sensorischen und motorischen Signale aus dem gesamten Körper integriert werden. Das Protoselbst besitzt nicht die Fähigkeit, sich selbst zu erkennen. Es ist eine reine Verarbeitungskette, die wie ein Automat auf Eingaben und Reize reagiert, völlig unbewusst. Nach dieser Definition hat jedes Tier mit einem Nervensystem von der Schnecke bis zum Delphin auch ein Protoselbst.

Die nächste Ebene in der Hierarchie ist das *Kernselbst,* das durch die Integration von Informationen aus dem Protoselbst mit der kognitiven und emotionalen Verarbeitung auf höherer Ebene entsteht. Hier entstehen höhere gemeinsame Repräsentationen von Gefühlen und Objekten aus der Umwelt, zusammen mit den eigenen Handlungen und welche Gefühlsänderungen diese wiederum bewirken. Somit trägt das Kernselbst zum Erleben von Handlungsfähigkeit, Eigenverantwortung und Selbstbewusstsein bei und ermöglicht ein komplexeres und differenzierteres Verständnis von uns als Individuen. Es kann unmittelbare Reaktionen in seiner Umgebung voraussehen und sich ihnen anpassen. Es ist auch in der Lage, sich selbst und seine Teile in seinem eigenen Bild von der Welt zu erkennen. Dadurch kann es die Welt antizipieren und auf sie geeignet reagieren. Das Kernselbst ist aber auch flüchtig und nicht in der Lage, stundenlang zu verharren und komplexe Pläne zu schmieden. Es ist auf das Hier und Jetzt beschränkt. Es bleibt während der gesamten Lebenszeit des Organismus konstant und wird kontinuierlich durch mentale Muster neu erschaffen, die aus der Interaktion mit internen Körperzuständen und externen Reizen (Objekten) entstehen. Diese Interaktionen führen zu einer Repräsentation, die als Kernselbst bezeichnet wird und auf den gegenwärtigen Moment beschränkt ist. Man kann sich dies als kontinuierlichen Bewusstseinsstrom *(stream of consciousness)* vorstellen, der durch diese Interaktionen immer wieder neu entsteht und unserem bewussten Erleben ein grundlegendes Gefühl von Kohärenz und Kontinuität verleiht. Im Gegensatz zu vielen philosophischen Ansätzen ist das Kernselbst nicht auf Repräsentation der Welt in Form von Sprache angewiesen. Damasio ist sogar der Meinung, dass die Fixierung auf Sprache den Fortschritt im Verständnis der Natur des Bewusstseins behindert hat. Damasio vertritt die Ansicht, dass jedes Tier, welches dazu in der Lage ist, sich an seine Umwelt anzupassen, auch ein Kernselbst hat.

An der Spitze der Hierarchie steht schließlich das *erweiterte* oder *autobiografische Selbst,* das durch den Zugriff auf umfangreiche Gedächtnissysteme unsere persönlichen Erinnerungen, Überzeugungen und Erzählungen über uns selbst und unser Leben umfasst. Es ermöglicht eine menschenähnliche Interaktion mit der Umwelt und baut auf dem Kernselbst auf. Auch die Fähigkeit, Sprache zu verarbeiten, fällt in die Kategorie des erweiterten Selbst und kann als eine Form der Serialisierung von parallelen Bewusstseinsinhalten interpretiert werden. Es wird angenommen, dass diese Ebene des Selbst durch die Integration von Informationen aus dem Kernselbst mit kognitiven Prozessen auf höherer Ebene wie Denken und Introspektion entsteht. Damasio zufolge ist das erweiterte Selbst eng mit unserem Identitätsgefühl und unserem Verständnis von uns selbst als einzigartigen Individuen mit Vergangenheit, Gegenwart und Zukunft verbunden. Auch höhere Säugetiere wie Katzen, Hunde, Schimpansen und Delfine verfügen über ein erweitertes Selbst, wobei dieses beim Menschen selbstverständlich am höchsten entwickelt und somit am stärksten ausgeprägt ist.

Während das Protoselbst von Geburt an fest verdrahtet sein muss, um das Überleben des Organismus zu gewährleisten, können die anderen beiden Bewusstseinsebenen durch Erfahrung verändert werden. Insbesondere das erweiterte Selbst, welches von den diversen Arten des Gedächtnisses abhängt, entwickelt sich erst allmählich im Laufe der Individualentwicklung. Von Geburt an verfügen Kinder über ein Proto- und Kernselbst. Das erweiterte Selbst kommt aber erst im Laufe der kindlichen Entwicklung dazu und wird immer ausgeprägter und differenzierter. Es kommen sozusagen neue Funktionen hinzu durch die fortschreitende Myelinisierung

und die damit verbundene funktionelle Integration immer neuer Cortexareale ins bestehende Nervensystem.

Erklärungskraft des Modells von Damasio

Aufgrund seines stark mechanistischen Charakters vermag Damasios Modell
einige der wichtigsten neurologischen Bewusstseinsstörungen vergleichsweise
einfach zu erklären.

Das Wachkoma, auch vegetativer Zustand genannt, ist ein Zustand,
in dem eine Person scheinbar wach ist, aber keine bewussten Handlungen
oder Reaktionen auf ihre Umgebung zeigt. Menschen im Wachkoma haben
in der Regel die Augen geöffnet und können Schlaf-Wach-Zyklen aufrechterhalten, sind aber nicht in der Lage, auf verbale, taktile oder schmerz-
hafte Reize zu reagieren. Es gibt auch keine Anzeichen von bewusster
Wahrnehmung, Gedanken oder Gefühlen. Der Zustand des Wachkomas
kann nach einer schweren Hirnverletzung, einem Schlaganfall oder einer
anderen Erkrankung des Gehirns auftreten. In Anlehnung an das Modell
von Damasio kann die Entstehung des Wachkomazustandes auf zwei
unterschiedliche Ursachen zurückgeführt werden: Das Gehirn erhält keine
Informationen mehr über den Körperzustand, oder die Gehirnteile zur
Erzeugung des Kernselbst sind beeinträchtigt.

Der Strom sensorischer Informationen vom Körper zum Gehirn ist entscheidend für die Bildung und Aufrechterhaltung des Kernselbst. In einem
vegetativen Zustand kann dieser Strom unterbrochen oder verändert sein,
was das Gehirn daran hindern kann, das Kernselbst zu erzeugen. Diese
Unterbrechung kann verschiedene Ursachen haben, z. B. ein Schädel-
Hirn-Trauma, Sauerstoffmangel im Gehirn oder eine andere schwere
Erkrankung des Nervensystems. Ohne die kontinuierliche Rückkopplungs-
schleife aus dem Körperinneren kann das Gehirn das Kernselbst nicht aufbauen und das Bewusstsein geht verloren. In einigen Fällen können auch
diejenigen neuronalen Strukturen, die für die Bildung des Kernselbst verantwortlich sind, selbst beschädigt werden, was zu einem Zusammenbruch
dieser grundlegenden Ebene des Bewusstseins führt. Dies kann als Folge
einer traumatischen Hirnverletzung oder anderer neurologischer Störungen
geschehen. In beiden Fällen bricht das Kernselbst zusammen – in dem einen
Fall, weil ihm der Input fehlt (Softwareproblem), und im anderen Fall, weil
es den Input nicht mehr verarbeiten kann (Hardwareproblem). Da das
Kernselbst die Grundlage für das autobiografische oder erweiterte Selbst ist,
geht auch dieses verloren und das Bewusstsein verschwindet.

Das Locked-in-Syndrom ist ein Zustand, bei dem eine Person aufgrund einer Schädigung des Hirnstamms nicht in der Lage ist, sich zu bewegen oder zu sprechen, aber normalerweise bei vollem Bewusstsein ist. Menschen mit diesem Syndrom können meistens noch ihre Augenlider und Augenmuskeln bewegen, um sich zu verständigen. Sie sind jedoch nicht in der Lage, ihre Muskeln zu kontrollieren, um sich aktiv zu bewegen oder zu sprechen, und sind daher sprichwörtlich in ihrem eigenen Körper gefangen. Auch hier können wir wieder versuchen, die Symptome im Kontext des Bewusstseinsmodells von Damasio zu interpretieren.

Da sowohl der Strom der sensorischen Informationen aus dem Körper zum Gehirn als auch die neuronalen Strukturen, die für die Erzeugung des Kernselbst verantwortlich sind, beim Locked-in-Syndrom nicht beeinträchtigt sind, bleibt das Kernselbst intakt. Trotz des nahezu vollständigen Fehlens motorischen Outputs erhält das Gehirn nach wie vor sensorischen Input und kann somit das Kernselbst weiterhin generieren. Dies ermöglicht es der Person, ein grundlegendes Maß an Selbstwahrnehmung und Bewusstsein aufrechtzuerhalten. Allerdings unterbricht das Locked-in-Syndrom die Fähigkeit der Person, durch motorische Handlungen mit der Welt zu interagieren, was längerfristig Auswirkungen auf das erweiterte Selbst haben kann (Kübler & Birbaumer, 2008), da das erweiterte Selbst auf autobiografischen Erinnerungen, persönlicher Identität und der Fähigkeit, zu planen und über die Zukunft nachzudenken, basiert. Die Unfähigkeit, mit der Umwelt zu kommunizieren und zu interagieren, kann zu Schwierigkeiten bei der Aufrechterhaltung und Aktualisierung des erweiterten Selbst führen. Das erweiterte Selbst geht jedoch nicht vollständig verloren, da das Individuum weiterhin in der Lage ist, neue Erinnerungen auf der Grundlage von Sinneserfahrungen zu verarbeiten und zu schaffen.

Agnosie ist ein neurologisches Phänomen, bei dem Menschen Schwierigkeiten haben, sensorische Informationen zu erkennen, obwohl die entsprechenden Sinnesorgane intakt sind. Es gibt eine große Vielzahl verschiedener Agnosieformen in allen Sinnesmodalitäten. Bei der visuellen Agnosie ist die Erkennung visueller Reize gestört, während das Sehvermögen intakt ist. Beispiele sind die Prosopagnosie, bei der Betroffene keine Gesichter mehr erkennen können, die Objektagnosie, die die Objekterkennung beeinträchtigt, oder die Farbagnosie, bei der Betroffene die Welt nur noch schwarz-weiß wahrnehmen. Besonders bizarr mutet die Akinetopsie an, welche die Bewegungswahrnehmung beeinträchtigt. Patienten, die darunter leiden, nehmen die Welt nur noch stroboskopartig als Abfolge von Einzelbildern war. Je nach Form sind bei den Aphasien verschiedene Aspekte des Sprachverstehens und Sprechens beeinträchtigt. Und es gibt sehr viele weitere dieser Beeinträchtigungen des erweiterten Selbst.

Selbstverständlich sind in all diesen Fällen die betroffenen Personen vollständig bewusst. Ihr Proto- und Kernselbst ist völlig intakt. Lediglich ganz bestimmte Funktionen ihres erweiterten Selbst sind isoliert beeinträchtigt.

Fazit

Das Leib-Seele-Problem ist noch lange nicht gelöst und bleibt Gegenstand intensiver Debatten zwischen Philosophen, Neurowissenschaftlern und Psychologen. Es ist jedoch klar, dass unser Verständnis der Beziehung zwischen Geist und Körper für das Verständnis der Natur des menschlichen Bewusstseins und der subjektiven Erfahrung von wesentlicher Bedeutung ist.

Die Debatte zwischen Monismus und Dualismus prägt nach wie vor den philosophischen Diskurs über die Natur des Geistes. Während der Monismus ein einheitliches und vernetztes Weltverständnis postuliert, betont der Dualismus die Einzigartigkeit von Geist und Körper und legt nahe, dass hinter unseren Erfahrungen mehr stecken könnte, als sich allein durch physikalische Phänomene erklären lässt.

Die Philosophie erlaubt es, viel umfassendere Fragen zu stellen als viele andere wissenschaftliche Disziplinen (Laplane et al., 2019). Sie ist in der Lage, das große Ganze zu betrachten und wichtige Einsichten in die Beziehungen zwischen verschiedenen Wissensgebieten zu liefern. Besonders wichtig ist die Philosophie für die interdisziplinären Bestrebungen der Kognitionswissenschaften, wo sie dazu beiträgt, Lücken zwischen verschiedenen Disziplinen zu schließen und neue Wege für die Forschung aufzuzeigen. Im Gegensatz zu wissenschaftlichen Methoden ist das Philosophieren ein nichtempirischer Ansatz, der versucht, Konzepte durch logisches Denken und Argumentieren zu validieren. Philosophen stellen eher Fragen, als endgültige Antworten zu geben, und ihre Beiträge bestehen häufig darin, etablierte Annahmen infrage zu stellen und neue Forschungsansätze vorzuschlagen. Für ein umfassenderes Verständnis der Natur des Bewusstseins ist jedoch eine enge Zusammenarbeit zwischen Philosophie und Neurowissenschaften erforderlich (Lamme, 2010). Das heißt, die Philosophie kann zwar wertvolle Einsichten in theoretische Konzepte und weitergehende ethische Fragen liefern, muss aber durch empirische Erkenntnisse und Experimente ergänzt werden, um zu einem umfassenderen Verständnis zu gelangen.

Die Integrated Information Theory (IIT) und die Global Workspace Theory (GWT) sind die zwei prominentesten neurowissenschaftlichen Theorien, die versuchen, die Natur des Bewusstseins zu erklären. Es gibt einige Ähnlichkeiten zwischen diesen Theorien, aber auch einige wesentliche Unterschiede. Einer der Hauptunterschiede zwischen IIT und GWT besteht darin, dass sie sich auf unterschiedliche Aspekte des Bewusstseins konzentrieren. Die IIT betont die subjektive Erfahrung des Bewusstseins und versucht, die Menge der integrierten Information, die in einem bestimmten System vorhanden ist, zu quantifizieren, während die GWT die kognitiven und rechnerischen Aspekte des Bewusstseins und die Rolle der Aufmerksamkeit bei der Gestaltung der bewussten Erfahrung betont. Ein weiterer wesentlicher Unterschied zwischen den beiden Theorien ist ihr Ansatz zur Erklärung der neuronalen Grundlage des Bewusstseins. Die IIT geht davon aus, dass Bewusstsein durch die Integration von Informationen in komplexen neuronalen Netzwerken entsteht, während die GWT davon ausgeht, dass Bewusstsein durch die globale Aktivierung eines verteilten Netzwerks von Hirnregionen entsteht, die als „Arbeitsraum" für die Integration und Verarbeitung von Informationen fungieren. In Bezug auf die Art der bewussten Erfahrung legt die IIT nahe, dass Bewusstsein eine grundlegende Eigenschaft bestimmter komplexer Systeme ist, sich selbst zu beeinflussen, während die GWT davon ausgeht, dass bewusste Erfahrung ein Nebenprodukt kognitiver Prozesse ist, die Aufmerksamkeit und die globale Aktivierung neuronaler Netzwerke einschließen.

Prominente Vertreter beider konkurrierenden Theorien haben 2021 ein ehrgeiziges und groß angelegtes Experiment, verteilt über viele Labore weltweit, vorgeschlagen, um zwischen den beiden Theorien zu entscheiden (Melloni et al., 2021). Die GWT sagt voraus, dass Bewusstsein durch die globale Übertragung und Verstärkung von Informationen durch miteinander verbundene Netzwerke präfrontaler, parietaler und sensorischer Cortexbereiche entsteht, während die IIT vorschlägt, dass Bewusstsein auf der intrinsischen Fähigkeit eines neuronalen Netzwerks beruht, sich selbst zu beeinflussen, indem es maximal integrierte Informationen erzeugt, wobei der posteriore, parietale Cortex der ideale Ort dafür wäre. Mit den verschiedensten bildgebenden Verfahren wie fMRT, EEG und MEG sowie ausgeklügelten experimentellen Paradigmen soll nun getestet werden, welche Vorhersage und damit auch welche der beiden Theorien zutrifft. Wir dürfen gespannt sein, was dabei herauskommt. Den Autor würde es jedenfalls nicht wundern, wenn die Wahrheit – wie so oft in der Geschichte der Wissenschaft – irgendwo in der Mitte läge und die Forscher Aktivierung in allen erwähnten Cortexregionen und somit Hinweise auf beide Theorien finden würden.

Aus Sicht des Autors sind die beschriebenen Prozesse beider Theorien zwar vermutlich notwendig, aber nicht hinreichend, um tatsächlich Bewusstsein zu erzeugen. Die einzige Theorie, die einen mechanistischen Erklärungsansatz bietet, ist Damasios Theorie. Während gemäß Damasios Framework die neuronalen Strukturen und Prozesse von GWT und IIT vollständig zum erweiterten Selbst oder Bewusstsein gerechnet werden, bietet seine Theorie der somatischen Marker, der Körperschleife, des Proto- und Kernselbst eine Basis, auf der die anderen höherstufigen Prozesse aufbauen können. In der Terminologie der Informatik könnte man sagen, während GWT, IIT und erweitertes Selbst einer Benutzeroberfläche mit diversen „Apps" (Sprache, visuelle Wahrnehmung usw.) entsprechen, wäre das Kernselbst eine Art Betriebssystem und das Protoselbst eine Art BIOS.

Literatur

Baars, B. J. (1994). A global workspace theory of conscious experience. In *Consciousness in Philosophy and Cognitive Neuroscience*, (S. 149–171).Verlag Lawrence Erlbaum Associates, Inc.,

Baars, B. J. (2017). The global workspace theory of consciousness. In *The Blackwell Companion to Consciousness*, (S. 236–246). Verlag John Wiley & Sons Ltd.

Baars, B. J., & Newman, J. (1994). A neurobiological interpretation of global workspace theory. *Consciousness in Philosophy and Cognitive Neuroscience*, 211–226.

Bayne, T., Seth, A. K., & Massimini, M. (2020). Are there islands of awareness? *Trends in Neurosciences, 43*(1), 6–16.

Boly, M., Massimini, M., Tsuchiya, N., Postle, B. R., Koch, C., & Tononi, G. (2017). Are the neural correlates of consciousness in the front or in the back of the cerebral cortex? Clinical and neuroimaging evidence. *Journal of Neuroscience, 37*(40), 9603–9613.

Boly, M., Seth, A. K., Wilke, M., Ingmundson, P., Baars, B., Laureys, S., ... & Tsuchiya, N. (2013). Consciousness in humans and non-human animals: Recent advances and future directions. *Frontiers in Psychology, 4*, 625.

Casali, A. G., Gosseries, O., Rosanova, M., Boly, M., Sarasso, S., Casali, K. R., ... & Massimini, M. (2013). A theoretically based index of consciousness independent of sensory processing and behavior. *Science Translational Medicine, 5*(198), 198ra105–198ra105.

Casarotto, S., Comanducci, A., Rosanova, M., Sarasso, S., Fecchio, M., Napolitani, M., ... & Massimini, M. (2016). Stratification of unresponsive patients by an independently validated index of brain complexity. *Annals of Neurology, 80*(5), 718–729.

Chalmers, D. J. (1995). Facing up to the problem of consciousness. *Journal of Consciousness Studies, 2*(3), 200–219.

Cleeremans, A. (2005). Computational correlates of consciousness. *Progress in Brain Research, 150,* 81–98.

Cohen, M. A., & Dennett, D. C. (2011). Consciousness cannot be separated from function. *Trends in Cognitive Sciences, 15*(8), 358–364.

Crick, F., & Koch, C. (1990). Towards a neurobiological theory of consciousness. In *Seminars in the neurosciences* (Bd. 2, S. 263–275). Saunders Scientific Publications.

Crick, F., & Koch, C. (2003). A framework for consciousness. *Nature Neuroscience, 6*(2), 119–126.

Damasio, A. R. (1999). *The feeling of what happens: Body and emotion in the making of consciousness.* Houghton Mifflin Harcourt.

Damasio, A. (2001). Fundamental feelings. *Nature, 413*(6858), 781–781.

Damasio, A., & Meyer, K. (2009). Consciousness: An overview of the phenomenon and of its possible neural basis. In *The Neurology of Consciousness: Cognitive Neuroscience and Neuropathology* Steven Laureys, and Giulio Tononi (eds.), (Bd. 1, 10. Okt. 2008) (S. 3–14). Academic Press.

Damasio, A. R. (2014). *Ich fühle, also bin ich: Die Entschlüsselung des Bewusstseins.* Ullstein eBooks.

Dehaene, S., & Changeux, J. P. (2004). Neural mechanisms for access to consciousness. *The Cognitive Neurosciences, 3,* 1145–1158.

Dehaene, S., Changeux, J. P., & Naccache, L. (2011). The Global Neuronal Workspace Model of Conscious Access: From Neuronal Architectures to Clinical Applications. In: *Characterizing Consciousness: From Cognition to the Clinic?. Research and Perspectives in Neurosciences* Dehaene, S., and Christen, Y. (eds.), Springer, Berlin, Heidelberg. https://doi.org/10.1007/978-3-642-18015-6_4.

Dehaene, S., Charles, L., King, J. R., & Marti, S. (2014). Toward a computational theory of conscious processing. *Current Opinion in Neurobiology, 25,* 76–84.

Dehaene, S., Kerszberg, M., & Changeux, J. P. (1998). A neuronal model of a global workspace in effortful cognitive tasks. *Proceedings of the National Academy of Sciences, 95*(24), 14529–14534.

Dehaene, S., Lau, H., & Kouider, S. (2017). What is consciousness, and could machines have it? *Science, 358*(6362), 486–492.

Dehaene, S., & Naccache, L. (2001). Towards a cognitive neuroscience of consciousness: Basic evidence and a workspace framework. *Cognition, 79*(1–2), 1–37.

Demertzi, A., Tagliazucchi, E., Dehaene, S., Deco, G., Barttfeld, P., Raimondo, F., ... & Sitt, J. D. (2019). Human consciousness is supported by dynamic complex patterns of brain signal coordination. *Science Advances, 5*(2), eaat7603.

Dennett, D. C. (1991). *Consciousness explained.* Little, Brown and Company.

Graves, T. L., Maniscalco, B., & Lau, H. (2011). Volition and the function of consciousness. In *Conscious Will and Responsibility* (S. 109–121) Graves.

Grossberg, S. (2017). Towards solving the hard problem of consciousness: The varieties of brain resonances and the conscious experiences that they support. *Neural Networks, 87,* 38–95.

Hameroff, S. (2001). Consciousness, the brain, and spacetime geometry. *Annals of the New York Academy of Sciences, 929*(1), 74–104.

Hameroff, S., Nip, A., Porter, M., & Tuszynski, J. (2002). Conduction pathways in microtubules, biological quantum computation, and consciousness. *Bio Systems, 64*(1–3), 149–168.

Hameroff, S., & Penrose, R. (1996a). Orchestrated reduction of quantum coherence in brain microtubules: A model for consciousness. *Mathematics and Computers in Simulation, 40*(3–4), 453–480.

Hameroff, S. R., & Penrose, R. (1996b). Conscious events as orchestrated space-time selections. *Journal of Consciousness Studies, 3*(1), 36–53.

Koch, C. (2004). The quest for consciousness. *Engineering and Science, 67*(2), 28–34.

Koch, C. (2013). *Bewusstsein: Bekenntnisse eines Hirnforschers.* Springer.

Koch, C., & Hepp, K. (2006). Quantum mechanics in the brain. *Nature, 440*(7084), 611–611.

Koch, C., & Hepp, K. (2007). The relation between quantum mechanics and higher brain functions: Lessons from quantum computation and neurobiology. Citeseer. https://citeseerx.ist.psu.edu/viewdoc/download?doi=10.1.1.652.712&rep=rep1&type=pdf.

Koch, C., Massimini, M., Boly, M., & Tononi, G. (2016). Neural correlates of consciousness: Progress and problems. *Nature Reviews Neuroscience, 17*(5), 307–321.

Kriegeskorte, N., & Douglas, P. K. (2018). Cognitive computational neuroscience. *Nature Neuroscience, 21*(9), 1148–1160.

Kübler, A., & Birbaumer, N. (2008). Brain – computer interfaces and communication in paralysis: Extinction of goal directed thinking in completely paralysed patients? *Clinical Neurophysiology, 119*(11), 2658–2666.

Lamme, V. A. (2010). How neuroscience will change our view on consciousness. *Cognitive Neuroscience, 1*(3), 204–220.

Laplane, L., Mantovani, P., Adolphs, R., Chang, H., Mantovani, A., McFall-Ngai, M., ... & Pradeu, T. (2019). Why science needs philosophy. *Proceedings of the National Academy of Sciences, 116*(10), 3948–3952.

Mashour, G. A., Roelfsema, P., Changeux, J. P., & Dehaene, S. (2020). Conscious processing and the global neuronal workspace hypothesis. *Neuron, 105*(5), 776–798.

Melloni, L., Mudrik, L., Pitts, M., & Koch, C. (2021). Making the hard problem of consciousness easier. *Science, 372*(6545), 911–912.

Nagel, T. (1974). What is it like to be a bat? *The Philosophical Review, 83*(4), 435–450.

Newman, J. B., & Baars, B. J. (1993). A neural attentional model for access to consciousness: A global workspace perspective. In *Concepts in Neuroscience, 4*(2): 109–121. Graves.

Nielsen, M., & Chuang, I. (2002). *Quantum computation and quantum information.* Cambridge University Press.

Penrose, R. (1989). *The emperor's new mind.* Oxford University Press.

Penrose, R. (1994). Mechanisms, microtubules and the mind. *Journal of Consciousness Studies, 1*(2), 241–249.

Rees, G., Kreiman, G., & Koch, C. (2002). Neural correlates of consciousness in humans. *Nature Reviews Neuroscience, 3*(4), 261–270.

Reggia, J. A., Katz, G., & Huang, D. W. (2016). What are the computational correlates of consciousness? *Biologically Inspired Cognitive Architectures, 17,* 101–113.

Sergent, C., & Dehaene, S. (2004). Neural processes underlying conscious perception: Experimental findings and a global neuronal workspace framework. *Journal of Physiology-Paris, 98*(4–6), 374–384.

Seth, A. K., & Bayne, T. (2022). Theories of consciousness. *Nature Reviews Neuroscience, 23*(7), 439–452.

Seth, A. (2009). Explanatory correlates of consciousness: Theoretical and computational challenges. *Cognitive Computation, 1*(1), 50–63.

Seth, A. (2021). *Being you: A new science of consciousness.* Penguin.

Seth, A. K., & Bayne, T. (2022). Theories of consciousness. *Nature Reviews Neuroscience, 23*(7), 439–452.

Seth, A. K., Dienes, Z., Cleeremans, A., Overgaard, M., & Pessoa, L. (2008). Measuring consciousness: Relating behavioural and neurophysiological approaches. *Trends in Cognitive Sciences, 12*(8), 314–321.

Tegmark, M. (2000). Importance of quantum decoherence in brain processes. *Physical Review E, 61*(4), 4194.

Tegmark, M. (2014). Consciousness is a state of matter, like a solid or gas. *New Scientist, 222*(2964), 28–31.

Tononi, G. (2004). An information integration theory of consciousness. *BMC Neuroscience, 5,* 1–22.

Tononi, G., Boly, M., Massimini, M., & Koch, C. (2016). Integrated information theory: From consciousness to its physical substrate. *Nature Reviews Neuroscience, 17*(7), 450–461.

Tononi, G., & Koch, C. (2008). The neural correlates of consciousness: An update. *Annals of the New York Academy of Sciences, 1124*(1), 239–261.

10

Freier Wille

*Das Leben ist wie ein Kartenspiel. Das Blatt, das man erhält,
ist deterministisch; wie man es spielt, ist der freie Wille.*

Jawaharlal Nehru

Ist freier Wille nur ein frommer Wunsch?

Die Frage nach der Natur des Bewusstseins ist eng verknüpft mit der Frage
nach der Existenz des freien Willens, also der Fähigkeit, frei von äußeren
Einflüssen oder Wünschen zwischen verschiedenen möglichen Handlungs-
optionen wählen zu können (O'Connor, 1972; Kane, 2001; Watson, 2003;
Harris, 2012; Ekstrom, 2018). Die Vorstellung eines freien Willens ist eng
mit Vorstellungen von moralischer Verantwortung, Lob, Schuld, Sünde
und anderen ethischen und rechtlichen Konzepten verbunden (Roth, 2004;
2016; Roth et al., 2006; Lampe et al., 2008).

Im Prinzip bedeutet Willensfreiheit auch die Fähigkeit, Entscheidungen
zu treffen, die nicht durch vergangene Ereignisse oder sogenannte
deterministische Kausalketten bestimmt sind, also dass der Akteur zwischen
verschiedenen möglichen Ergebnissen wählen kann und dass das Ergebnis
seiner Entscheidung nicht durch frühere Ereignisse vorbestimmt ist (James,
1884; Van Inwagen, 1975). Im klassischen Determinismus geht man jedoch
davon aus, dass alle Ereignisse durch vergangene Ursachen determiniert sind
und somit nur ein einziger Verlauf möglich ist (Earman, 1986).

© Der/die Autor(en), exklusiv lizenziert an Springer-Verlag GmbH, DE, ein Teil von
Springer Nature 2023
P. Krauss, *Künstliche Intelligenz und Hirnforschung,*
https://doi.org/10.1007/978-3-662-67179-5_10

Der Laplace'sche Dämon, benannt nach dem französischen Mathematiker Pierre-Simon Laplace, ist ein philosophisches und physikalisches Gedankenexperiment, das das Konzept des Determinismus untersucht (Van Strien, 2014; Kožnjak, 2015). In dem Gedankenexperiment geht es um einen hypothetischen Dämon, der die Position und Geschwindigkeit aller Teilchen im Universum zu einem bestimmten Zeitpunkt vollständig kennt. Mit diesem Wissen wäre der Dämon in der Lage, die Zukunft des Universums mit absoluter Sicherheit vorherzusagen, da er den genauen Ausgang jedes Ereignisses auf der Grundlage der physikalischen Gesetze kennen würde. Der Laplace'sche Dämon wird häufig zur Veranschaulichung der Idee verwendet, dass, wenn der Determinismus wahr ist, die Zukunft des Universums bereits vorherbestimmt ist und alle Ereignisse notwendig und unvermeidlich sind. Diese Vorstellung hat erhebliche Auswirkungen auf das Konzept des freien Willens, denn wenn die Zukunft vorherbestimmt ist, scheint es keinen Raum für echte Entscheidungen oder Handlungsmöglichkeiten zu geben. Inkompatibilisten argumentieren daher, dass, wenn der Determinismus wahr ist, ein freier Wille nicht möglich ist.

Der Laplace'sche Dämon ist jedoch auch Gegenstand verschiedener Kritiken und Einwände. Ein Einwand lautet, dass das vollständige Wissen des Dämons über das Universum unmöglich sein könne, da die Heisenberg'sche Unschärferelation impliziert, dass es Grenzen unserer Fähigkeit gibt, gleichzeitig die Position und Geschwindigkeit von Teilchen mit beliebiger Genauigkeit zu messen (Robertson, 1929; Busch et al., 2007). Darüber hinaus wird argumentiert, dass, selbst wenn das Wissen des Dämons möglich wäre, es nicht notwendigerweise vollständige Vorhersagbarkeit implizieren würde, da die Quantenphysik dem Universum eine inhärente Zufälligkeit und Unvorhersehbarkeit verleiht (Dirac, 1925, 1926; Schrödinger, 1926).

Und schließlich sind Determinismus und Vorhersagbarkeit nicht unbedingt identisch (Van Kampen, 1991; Loewer, 2001), wie jeder weiß, der sich schon einmal über den falschen Wetterbericht geärgert hat. Die Dynamik komplexer Systeme hängt empfindlich von den Anfangsbedingungen ab, die im Prinzip mit unendlicher Genauigkeit bekannt sein müssten, um den weiteren Verlauf exakt vorhersagen zu können (Strogatz, 2018). Ansonsten können minimalste Abweichungen im Verlauf der Zeit zu exponentiell anwachsenden Unterschieden im Verhalten führen (Murphy, 2010). Dies ist der berühmt-berüchtigte Schmetterlingseffekt (Lorenz, 2000). Das Wetter ist mit Sicherheit ein deterministisches System und folgt den kausalen Gesetzen von Ursache und Wirkung, aber exakt vorhersagbar bis in die ferne Zukunft ist es deswegen noch lange nicht (Koch, 2009).

Einige Philosophen vertreten daher eine kompatibilistische Sicht des freien Willens, die besagt, dass der freie Wille mit dem Determinismus vereinbar, also kompatibel ist (Vihvelin, 2013). Das Universum ist zwar im Großen und Ganzen deterministisch, es gibt aber dennoch genügend Zufall und Chaos in der Welt, um den freien Willen zu retten. Wieder andere argumentieren, dass es sich bei dem scheinbaren Widerspruch zwischen freiem Willen und Determinismus um einen Kategorienfehler handelt. Das Gegenteil von Determinismus sei nicht der freie Wille, sondern Zufall und Chaos. Und das Gegenteil vom freien Willen sei nicht Determinismus, sondern Zwang (Mittelstraß et al., 2004; Hallett, 2009) (Abb. 10.1).

Das Libet-Experiment

Das Libet-Experiment, benannt nach Benjamin Libet, ist eine berühmte und umstrittene Studie in den Neurowissenschaften und der Psychologie, mit der die Natur des freien Willens und der Zeitpunkt bewusster Entscheidungen untersucht werden sollten (Libet et al., 1983; Libet, 1985). Das Experiment wurde Anfang der 1980er-Jahre durchgeführt, um festzustellen,

Abb. 10.1 Freienwill. Die Existenz eines freien Willens ist in Philosophie und Neurowissenschaft umstritten. An der Existenz des gleichnamigen Dorfes im Kreis Schleswig-Flensburg besteht hingegen kein Zweifel

ob die bewusste Entscheidung, eine willentliche Handlung auszuführen, vor oder nach der Auslösung der Handlung durch das Gehirn erfolgt.

Der grundlegende Versuchsaufbau bestand aus vier Komponenten. Zunächst wurden Freiwillige gebeten, einfache willkürliche Bewegungen auszuführen, wie z. B. das Beugen des Handgelenks oder das Drücken eines Knopfes. Währenddessen wurde ihre Gehirnaktivität mittels Elektro- enzephalografie (EEG) überwacht, wobei der Schwerpunkt auf dem Bereitschaftspotential lag. Darunter versteht man den langsamen Anstieg der elektrischen Aktivität im Gehirn, welche willkürlichen Bewegungen vorausgeht und somit als Hinweis auf die Entstehung einer bewussten Absicht interpretiert werden kann. Zweitens wurde den Teilnehmern ein uhrenähnliches Gerät gezeigt, das als Zeitmesser fungierte. Ein rotierender Punkt ermöglichte es ihnen, den genauen Zeitpunkt ihrer bewussten Ent- scheidung, die willkürliche Bewegung auszuführen, zu berichten. Drittens wurden die Versuchspersonen gebeten, die Position des rotierenden Punktes auf der Uhr zum Zeitpunkt ihrer bewussten Entscheidung anzugeben. Und schließlich viertens wurden die Ergebnisse der Hirnstrommessung mit den Angaben über die Entscheidung verglichen, um festzustellen, ob die bewusste Entscheidung der Versuchspersonen tatsächlich die Ursache für die willkürliche Bewegung war (Abb. 10.2).

Das wichtigste Ergebnis von Libets Experiment war, dass das Bereit- schaftspotential im Gehirn bereits deutlich (500–300 Millisekunden) vor dem Zeitpunkt anstieg, an dem die Versuchspersonen berichteten, dass sie sich ihrer Entscheidung, die Bewegung auszuführen, bewusst geworden waren. Libet schloss daraus, dass unbewusste Prozesse im Gehirn willent- liche Handlungen einleiten, bevor bewusste Entscheidungen getroffen werden.

Fazit

Die Ergebnisse des Libet-Experiments scheinen gegen die Existenz eines freien Willens zu sprechen. Sie wurden deshalb breit diskutiert und haben zu heftigen Kontroversen geführt. Kritiker behaupten, die Methodik des Experiments sei fehlerhaft und die Schlussfolgerungen über die Willens- freiheit seien zu deterministisch. Es wird auch argumentiert, dass die Ent- scheidung, eine bestimmte Bewegung zu einem bestimmten Zeitpunkt auszuführen, die Natur des freien Willens übersimplifiziert. So sei diese ein- fache Handlung beispielsweise nicht damit vergleichbar, sich frei für oder

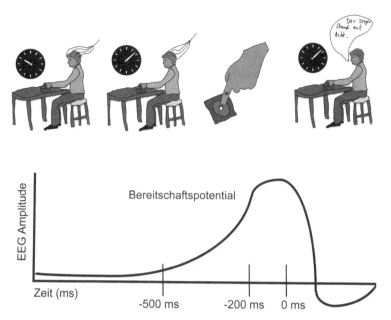

Abb. 10.2 Das Libet-Experiment. Ein Proband führt eine willkürliche Bewegung aus, während seine Gehirnaktivität mittels EEG überwacht wird. Ein uhrenähnliches Gerät ermöglicht es ihm, den Zeitpunkt seiner bewussten Entscheidung festzuhalten. Anschließend gibt er die Position des rotierenden Zeigers auf der Uhr zum Entscheidungszeitpunkt an. Schließlich werden Hirnstrommessungen und Entscheidungsangaben verglichen. Ergebnisse deuten darauf hin, dass unbewusste Prozesse Handlungen bereits einleiten (−500 ms), bevor die bewusste Entscheidung dazu getroffen (−200 ms) und die Handlung dann schließlich ausgeführt wird (0 ms)

gegen ein bestimmtes Studium, einen bestimmten Wohnort oder einen Lebenspartner zu entscheiden.

Aus Sicht des Autors wäre es höchst befremdlich, wenn unsere (freien) Entscheidungen völlig unabhängig von unserer genetischen, neuronalen und autobiografischen Vorgeschichte wären. Selbstverständlich werden wichtige Lebensentscheidungen wie die oben genannten vor dem Hintergrund unserer persönlichen Erfahrung und Lebensgeschichte getroffen, welche wiederum im Gehirn als Wissen und Erinnerungen gespeichert sind (Hallet, 2007; Lau, 2009).

Man stelle sich vor, Libets Ergebnisse wären genau umgekehrt gewesen: Die Versuchspersonen berichten über ihre Entscheidung, die Bewegung auszuführen, bevor die entsprechende neuronale Aktivität messbar ist. Dieses Ergebnis wäre wohl viel verstörender gewesen, hätte es doch impliziert, dass es von der Biologie unabhängige mentale Prozesse gibt, welche aber in der Lage sind, Veränderungen im Gehirn hervorzurufen. Dies wäre de facto einem Beleg dualistischer Sichtweisen auf die Beziehung zwischen Gehirn und Geist gleichgekommen.

Einige gingen sogar so weit, die Praxis der Bestrafung infrage zu stellen mit dem Argument, dass wenn der Wille nicht frei ist, die Person auch nicht für ihre Handlungen verantwortlich gemacht werden könne (Roth, 2010, 2012; Singer, 2020). Dies verkennt natürlich, dass Bestrafungen weiterhin sinnvoll sein können, da sie unterschiedliche Zwecke erfüllen und auf unterschiedlichen Ebenen wirken (Feinberg, 1965; Van den Haag, 1975; Jakobs, 2011; Kühl, 2017). Erstens haben die Opfer von Straftaten, auch wenn die Existenz eines freien Willens infrage gestellt wird, nach wie vor ein Bedürfnis nach Gerechtigkeit, Sühne und Wiedergutmachung. Zweitens kann die Resozialisierung unabhängig von der Frage des freien Willens dazu beitragen, den Täter zu rehabilitieren und ihm die Fähigkeiten und das Wissen zu vermitteln, um ein konstruktives Mitglied der Gesellschaft zu werden. In diesem Zusammenhang konzentriert sich die Resozialisierung auf die Änderung von Verhaltensweisen und Denkmustern, die zu Straftaten geführt haben, und nicht auf die Frage, ob der Täter diese Entscheidungen bewusst getroffen hat. Drittens kann die Bestrafung von Tätern als Abschreckung für potentielle Nachahmer dienen, indem sie die Konsequenzen von Straftaten verdeutlicht. Auch wenn Menschen keinen freien Willen haben, können sie dennoch auf Anreize und Abschreckung reagieren. Das Sanktionensystem kann somit dazu beitragen, die Häufigkeit von Straftaten zu verringern, indem es potentielle Täter von kriminellem Verhalten abhält. Und schließlich viertens kann die Inhaftierung eines Täters die Gesellschaft vor weiteren Straftaten dieser Person schützen. Auch wenn der Täter nicht über einen freien Willen verfügt, könnte er in Freiheit weiterhin eine Gefahr für die Gesellschaft darstellen. Somit können Bestrafung und Inhaftierung eines Täters auch dann sinnvoll und gerechtfertigt bleiben, wenn die Existenz eines freien Willens infrage gestellt wird (Viney, 1982; Stroessner & Green, 1990; Hallett, 2007; Mobbs et al., 2009; Hodgson, 2009; Vincent et al., 2011; Focquaert et al., 2013).

Neben den Auswirkungen auf die menschliche Entscheidungsfindung werfen die Libet-Experimente auch interessante Fragen zur Künstlichen Intelligenz auf. Obwohl KI grundsätzlich deterministisch ist, können diese Experimente unsere Vorstellung von KI-Entscheidungen, Verantwortung und moralischem Handeln beeinflussen. Darüber hinaus kann KI als Werkzeug dienen, um das Konzept des freien Willens beim Menschen zu erforschen und zu verstehen.

Literatur

Busch, P., Heinonen, T., & Lahti, P. (2007). Heisenberg's uncertainty principle. *Physics Reports, 452*(6), 155–176.

Dirac, P. A. M. (1925). The fundamental equations of quantum mechanics. Proceedings of the Royal Society of London. *Series A, Containing Papers of a Mathematical and Physical Character, 109*(752), 642–653.

Dirac, P. A. M. (1926). On the theory of quantum mechanics. Proceedings of the Royal Society of London. *Series A, Containing Papers of a Mathematical and Physical Character, 112*(762), 661–677.

Earman, J. (1986). *A primer on determinism* (Bd. 37). Springer Science & Business Media.

Ekstrom, L. (2018). *Free will*. Routledge.

Feinberg, J. (1965). The expressive function of punishment. *The Monist, 49*(3), 397–423.

Focquaert, F., Glenn, A. L., & Raine, A. (2013). Free will, responsibility, and the punishment of criminals. *The future of punishment,* 247–274.

Hallett, M. (2007). Volitional control of movement: The physiology of free will. *Clinical Neurophysiology, 118*(6), 1179–1192.

Hallett, M. (2009). Physiology of volition. *Downward causation and the neurobiology of free will,* 127–143.

Hallett, M. (2011). Volition: How physiology speaks to the issue of responsibility. *Conscious will and responsibility,* 61–69.

Harris, S. (2012). *Free will*. Simon and Schuster.

Hodgson, D. (2009). Criminal responsibility, free will, and neuroscience. *Downward causation and the neurobiology of free will,* 227–241.

Jakobs, G. (2011). *Strafrecht: Allgemeiner Teil*. de Gruyter.

James, W. (1884). *The dilemma of determinism* (S. 1878–1899). Kessinger Publishing.

Kane, R. (Hrsg.). (2001). *Free will*. Wiley.

Koch, C. (2009). Free will, physics, biology, and the brain. *Downward causation and the neurobiology of free will,* 31–52.

Kožnjak, B. (2015). Who let the demon out? Laplace and Boscovich on determinism. *Studies in History and Philosophy of Science Part A, 51,* 42–52.

Kühl, K. (2017). *Strafrecht: Allgemeiner Teil*. Vahlen.

Lampe, E. J., Pauen, M., Roth, G., & Verlag, S. (Hrsg.). (2008). *Willensfreiheit und rechtliche Ordnung*. Suhrkamp.

Lau, H. C. (2009). Volition and the function of consciousness. *Downward causation and the neurobiology of free will,* 153–169.

Libet, B., Wright, E. W., Jr., & Gleason, C. A. (1983). Preparation-or intention-to-act, in relation to pre-event potentials recorded at the vertex. *Electroencephalography and Clinical Neurophysiology, 56*(4), 367–372.

Libet, B. (1985). Unconscious cerebral initiative and the role of conscious will in voluntary action. *Behavioral and brain sciences, 8*(4), 529–539.

Loewer, B. (2001). Determinism and chance. *Studies in History and Philosophy of Science Part B: Studies in History and Philosophy of Modern Physics, 32*(4), 609–620.

Lorenz, E. (2000). The butterfly effect. *World Scientific Series on Nonlinear Science Series A, 39,* 91–94.

Mittelstraß, J., Menzel, R., Singer, W., & Nida-Rümelin, J. Zur Freiheit des Willens II: Streitgespräch in der Wissenschaftlichen Sitzung der Versammlung der Berlin-Brandenburgischen Akademie der Wissenschaften am 2. Juli 2004.

Mobbs, D., Lau, H. C., Jones, O. D., & Frith, C. D. (2009). *Law, responsibility, and the brain* (S. 243–260). Springer.

Murphy, R. P. (2010). *Chaos theory.* Ludwig von Mises Institute.

O'Connor, D. J. (1972). *Free will.* Springer.

Robertson, H. P. (1929). The uncertainty principle. *Physical Review, 34*(1), 163.

Roth, G. (2004). Freier Wille, Verantwortlichkeit und Schuld. *Zur Freiheit des Willens,* 63–70.

Roth, G., Lück, M., & Strüber, D. (2006). „Freier Wille" und Schuld von Gewaltstraftätern aus Sicht der Hirnforschung und Neuropsychologie. *Neue Kriminalpolitik, 18*(2), 55–59.

Roth, G. (2010). Free will: Insights from neurobiology. *Homo novus—a human without illusions,* 231–245.

Roth, G. (2012). Über objektive und subjektive Willensfreiheit. *Theory of Mind: Neurobiologie und Psychologie sozialen Verhaltens,* 213–223.

Roth, G. (2016). Schuld und Verantwortung: Die Perspektive der Hirnforschung. *Biologie in unserer Zeit, 46*(3), 177–183.

Schrödinger, E. (1926). SCHRÖDINGER 1926C. *Annalen der Physik, 79,* 734.

Singer, W. (2020). *Ein neues Menschenbild?: Gespräche über Hirnforschung.* Suhrkamp Verlag.

Strogatz, S. H. (2018). *Nonlinear dynamics and chaos with student solutions manual: With applications to physics, biology, chemistry, and engineering.* CRC Press.

Stroessner, S. J., & Green, C. W. (1990). Effects of belief in free will or determinism on attitudes toward punishment and locus of control. *The Journal of Social Psychology, 130*(6), 789–799.

Van den Haag, E. (1975). *Punishing criminals* (Bd. 10). Basic Books.

Van Inwagen, P. (1975). The incompatibility of free will and determinism. *Philosophical Studies, 27*(3), 185–199.

Van Kampen, N. G. (1991). Determinism and predictability. *Synthese, 89,* 273–281.

Van Strien, M. (2014). On the origins and foundations of Laplacian determinism. *Studies in History and Philosophy of Science Part A, 45,* 24–31.

Vihvelin, K. (2013). *Causes, laws, and free will: Why determinism doesn't matter.* Oxford University Press.

Vincent, N. A., Van de Poel, I., & Van Den Hoven, J. (Eds.). (2011). *Moral responsibility: Beyond free will and determinism* (Bd. 27). Springer Science & Business Media.

Viney, W., Waldman, D. A., & Barchilon, J. (1982). Attitudes toward punishment in relation to beliefs in free will and determinism. *Human Relations, 35*(11), 939–949.

Watson, G. (Hrsg.). (2003). *Free will.* Oxford readings in philosophy.

Teil II

Künstliche Intelligenz

Im zweiten Teil des Buches wird der Fokus auf den wichtigsten Ideen und Konzepten des Maschinellen Lernens und der Künstlichen Intelligenz liegen. Da mathematische Details genauso abschreckend wirken können wie neuroanatomische und molekularbiologische, wird auch in diesem Teil auf eine eingehende mathematische Darstellung verzichtet. Im Vordergrund stehen ein allgemeines Verständnis sowie ein Überblick über das Gesamtbild und der wichtigsten Ideen und Konzepte, um das Wesen und die Potentiale der KI und des Maschinellen Lernens zu erfassen. Dieser Ansatz hilft uns, eine Brücke zu schlagen zwischen den beiden Disziplinen KI und Hirnforschung und ihre Gemeinsamkeiten und Unterschiede herauszuarbeiten, ohne uns dabei in technischen Einzelheiten zu verlieren.

11

Was ist Künstliche Intelligenz?

*Trotz all des Hypes und der Aufregung um KI ist sie im Vergleich zur menschlichen
Intelligenz immer noch sehr begrenzt.*

Andrew Ng

Geschichte der KI

Die Idee, dass die menschliche Intelligenz oder die kognitiven Prozesse, die
der Mensch nutzt, mechanisiert oder automatisiert werden könnten, ist sehr
alt. Eine der ersten Erwähnungen dieser Idee findet sich in Julien Offray de
La Mettries Werk *L'Homme Machine,* das 1748 veröffentlicht wurde. Ein
weiterer theoretischer Vorläufer der KI ist der Laplace'sche-Dämon, der
uns im Kapitel zum Freien Willen bereits begegnet ist. Benannt ist er nach
dem französischen Mathematiker, Physiker und Astronomen Pierre-Simon
Laplace. Das Konzept beruht auf der Vorstellung, dass das gesamte Universum wie eine mechanische Maschine funktioniert, ähnlich einer Uhr,
und dass der menschliche Verstand und die Intelligenz ebenso funktionieren.

Künstliche Intelligenz (KI) basiert auf der Überzeugung, dass menschliches Denken strukturiert und systematisiert werden kann. Die Wurzeln
dieses Konzepts reichen bis ins 1. Jahrtausend v. Chr. zurück, als chinesische,
indische und altgriechische Philosophen strukturierte Techniken für
formale Schlussfolgerungen entwickelten. Später, im 17. Jahrhundert,
versuchten Philosophen wie René Descartes und Gottfried Wilhelm
Leibniz, das rationale Denken zu formalisieren und so präzise wie Algebra

oder Geometrie zu machen. Sie betrachteten Denken als äquivalent zur Manipulation von Symbolen. Dieses Modell diente später als Grundlage für die Forschung im Bereich der Künstlichen Intelligenz.

Das Studium der mathematischen Logik hat eine entscheidende Rolle bei der Entwicklung der KI im 20. Jahrhundert gespielt. Einer der wichtigsten Beiträge kam von George Boole und Gottlob Frege, die die Grundlagen für die formale Manipulation von Symbolen entwickelten. Diese Arbeiten stellten eine Reihe von Regeln und Prinzipien für die Manipulation von Symbolen in einem logischen System auf, die sich als wesentlich für die Entwicklung intelligenter Maschinen erwiesen.

Ein weiterer wichtiger Beitrag war die Church-Turing-These, ein grundlegendes Konzept in der Informatik. Sie besagt, dass jedes mathematische Problem, das ein Mensch mit Papier und Bleistift lösen kann, auch von einer Maschine gelöst werden kann, und zwar von einer mechanischen Maschine, die Nullen und Einsen verarbeiten kann. Dieses Konzept legte den Grundstein für die Entwicklung digitaler Computer und die Theorie des Rechnens.

Die Turing-Maschine, ein von Alan Turing vorgeschlagenes theoretisches Rechenmodell, war ein entscheidender Durchbruch in der Entwicklung der Künstlichen Intelligenz. Es handelt sich um ein einfaches und abstraktes Modell, das die wesentlichen Eigenschaften jeder mechanischen Maschine erfasst, die in der Lage ist, abstrakte Symbolmanipulationen durchzuführen. Die Turing-Maschine ermöglichte es den Forschern, das Konzept des Rechnens zu formalisieren und Algorithmen zu entwickeln, die von Maschinen ausgeführt werden können.

Die Dartmouth-Konferenz, die im Sommer 1956 am Dartmouth College in Hanover, New Hampshire, stattfand, gilt als Gründungsereignis des akademischen Feldes der Künstlichen Intelligenz (KI). Die Konferenz war ein sechswöchiger Workshop mit dem Titel „Dartmouth Summer Research Project on Artificial Intelligence", der von John McCarthy im Rahmen eines von der Rockefeller Foundation geförderten Forschungsprojekts organisiert wurde. Der Begriff „Künstliche Intelligenz" wurde zum ersten Mal in der Ankündigung dieser Konferenz verwendet. An der Konferenz nahmen einige der brillantesten Köpfe der Informatik und verwandter Gebiete teil, darunter McCarthy selbst, Marvin Minsky, Nathaniel Rochester und Claude Elwood Shannon, der Begründer der Informationstheorie. Während der Konferenz diskutierten die Teilnehmer die Möglichkeit, Maschinen zu schaffen, die wie Menschen denken und argumentieren können. Sie untersuchten verschiedene KI-Ansätze wie logikbasierte Systeme, neuronale Netze und heuristische Suchalgorithmen. Sie diskutierten auch die ethischen

Implikationen der Entwicklung intelligenter Maschinen und die Frage, ob es überhaupt möglich ist, wirklich intelligente Maschinen zu entwickeln. Die Dartmouth-Konferenz etablierte die KI als akademische Disziplin und lieferte einen Fahrplan für die künftige Forschung auf diesem Gebiet.

Es besteht eine enge Verbindung zwischen der Forschungsrichtung Künstliches Leben und der KI. Das langfristige Ziel der KI ist es, einen intelligenten Agenten zu entwickeln, der in der Lage ist, jede intellektuelle Aufgabe zu verstehen oder zu erlernen, die von einem Menschen oder anderen Lebewesen bewältigt werden kann. Dies wird auch als starke KI oder Künstliche Allgemeine Intelligenz *(Artificial General Intelligence, AGI)* bezeichnet.

Begriffsklärung

Künstliche Intelligenz bezieht sich ganz allgemein auf Maschinen, die zu intelligentem Verhalten fähig sind (Russell, 2010). Im Gegensatz zur natürlichen Intelligenz von Tieren und Menschen, die auf biologischen Prozessen beruht, basiert die KI auf von Menschen entwickelten Algorithmen und Software. KI-Systeme sind so programmiert, dass sie Aufgaben ausführen, die normalerweise menschliche Intelligenz erfordern, wie z. B. Mustererkennung, Lernen aus Erfahrung, Entscheidungsfindung und Problemlösung. Ein wichtiger Aspekt von KI-Systemen ist ihre Fähigkeit, autonom und anpassungsfähig zu sein. Sie können aus Erfahrungen und Rückmeldungen lernen und sich mit der Zeit verbessern. Dieser Prozess wird auch als Maschinelles Lernen bezeichnet und umfasst verschiedene Techniken wie überwachtes Lernen, unüberwachtes Lernen und Verstärkungslernen. Es gibt viele verschiedene Arten von KI-Systemen, die jeweils auf ihre eigene Weise spezialisiert sind. Die Verarbeitung natürlicher Sprache beispielsweise ermöglicht es Maschinen, menschliche Sprache zu verstehen und auf sie zu reagieren (Görz & Schneeberger, 2010; Russell, 2010).

Expertensysteme nutzen Wissen in Form von Symbolen und Regeln, um Probleme zu lösen und Entscheidungen zu treffen. Autonome Roboter sind ein weiteres Beispiel für KI-Systeme, die auf physische Aktionen spezialisiert sind. Sie können Aufgaben wie Navigation, Manipulation von Objekten und Interaktion mit der Umwelt ausführen. Multiagentensysteme hingegen sind eine Art Schwarm autonomer Agenten, die zusammenarbeiten, um ein gemeinsames Ziel zu erreichen (Görz & Schneeberger, 2010; Russell, 2010).

Wenn heutzutage in Medien und Politik von Künstlicher Intelligenz die Rede ist, dann ist meistens nur ein relativer kleiner Teil dieser Ansätze gemeint. Alle spektakulären Erfolge und Durchbrüche der letzten ein, zwei Jahrzehnte – sei es Musik komponieren, Go spielen, Texte generieren oder Bilder klassifizieren – beruhen auf Maschinellem Lernen und Mustererkennung, einem Teilbereich der KI, und hier wiederum insbesondere auf Deep Learning, also tiefem Lernen, welches nur ein Teil des Maschinellen Lernens darstellt. Im öffentlichen Diskurs werden die Begriffe Künstliche Intelligenz, Maschinelles Lernen und Deep Learning heutzutage meist synonym benutzt (Abb. 11.1). Oft ist im Zusammenhang mit KI auch von „den Algorithmen" die Rede. Ein Algorithmus ist ähnlich einem Kochrezept eine Schritt-für-Schritt-Anleitung zur Lösung eines Problems oder zur Durchführung einer bestimmten Aufgabe. Er besteht aus einer geordneten Folge von Anweisungen, die so formuliert sind, dass sie von einer Maschine, einem Computer oder einem Menschen ausgeführt werden können.

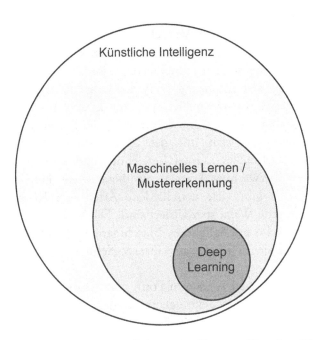

Abb. 11.1 Teilbereiche der Künstlichen Intelligenz. Die Begriffe Künstliche Intelligenz, Maschinelles Lernen und Deep Learning werden heute oft als austauschbar angesehen und im öffentlichen Diskurs synonym verwendet, obwohl sie eigentlich in einem hierarchischen Verhältnis zueinander stehen

Maschinelles Lernen und Mustererkennung

Maschinelles Lernen beschäftigt sich mit der Entwicklung von Algorithmen und statistischen Modellen, die es Computern ermöglichen, aus Daten zu lernen und Vorhersagen oder Entscheidungen zu treffen, ohne explizit programmiert zu werden (Bishop & Nasrabadi, 2006). Der Schwerpunkt liegt auf der Analyse großer Datenmengen, um Muster zu erkennen und Schlussfolgerungen zu ziehen. Maschinelles Lernen ist ein wichtiger Bestandteil der modernen Datenanalyse und wird in vielen Bereichen eingesetzt, darunter Bild- und Spracherkennung, autonomes Fahren und personalisierte Werbung. Ein wichtiges Konzept des Maschinellen Lernens ist die Mustererkennung. Dabei werden Muster in Daten erkannt, um Vorhersagen oder Entscheidungen zu treffen. Dazu müssen Algorithmen und Modelle entwickelt werden, die aus Daten lernen und Muster erkennen können.

Auch das menschliche Gehirn nutzt Mustererkennung, um Sinneseindrücke zu verarbeiten und zu interpretieren. Es verfügt über spezialisierte Regionen, die für bestimmte Arten der Mustererkennung zuständig sind. Die Fähigkeit des Gehirns, Muster zu lernen und sich an neue Muster anzupassen, ist entscheidend für intelligentes, zielgerichtetes Verhalten und unsere Fähigkeit, mit der Welt zu interagieren.

Deep Learning

Deep Learning ist ein Zweig des Maschinellen Lernens, der sich auf künstliche neuronale Netze mit mehreren Schichten miteinander verbundener Neuronen konzentriert. Je mehr Schichten ein neuronales Netz hat, desto „tiefer" ist es. Moderne Architekturen können Hunderte von Schichten aufweisen und sind in der Lage, große Datenmengen zu verarbeiten und daraus zu lernen, indem sie komplexe Muster erkennen und abstrakte Verbindungen herstellen. Eine der größten Errungenschaften des Deep Learning ist die Fähigkeit, neuronale Netze so zu trainieren, dass sie große Mengen unstrukturierter Daten, z. B. Bilder oder Sprachaufnahmen, verarbeiten und komplexe Korrelationen und Muster erkennen können. Dies hat zu Durchbrüchen in vielen Anwendungsbereichen geführt, darunter Sprachverarbeitung, Bilderkennung und -segmentierung, und ermöglichte Fortschritte in der medizinischen Forschung, den Naturwissenschaften und anderen Bereichen (Schmidhuber, 2015; LeCun et al., 2015; Goodfellow et al., 2016).

Der Hauptvorteil von Deep Learning ist die Fähigkeit, sinnvolle Muster in komplexen und unstrukturierten Daten zu erkennen und zu lernen, ohne dass menschliches Fachwissen erforderlich ist. Deep-Learning-Modelle können sogar mit Daten arbeiten, die für den menschlichen Verstand nur schwer oder gar nicht zu interpretieren sind, wie z. B. digitale Röntgenbilder. Dies macht Deep Learning zu einem enorm leistungsfähigen Werkzeug in vielen Bereichen.

Trotz der unglaublichen Fortschritte in den letzten Jahren gibt es jedoch immer noch einige Herausforderungen bei der Entwicklung und Verwendung von Deep-Learning-Modellen. Eines der größten Probleme ist die Schwierigkeit, die Funktionsweise tiefer neuronaler Netze zu interpretieren und zu erklären. Es ist oft schwer zu verstehen, warum ein bestimmtes Modell eine bestimmte Entscheidung getroffen hat oder wie es bestimmte Muster erkannt hat.

Fazit

Die Erfolge der KI sind in den letzten Jahren beachtlich gewesen und umfassen eine Vielzahl von Anwendungen. Einer der beeindruckendsten Fortschritte ist die Fähigkeit von KI-Systemen, menschliche Sprache zu verstehen und natürliche Sprache zu verarbeiten. Dies hat zu erheblichen Fortschritten in der Spracherkennung und -übersetzung geführt. Auch in der Bildverarbeitung hat die KI Fortschritte gemacht, indem sie Bilder erkennen und analysieren kann. Dies hat zur Entwicklung von Gesichtserkennung, Objekterkennung und medizinischer Bildgebung beigetragen. Viele praktische Anwendungen von Künstlicher Intelligenz (KI) werden oft so schnell in Alltagsprodukte integriert, dass sie nicht mehr als KI wahrgenommen werden. Ein Beispiel dafür ist die Texterkennung, die mittlerweile in vielen Smartphones standardmäßig integriert ist und als selbstverständlich angesehen wird.

Aufgrund dieses als KI-Effekt bekannten Phänomens kann es scheinen, dass die KI-Forschung nur mit schwierigen Problemen kämpft, die sie noch nicht gelöst hat, wie z. B. die Fähigkeit, komplexe Entscheidungen in dynamischen Umgebungen zu treffen, oder das Problem, dass es schwierig ist, die Funktionsweise tiefer neuronaler Netze zu interpretieren und zu erklären.

Ein berühmtes Zitat des Computerwissenschaftlers Larry Tesler, „Intelligenz ist das, was Maschinen noch nicht gemacht haben", drückt dies aus.

Literatur

Bishop, C. M., & Nasrabadi, N. M. (2006). *Pattern recognition and machine learning* (Bd. 4, No. 4, S. 738). Springer.

Goodfellow, I., Bengio, Y., & Courville, A. (2016). *Deep learning.* MIT press.

Görz, G., & Schneeberger, J. (Hrsg.). (2010). *Handbuch der künstlichen Intelligenz.* Walter de Gruyter.

LeCun, Y., Bengio, Y., & Hinton, G. (2015). *Deep learning. nature, 521*(7553), 436–444.

Russell, S. J. (2010). *Artificial intelligence a modern approach.* Pearson Education, Inc.

Schmidhuber, J. (2015). Deep learning in neural networks: An overview. *Neural networks, 61,* 85–117.

12

Wie lernt Künstliche Intelligenz?

Nach meiner Ausbildung zum Informatiker in den 90er-Jahren wusste jeder, dass KI nicht funktioniert. Man hat es versucht. Man hat es mit neuronalen Netzen versucht, aber nichts hat funktioniert.

Sergey Brin

Künstliches Neuron

Wie im Gehirn, so ist auch in vielen Bereichen der KI das Neuron die fundamentale Verarbeitungseinheit. Künstliche Neurone sind vereinfachte mathematische Modelle ihrer biologischen Vorbilder. Sie erhalten über mehrere Eingangskanäle ihren Input in Form von reellen Zahlen. Wie im Gehirn kann dieser Input entweder „von außen" oder von anderen Neuronen kommen. Jeder Eingangskanal verfügt über ein Gewicht, welches der Synapse in der Biologie entspricht, mit dem der jeweilige Input multipliziert wird. Anschließend werden alle gewichteten Inputs des Neurons aufsummiert. Da alle Eingänge eines Neurons sich zu einem Inputvektor zusammenfassen lassen und analog alle dazugehörigen Gewichte zum Gewichtsvektor zusammengefasst werden können, entspricht die gewichtete Summe des Inputs dem Skalarprodukt aus Input- und Gewichtsvektor. Dieses geht schließlich in eine Aktivierungsfunktion, um den Output des Neurons zu bestimmen. Im McCulloch-Pitts-Neuron (McCulloch & Pitts, 1943), welches das früheste und einfachste künstliche Neuron darstellt,

P. Krauss, *Künstliche Intelligenz und Hirnforschung*,
https://doi.org/10.1007/978-3-662-67179-5_12

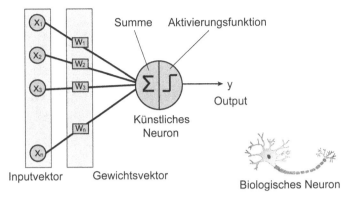

Abb. 12.1 Künstliches Neuron. Die grundlegende Verarbeitungseinheit in der Künstlichen Intelligenz. Analog zu seinem biologischen Vorbild nimmt es Input x über mehrere Kanäle auf und multipliziert ihn mit assoziierten Gewichten w, ähnlich den Synapsen im Gehirn. Diese gewichteten Eingaben werden summiert und durch eine Aktivierungsfunktion verarbeitet, um den Output y des Neurons zu bestimmen. Bei einfachen Modellen wie dem McCulloch-Pitts-Neuron ist die Aktivierungsfunktion eine Schwellenfunktion, die zu binären Outputs (0 oder 1) führt. Komplexere Modelle nutzen fortgeschrittenere Aktivierungsfunktionen für kontinuierliche Outputs

entspricht die Aktivierungsfunktion einer Schwellenfunktion, d. h., es wird verglichen, ob die gewichtete Summe des Inputs größer oder kleiner als eine bestimmte Schwelle ist. Ist sie größer, sendet das Neuron einen Output (eine Eins), ansonsten nicht (was einer Null entspricht). Damit ist das Perzeptron ein binärer Klassifikator. Meist werden jedoch kompliziertere Aktivierungsfunktionen verwendet, welche zu kontinuierlichen Outputs führen (Schmidhuber, 2015; LeCun et al., 2015; Goodfellow et al., 2016) (Abb. 12.1).

Künstliche neuronale Netze

Aus diesen künstlichen Neuronen können nun künstliche neuronale Netze konstruiert werden, indem man mehrere von ihnen miteinander verbindet, wobei es für jede Verbindung ein Gewicht gibt. Jedes Neuron erhält Eingangssignale von anderen Neuronen oder von externen Quellen, verarbeitet anschließend diesen Input und berechnet daraus ein Ausgangssignal, welches dann weiter an andere Neurone oder als Ausgabe nach außen übertragen wird.

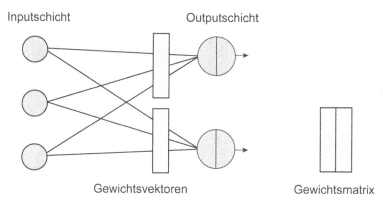

Inputschicht   Outputschicht

Gewichtsvektoren   Gewichtsmatrix

Abb. 12.2 Zweischichtiges Netz. Das Perzeptron besteht nur aus einer Input- und einer Outputschicht. Die Gewichtsvektoren werden als Gewichtsmatrix zusammengefasst

Je nach Architektur des Netzes können die Neurone in unterschiedlichen sogenannten Schichten angeordnet sein, wobei jeweils mehrere Neurone in einer Schicht sind. In der Regel bekommen alle Neurone einer Schicht ihren Input aus derselben Quelle und senden ihren Output an dasselbe Ziel. In einem neuronalen Netz unterscheidet man zwischen Eingabeschicht (Input Layer), Ausgabeschicht (Output Layer) und (meist mehreren) Zwischenschichten oder auch versteckten Schichten (Hidden Layer).

Die Gewichte eines neuronalen Netzes werden in der Gewichtsmatrix zusammengefasst. Die Spalten der Gewichtsmatrix entsprechen den Gewichtsvektoren der Neurone. Diese Matrix kann entweder alle paarweisen Gewichte aller Neurone des Netzes inklusive aller Eigenverbindungen (Autapsen) enthalten. In diesem Fall spricht man von einer vollständigen Gewichtsmatrix. Eine Gewichtsmatrix kann aber auch nur die vorwärts gerichteten Gewichte zwischen den Neuronen zweier aufeinanderfolgender Schichten eines Netzes enthalten.

Im einfachsten Fall besteht das Netz nur aus einer Eingabe- und einer Ausgabeschicht. Diese Netze, auch Perzeptron (Rosenblatt, 1958) genannt, berechnen eine gewichtete Summe der Eingaben und wenden dann eine Aktivierungsfunktion an, um die Ausgabe zu erzeugen. Aufgrund dieser einfachen Architektur können diese neuronalen Netze nur lineare Klassifizierungen lernen, d. h., die Daten im Eingaberaum müssen linear trennbar sein (Abb. 12.2 und 12.3).

Aufgrund ihres linearen Charakters sind zweischichtige Netze nur begrenzt in der Lage, Klassifizierungsaufgaben zu lösen. Ein berühmtes Beispiel, das die Grenzen zweischichtiger neuronaler Netze veranschaulicht,

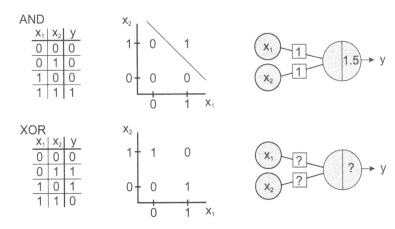

Abb. 12.3 Das XOR-Problem. Ein zweischichtiges neuronales Netz kann das XOR-Problem nicht lösen. Es existiert kein passender Satz von Gewichten und Schwellwert, da die beiden Lösungen (0, 1) nicht linear separabel sind, d. h. dass die Entscheidungsgrenze zwischen den Klassen keine gerade Linie ist. Das logische AND kann jedoch mit einem einfachen zweischichtigen Netz gelöst werden, da hier die Lösungen linear separabel sind

ist das XOR-Problem. Die XOR-Funktion (eXclusive OR, ausschließendes Oder) ist eine binäre Operation, die 1 ausgibt, wenn die beiden Eingangswerte unterschiedlich sind, und 0, wenn sie gleich sind. Es zeigt sich, dass dieses Problem nicht linear lösbar ist und somit von zweischichtigen Netzen nicht gelernt werden kann.

Um diese Einschränkung zu überwinden und Probleme mit komplexeren Entscheidungsgrenzen zu lösen, können mehrschichtige neuronale Netze mit einer oder mehreren versteckten Schichten verwendet werden. Diese versteckten Schichten ermöglichen es dem Netz, nichtlineare Transformationen der Eingabedaten zu erlernen, sodass sie komplexere Beziehungen und Entscheidungsgrenzen erfassen können, was sie letztlich vielseitiger und leistungsfähiger für verschiedene Aufgaben macht.

Tatsächlich besagt das sogenannte universelle Approximationstheorem, dass im Prinzip bereits ein neuronales Netz mit einer einzigen versteckten Schicht und einer endlichen Anzahl von Neuronen jede stetige Funktion mit beliebiger Genauigkeit approximieren kann (Cybenko, 1989). Allerdings ist meistens weder die Anzahl der Neuronen noch die spezifische Architektur des Netzes klar. Das Theorem garantiert lediglich die Existenz eines solchen Netzes. Außerdem besagt das Theorem nicht, dass ein Netz mit einer einzigen verborgenen Schicht immer die beste Wahl für ein

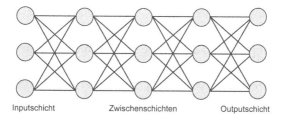

Inputschicht   Zwischenschichten   Outputschicht

Abb. 12.4 Mehrschichtiges neuronales Netz. Künstliche neuronale Netze sind komplexe Strukturen, die aus künstlichen Neuronen aufgebaut sind und miteinander verschaltet werden. In einer solchen Struktur können mehrere Neuronen in einer Schicht vorhanden sein, die über Gewichte mit anderen Neuronen verbunden sind. Versteckte Schichten (Hidden Layers) bzw. Zwischenschichten befinden sich zwischen der Input- und der Outputschicht. Deep Learning bezieht sich auf die Verwendung von tiefen neuronalen Netzen, die aus einer großen Anzahl von Zwischenschichten bestehen. Je mehr Schichten ein neuronales Netz hat, desto tiefer ist es. Bei all diesen Netzen handelt es sich um Feedforward-Architekturen, also vorwärts gerichtete Netze, da der Input ohne Rückkopplungsschleifen in eine Richtung fließt, nämlich von der Eingabe- bis zur Ausgabeschicht

bestimmtes Approximationsproblem ist oder dass es während des Trainings schnell konvergiert.

In der Praxis werden daher häufig neuronale Netze mit mehreren versteckten Schichten zur Approximation komplexer Funktionen verwendet, da sie oft mit weniger Neuronen eine höhere Genauigkeit erreichen als ein Netz mit einer einzigen versteckten Schicht. Deep Learning bezieht sich auf die Verwendung von tiefen neuronalen Netzen, die also aus einer großen Anzahl von versteckten oder Zwischenschichten bestehen. Je mehr Schichten ein solches Netz hat, desto tiefer ist es (Abb. 12.4).

Es lassen sich vier prinzipiell verschiedene Methoden des Lernens in künstlichen neuronalen Netzen unterscheiden: überwachtes, unüberwachtes und selbstüberwachtes Lernen sowie Verstärkungslernen.

Überwachtes Lernen

Für das überwachte Lernen werden gelabelte Daten, also Label-Daten-Paare, benötigt. Ein Anwendungsbeispiel ist die Bildklassifikation. Hier muss es zu jedem Bild ein Label (Etikett) geben mit der Information darüber, was auf dem Bild zu sehen ist bzw. zu welcher Kategorie das Bild gehört. Bei einem Bilddatensatz können „Katze", „Apfel" oder „Auto" mögliche Labels sein. Die Labels entsprechen im überwachten Lernen der gewünschten Ausgabe des Modells.

Für das Training des neuronalen Netzes werden die Bilder zunächst in einzelne Pixel zerlegt, wobei die als Zahlenwerte kodierten Farb- oder Graustufen als Eingangskanäle für die erste Schicht des neuronalen Netzes dienen. In einem vollständig verbundenen Netz ist jeder Eingangskanal mit jedem Neuron der nächsten Schicht verbunden. Die Aktivierung erfolgt durch die Anwendung der Gewichte auf die Eingänge. Dieser Vorgang kann in den verschiedenen Schichten beliebig oft wiederholt werden. Am Ende des neuronalen Netzes steht die Ausgabeschicht, die eine Entscheidung trifft, z. B. die Klassifikation des Bildes. Wenn das Netz bereits trainiert ist und gelernt hat, ein bestimmtes Bild richtig zu klassifizieren, ist die Aufgabe abgeschlossen. Ist das Netz jedoch noch nicht ausreichend trainiert, kann ein Fehler auftreten. Beispielsweise könnte in der Ausgabeschicht das „Apfel"-Neuron am stärksten aktiviert sein, obwohl die Eingabeschicht das Bild einer „Banane" als Input bekommen hat.

Während des Trainings wird die gewünschte Ausgabe mit der tatsächlichen Ausgabe verglichen und daraus mithilfe der Loss- oder Kostenfunktion ein Fehler berechnet. Da es so ähnlich ist, als würde ein Lehrer die Leistung des Netzes überwachen und entsprechende Fehlermeldungen zurückgeben, wird dieses Lernparadigma als überwachtes Lernen bezeichnet. Die gewünschte Ausgabe zu einer gegebenen Eingabe, also zum Beispiel das passende Etikett oder Label (Apfel, Banane) zu einem Bild, wird in der Regel von Menschen vorgegeben. Sicher kennen Sie auch diese CAPTCHA (**c**ompletely **a**utomated **p**ublic **T**uring test to tell **c**omputers and **h**umans **a**part, „Vollautomatischer öffentlicher Turing-Test zur Unterscheidung von Computern und Menschen") genannten Tests auf bestimmten Internetseiten, bei denen Sie aufgefordert werden zu bestätigen, dass Sie kein Roboter sind. Dazu sollen Sie dann beispielsweise alle Bilder anklicken, auf denen eine Ampel zu sehen ist. Auf diese Art werden massenweise gelabelte Daten für das überwachte Lernen erzeugt.

Ziel des überwachten Lernens ist es das, die Kostenfunktion zu minimieren, d. h. die Summe aller Fehler zu verringern. Dazu werden die einzelnen Fehler rückwärts von der Ausgabe- bis zu Eingabeschicht durch alle Schichten propagiert. Dieser Prozess wird daher als Error-Backpropagation bezeichnet und ermöglicht eine Neujustierung der Synapsengewichte. Das bedeutet, die Fehler dienen dazu, die Gewichte zwischen je zwei Schichten so zu verändern, dass beim nächsten Mal mit etwas größerer Wahrscheinlichkeit die richtige Ausgabe erzeugt wird. Dies geschieht durch die Berechnung von sogenannten Gradienten, welche die Richtungen angeben, in die die Gewichte verändert werden müssen. Man bezeichnet diese grundlegende Technik des Maschinellen Lernens daher auch als Gradientenabstiegsverfahren (Schmidhuber, 2015; LeCun et al., 2015; Goodfellow et al., 2016).

Anschaulich ist es so, dass die Fehlerlandschaft einem Gebirge mit vielen Gipfeln und Tälern entspricht. Je höher man sich befindet, desto größer ist der Gesamtfehler des Netzes. Die Gradienten zeigen an jedem Punkt in die Richtung, an der es am steilsten nach unten geht. Indem man in jedem Zeitschritt einen kleinen Schritt in Richtung des steilsten Abstiegs macht, landet man irgendwann in einem Tal, was einem geringeren Gesamtfehler des Netzes entspricht.

Am Ende des Trainings wird meist die Testgenauigkeit (Accuracy) des neuronalen Netzes ermittelt. Dazu wird das Verhältnis zwischen den korrekt vorhergesagten oder klassifizierten Objekten und der Gesamtzahl der Objekte im Datensatz berechnet. Wenn z. B. ein Modell, das auf die Klassifizierung von Bildern trainiert wurde, 90 von 100 Bildern richtig klassifiziert, dann beträgt die Testgenauigkeit des Modells 90 %.

Üblicherweise wird der gesamte zur Verfügung stehende Datensatz zufällig in einen Trainings- und einen Testdatensatz aufgeteilt, meist im Verhältnis 80 zu 20, eine Praxis, die als Datensatz-Splitting bezeichnet wird. Die Idee dahinter ist, dass man testen möchte, wie gut das neuronale Netz verallgemeinern kann, d. h., wie gut es mit zuvor nicht gesehenen Daten zurechtkommt. Das Netz wird also ausschließlich mit dem Trainingsdatensatz trainiert. Am Ende des Trainings wird der Testdatensatz dazu benutzt, die Testgenauigkeit oder Accuracy des neuronalen Netzes zu bestimmen.

Unüberwachtes Lernen

Im Gegensatz zum überwachten Lernen sind beim unüberwachten oder selbstüberwachten Lernen keine gelabelten Daten erforderlich.

Beim unüberwachten Lernen geht es darum, Muster und Strukturen aus Daten zu extrahieren, ohne dass dazu gelabelte Daten notwendig sind. Diese Art des Lernens umfasst in der Regel Aufgaben wie das Clustering, bei dem ähnliche Datenpunkte gruppiert werden, und die Dimensionsreduktion, bei der hochdimensionale Daten in einem niedrigdimensionalen Raum dargestellt werden und dabei wichtige Informationen erhalten bleiben. Beispiele für unüberwachte Lernalgorithmen sind das K-Means-Clustering, das hierarchische Clustering und die Hauptkomponentenanalyse (PCA). Da sie zwar zum Bereich des Maschinellen Lernens gehören, aber keine künstlichen neuronalen Netze darstellen und somit nicht im Fokus dieses Buches liegen, wollen wir die Darstellung dieser Methoden nicht weiter vertiefen (MacKay, 2003; Bishop & Nasrabadi, 2006).

Selbstüberwachtes Lernen

Selbstüberwachtes Lernen ist einerseits ein Spezialfall des unüberwachten Lernens und andererseits eine eigene Kategorie von Lernverfahren (Liu et al., 2021). Dabei erzeugt der Algorithmus sein eigenes Überwachungssignal (Label) aus den Eingabedaten. Beispielsweise wird das Modell darauf trainiert, bestimmte Aspekte der Daten vorherzusagen oder zu rekonstruieren, z. B. das nächste Bild in einem Video oder den Kontext eines bestimmten Wortes in einem Satz. Beim selbstüberwachten Lernen liefern die Daten quasi selbst die Labels bzw. das Überwachungssignal, mit dem die Parameter des Modells während des Trainings aktualisiert werden. Auf diese Weise ist es möglich, aus großen Mengen nicht gelabelter Daten zu lernen, welche oft viel umfangreicher als gelabelte Daten verfügbar sind. Indem das Modell lernt, nützliche Repräsentationen aus den Daten zu extrahieren, kann selbstüberwachtes Lernen dazu verwendet werden, die Leistung einer breiten Palette von nachgeschalteten Aufgaben zu verbessern, einschließlich Klassifikation, Objekterkennung und Sprachverstehen.

Häufig wird das neuronale Netz unter Verwendung der selbst erzeugten Labels auf eine Hilfsaufgabe trainiert, die ihm beispielsweise beim Erlernen nützlicher Darstellungen helfen soll. Nach dem Lernen der Hilfsaufgabe können die gelernten Repräsentationen für nachgelagerte Aufgaben verwendet werden.

Ein Beispiel für selbstüberwachtes Lernen ist die Aufgabe, das nächste Wort in einem Satz (oder ein maskiertes Wort) im Kontext der Verarbeitung natürlicher Sprache vorherzusagen. In diesem Fall erzeugt das Modell sein eigenes Überwachungssignal, indem es die umgebenden Wörter als Kontext verwendet und auf diese Weise nützliche Sprachrepräsentationen lernt. Auf diese Art werden beispielsweise sogenannte Wortvektoren erzeugt, die die Grundlage von ChatGPT und Co. darstellen. Dazu mehr im Kapitel über sprachbegabte KI.

Ein weiteres Beispiel für selbstüberwachtes Lernen sind Autoencoder, welche auch als Encoder-Decoder-Netzwerke bezeichnet werden. Diese Art von neuronalen Netzen bestehen aus zwei Teilen. Im Encoder (Enkodierer)

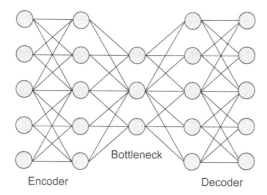

Abb. 12.5 Autoencoder. Schematische Darstellung eines Autoencoders, bestehend aus einem Encoder- und einem Decoder-Teil. Der Encoder komprimiert die Eingangsdaten in einen schmaleren Flaschenhals (Bottleneck), während der Decoder die Daten aus dieser komprimierten Repräsentation wieder rekonstruiert. Kompression und Dekompression sollen möglichst verlustfrei erfolgen. Die im Flaschenhals erzeugte Repräsentation, das sogenannte Embedding, stellt dann eine auf das Wesentliche reduzierte Darstellung der ursprünglichen Eingangsdaten dar

werden die Schichten von der Input-Schicht bis zum sogenannten Flaschenhals (Bottleneck Layer) mit jeder weiteren Zwischenschicht immer schmaler, enthalten also immer weniger Neurone. Im Decoder (Dekodierer), also ab dem Flaschenhals, werden die Schichten sukzessive wieder breiter bis zur Ausgabeschicht, die die gleiche Breite (Anzahl Neurone) wie die Eingabeschicht hat (Abb. 12.5).

Die Idee hinter dieser Architektur ist, dass der Input durch den Encoder immer weiter komprimiert wird, wobei der Decoder aus dieser Kompression das ursprüngliche Eingangssignal so genau wie möglich rekonstruieren können soll. Die Kompression muss also möglichst verlustfrei sein. In der Flaschenhals-Schicht entsteht damit eine abstraktere, auf das wesentliche reduzierte Repräsentation des Inputs, die auch Embedding genannt wird.

Autoencoder können verwendet werden, um Rauschen in Daten zu reduzieren oder um unvollständige Daten zu vervollständigen. Die Embeddings können auch direkt aus der Flaschenhals-Schicht ausgelesen werden und zur Visualisierung oder als Input für weitere Verarbeitungsschritte verwendet werden. Eine Variante sind Autoencoder, die nicht End-to-End, also gleich vollständig über alle Schichten trainiert werden, sondern stattdessen schichtweise, wobei jede Schicht die Aufgabe hat, den Input so gut wie möglich zu komprimieren. Ist das Training einer Schicht abgeschlossen, werden ihre Gewichte eingefroren, d. h. nicht mehr verändert, und ihr Output dient als Input für die nächste zu trainierende

Schicht. Dies ist eine elegante Art, das Problem der verschwindenden Gradienten (Bengio et al., 1994) zu lösen, da jeweils nur ein flaches Netz trainiert wird. Auf diese Art entstehen mit jeder weiteren Schicht immer abstraktere Merkmals- und Objektrepräsentationen.

Neurone für Katzen und Jennifer Aniston

Im Jahr 2012 machte ein Google-Team eine interessante Entdeckung, als es einen tiefen Autoencoder mit einem großen Datensatz von Bildern aus YouTube-Videos trainierte. Sie fanden heraus, dass eines der Neuronen in dem Netzwerk gelernt hatte, stark auf Bilder von Katzen zu reagieren, obwohl das Modell nicht explizit darauf trainiert worden war, Katzen zu erkennen. Stattdessen hatte es dies selbstständig gelernt, indem es Muster in den Daten fand (Le et al., 2012). Die Forscher nannten dieses Neuron daraufhin „Katzen-Neuron".[1] Auch im menschlichen Gehirn gibt es Neurone, die sehr selektiv auf bestimmte Konzepte oder Objekte reagieren. Berühmtheit erlangte in diesem Zusammenhang das sogenannte „Jennifer Aniston"-Neuron im Gehirn eines Epilepsiepatienten, dem vor seiner OP zur Entfernung des Epilepsieherdes Elektroden ins Gehirn implantiert wurden. Dieses Neuron reagierte selektiv auf Bilder der Schauspielerin Jennifer Aniston, jedoch nicht auf Bilder anderer Personen (Quiroga et al., 2005).

Verstärkungslernen

Im Gegensatz zu allen bisherigen Lernverfahren ist das Verstärkungslernen (Reinforcement Learning) eine Art des Maschinellen Lernens, bei der ein Modell oder Agent darauf trainiert wird, nützliche Input-Output-Funktionen zu lernen, also in einer unsicheren Umgebung eine Reihe von Entscheidungen zu treffen, welche eine kumulative Belohnung maximieren (Dayan & Niv, 2008; Li, 2017; Sutton & Barto, 2018; Botvinick et al., 2019; Silver et al., 2021).

Im Gegensatz zum überwachten Lernen werden dem Modell keine Out-puts oder Labels vorgegeben. Stattdessen erhält der Agent nach jeder Aktion

---

[1] https://www.nytimes.com/2012/06/26/technology/in-A-big-network-of-computers-evidence-of-machine-learning.html

eine Rückmeldung in ·Form von Belohnungen (Rewards) oder Strafen (Penalties). Ziel des Algorithmus ist es, eine Strategie (Policy) zu erlernen, die Zustände (States) der Umwelt derart auf Aktionen (Actions) abbildet, dass dies langfristig zu einer maximalen Belohnung führt.

Der Agent nutzt dazu Versuch und Irrtum, um aus seinen Erfahrungen in der Umgebung zu lernen, und probiert verschiedene Aktionen zufällig aus, um herauszufinden, welche Aktionen in bestimmten Situationen zu den höchsten Belohnungen führen, indem er verstärkt solche Aktionen verwendet, die sich bereits als erfolgreich erwiesen haben. Mit der Zeit wird die Strategie des Agenten immer weiter verfeinert und optimiert, sodass er bessere Entscheidungen treffen und höhere Belohnungen erzielen kann.

Man unterscheidet zwei Arten von Verstärkungslernen. Beim modellbasierten Verstärkungslernen wird zusätzlich ein Modell der Umwelt gelernt, welches das Feedback der Umwelt (Belohnungen oder Strafen) auf bestimmte Aktionen vorhersagen kann. Beim modellfreien Verstärkungslernen beschränkt sich der Agent hingegen darauf, die jeweils beste Aktion für einen gegebenen Zustand zu lernen (Kurdi et al., 2019).

Verstärkungslernen wird in einer Vielzahl von Anwendungen eingesetzt, darunter Spiele, Robotik, autonomes Fahren und Empfehlungssysteme.

Die Ursprünge des Verstärkungslernens liegen in der Psychologie, insbesondere in der Erforschung des Verhaltens und Lernens von Tieren. Das Konzept der Verstärkung wurde erstmals in den 1930er- und 1940er-Jahren von B.F. Skinner eingeführt, der die Theorie des operanten Konditionierens entwickelte (Skinner, 1963). Skinners Theorie besagt, dass Verhalten durch nachfolgende Konsequenzen wie Belohnung oder Bestrafung beeinflusst wird.

Fazit

Überwachtes Lernen erfordert gelabelte Daten, um Modelle zu trainieren, die Eingabedaten wie z. B. Bilder korrekt klassifizieren können. Demgegenüber können sowohl beim unüberwachten als auch beim selbstüberwachten Lernen Daten ohne Labels verarbeitet werden. Beim unüberwachten Lernen liegt der Schwerpunkt auf der Entdeckung von Mustern und Strukturen in den Daten, während das selbstüberwachte Lernen quasi seine eigenen Labels aus den Daten erzeugt und damit nützliche Repräsentationen durch das Lösen von Hilfsaufgaben lernt.

Beim Autoencoder ist jedes Eingabemuster gleichzeitig sein eigenes Label, da es möglichst exakt aus der Kompression der Bottleneck Layer wiederhergestellt werden soll. Input und gewünschter Output sind also jeweils identisch. Wird das Bild eines Apfels als Input eingegeben, so ist der gewünschte Output eben dieses Bild des Apfels. Bei der Vorhersage z. B. des nächsten Elements zu einer bestimmten Eingabesequenz (Video oder Text) entspricht das jeweils nächste Bild oder Wort sozusagen dem Label dieser Sequenz. Trainiert wird dann wieder, wie im überwachten Fall, mit Error-Backpropagation und Gradientenabstieg.

Beim Verstärkungslernen wird darauf trainiert, in einer unsicheren Umgebung Entscheidungen zu treffen, die eine kumulative Belohnung maximieren, ohne dabei vorgegebene Outputs oder Labels zu verwenden. Der Agent nutzt stattdessen Versuch und Irrtum, um zu lernen, welche Aktionen die höchsten Belohnungen erzielen, und verfeinert seine Strategie im Laufe der Zeit. Ursprünglich stammt das Konzept aus der Psychologie und dem Studium des Tierverhaltens.

Während wir bisher beträchtliche Fortschritte in der Künstlichen Intelligenz und dem Maschinellen Lernen gemacht haben, ist es wichtig zu betonen, dass wir noch am Anfang stehen. Die Neurowissenschaften haben das Potential, neue Lernparadigmen zu inspirieren, indem sie uns tiefe Einblicke in die Funktionsweise des menschlichen Gehirns geben. Zum Beispiel könnten Erkenntnisse aus Studien zur Plastizität des Gehirns zu neuen Ansätzen für das Lernen und Anpassen von neuronalen Netzwerken führen. Ebenso könnten Untersuchungen zu den Mechanismen, die das Gehirn zur Verarbeitung komplexer sensorischer Daten nutzt, zu neuen Architekturen für tiefe neuronale Netze führen, die effizienter und robuster sind. Des Weiteren könnte das Verständnis der neuronalen Prozesse, die bei der Entscheidungsfindung und beim Problemlösen zum Einsatz kommen, neue Ansätze für das Verstärkungslernen und die Optimierung liefern.

Schließlich könnten tiefergehende Untersuchungen zur Koordination und Kommunikation zwischen verschiedenen Gehirnregionen dazu beitragen, verbesserte Methoden für das Training und die Koordination von größeren Ensembles aus mehreren verschiedenen neuronalen Netzen entwickeln. Autoencoder mit einem Encoder- und einem Decoder-Teil oder Generative-Adversarial-Networks, welche wir im Kapitel über generative KI noch näher kennen lernen werden, sind Beispiel für Ensemble-Netze aus zwei Teilnetzen. Im Prinzip sind aber auch Ensembles aus vielen auf jeweils verschiedene Aufgaben spezialisierten Teilnetzen denkbar.

Literatur

Bengio, Y., Simard, P., & Frasconi, P. (1994). Learning long-term dependencies with gradient descent is difficult. *IEEE transactions on neural networks, 5*(2), 157–166.

Bishop, C. M., & Nasrabadi, N. M. (2006). *Pattern recognition and machine learning* (Bd. 4, No. 4, S. 738). Springer.

Botvinick, M., Ritter, S., Wang, J. X., Kurth-Nelson, Z., Blundell, C., & Hassabis, D. (2019). Reinforcement learning, fast and slow. *Trends in Cognitive Sciences, 23*(5), 408–422.

Cybenko, G. (1989). Approximation by superpositions of a sigmoidal function. *Mathematics of Control, Signals and Systems, 2*(4), 303–314.

Dayan, P., & Niv, Y. (2008). Reinforcement learning: The good, the bad and the ugly. *Current Opinion in Neurobiology, 18*(2), 185–196.

Goodfellow, I., Bengio, Y., & Courville, A. (2016). *Deep learning.* MIT press.

Kurdi, B., Gershman, S. J., & Banaji, M. R. (2019). Model-free and model-based learning processes in the updating of explicit and implicit evaluations. *Proceedings of the National Academy of Sciences, 116*(13), 6035–6044.

Li, Y. (2017). *Deep reinforcement learning: An overview.* arXiv preprint arXiv:1701.07274.

Liu, X., Zhang, F., Hou, Z., Mian, L., Wang, Z., Zhang, J., & Tang, J. (2021). Self-supervised learning: Generative or contrastive. *IEEE Transactions on Knowledge and Data Engineering, 35*(1), 857–876.

Le, Q. V., Monga, R., Devin, M., Corrado, G., Chen, K., Ranzato, M. A., ... & Ng, A. Y. (2012). *Building high-level features using large scale unsupervised learning.* arXiv preprint. arXiv:1112.6209.

LeCun, Y., Bengio, Y., & Hinton, G. (2015). Deep learning. *Nature, 521*(7553), 436–444.

MacKay, D. J. (2003). *Information theory, inference and learning algorithms.* Cambridge University Press.

McCulloch, W. S., & Pitts, W. (1943). A logical calculus of the ideas immanent in nervous activity. *The Bulletin of Mathematical Biophysics, 5,* 115–133.

Quiroga, R. Q., Reddy, L., Kreiman, G., Koch, C., & Fried, I. (2005). Invariant visual representation by single neurons in the human brain. *Nature, 435*(7045), 1102–1107.

Rosenblatt, F. (1958). The perceptron: A probabilistic model for information storage and organization in the brain. *Psychological Review, 65*(6), 386.

Schmidhuber, J. (2015). Deep learning in neural networks: An overview. *Neural Networks, 61,* 85–117.

Silver, D., Singh, S., Precup, D., & Sutton, R. S. (2021). Reward is enough. *Artificial Intelligence, 299,* 103535.

Skinner, B. F. (1963). Operant behavior. *American Psychologist, 18*(8), 503.

Sutton, R. S., & Barto, A. G. (2018). *Reinforcement learning: An introduction.* MIT press.

13

Spielende Künstliche Intelligenz

Wenn es auf anderen Planeten intelligente Lebewesen gibt, dann spielen sie Go.

Emanuel Lasker

Videospiele

Die Entwicklung des Verstärkungslernens war ein wichtiger Durchbruch in der Künstlichen Intelligenz. In einer bahnbrechenden Arbeit schlugen die Autoren vor, Verstärkungslernen mit sogenannten Faltungsnetzen für die Bilderkennung zu kombinieren, um dadurch direkt aus den Pixelwerten als Eingabe die Aktionen zur Steuerung eines Videospiels zu lernen (Mnih et al., 2015). Konkret erhielt das neuronale Netz jeweils die letzten fünf Bilder des laufenden Spiels sowie den Punktestand als Input. Die Aufgabe bestand darin, die Steuerbefehle für den Controller bzw. Joystick zu generieren, also etwa „links", „rechts", „oben", „unten" oder „feuern". Ziel des neuronalen Netzes war es, wie im Verstärkungslernen üblich, die Belohnung, also den Punktestand zu maximieren.

Die Forscher trainierten ihr System auf verschiedenen Atari-Spielen und zeigten, dass ein einziger Algorithmus ohne aufgabenspezifisches Wissen eine Leistung auf menschlichem Niveau erreichen kann. Das KI-System übertraf alle bisherigen Methoden des Verstärkungslernens und in einigen Fällen sogar die Leistung menschlicher Experten.

P. Krauss, *Künstliche Intelligenz und Hirnforschung*, https://doi.org/10.1007/978-3-662-67179-5_13

Es zeigte sich jedoch, dass das System vor allem Action-Spiele sehr gut beherrschte, die keine vorausschauende Strategie erfordern und bei denen der Erfolg nicht vom bisherigen Spielverlauf abhängt, wie beispielsweise Video Pinball, Boxen oder Breakout. All diese Spiele sind reine Reaktionsspiele, die sich durch rein taktisches Agieren (den richtigen Knopf zur richtigen Zeit drücken) gewinnen lassen. Bei dieser Art Spiel erreichte das neuronale Netz menschliches Niveau oder darüber. Demgegenüber versagte das System völlig bei vergleichsweise einfachen Strategiespielen wie etwa Montezuma's Revenge oder Ms. Pac-Man, bei denen durch eine überschaubare Welt navigiert und bestimmte Aufgaben gelöst werden müssen.

Dennoch waren die Auswirkungen der Arbeit auf die Entwicklung der KI beträchtlich. Sie markierte einen Meilenstein in der Forschung zum Verstärkungslernen und zeigte, dass Deep-Learning-Techniken mit Algorithmen des Verstärkungslernens kombiniert werden können, um bei einer Vielzahl von Aufgaben beispiellose Leistungen zu erzielen.

Go und Schach

Das asiatischen Brettspiel Go, dessen Ursprünge bis ins antike China zurückreichen, gilt als das komplexeste Strategiespiel überhaupt. Dabei sind seine Grundregeln relativ einfach – viel einfacher als beim Schach – und innerhalb von wenigen Minuten erlernbar. Die Komplexität des Spiels ergibt sich aus der schieren Anzahl der möglichen Stellungen, die auf 10^{170} geschätzt wird und damit die Anzahl der möglichen Stellungen beim Schach (ca. 10^{40}) um viele Größenordnungen übersteigt.

In den letzten Jahrzehnten haben Schachcomputer beeindruckende Leistungen erbracht und sind heute in der Lage, selbst die besten menschlichen Spieler zu schlagen. Im Gegensatz dazu hatten Go-Computer bis vor Kurzem immer noch Schwierigkeiten, gegen selbst mittelmäßige menschliche Spieler zu gewinnen. Dies liegt daran, dass die beim Schach verwendete Brute-Force-Methode beim Go nicht anwendbar ist. Beim Brute Force werden alle möglichen Züge für eine bestimmte Anzahl von Zügen in der Zukunft simuliert und die resultierenden Stellungen bewertet. Anschließend wählt der Schachcomputer dann den besten Zug aus. Da es beim Schach eine relativ begrenzte Anzahl von Zügen und möglichen Stellungen gibt, kann ein Computer mit ausreichender Rechenleistung diese Technik erfolgreich anwenden.

Im Gegensatz dazu ist Brute-Force beim Go aufgrund der astronomisch hohen Anzahl von Möglichkeiten ausgeschlossen. Es gibt mehr mögliche Stellungen auf dem Go-Brett als Atome im Universum, was bedeutet, dass selbst die leistungsfähigsten Computer derzeit nicht in der Lage wären, alle möglichen Züge zu berechnen. Stattdessen müssen Go-Computer auf eine Kombination aus heuristischen Techniken und Maschinellem Lernen zurückgreifen, um ihre Züge zu bestimmen.

Ein weiterer Unterschied zwischen Schach und Go ist, dass Schach bereits nach wenigen Zügen relativ einfache Stellungen erzeugen kann, während Go auch nach vielen Zügen noch sehr komplex sein kann. Nach nur zwei oder vier Zügen beim Schach gibt es in der Regel nur wenige mögliche Stellungen, während es beim Go bereits nach zwei oder vier Zügen Tausende von möglichen Stellungen gibt. Dies macht Go zu einer noch größeren Herausforderung für Computer, da sie nicht nur die besten Züge berechnen, sondern auch die Komplexität der Stellungen analysieren und bewerten müssen (Abb. 13.1).

Abb. 13.1 Das Spiel Go. Das Brettspiel, dessen Ursprünge ins antike China zurückreichen, gilt als das komplexeste Strategiespiel überhaupt, obwohl die Grundregeln relativ einfach sind, beispielsweise im Vergleich zu Schach. Dies ergibt sich vor allem aus der schieren Anzahl der möglichen Stellungen, welche die von Schach um viele Größenordnungen übersteigt. Eine KI zu entwickeln, welche das Spiel auf fortgeschrittenem menschlichem Niveau beherrscht, galt lange Zeit als unerreichbar

AlphaGo schafft den Durchbruch

Während es dem Supercomputer Deep Blue bereits 1996 zum ersten Mal gelang, den damaligen Schachweltmeister Garri Kasparow zu schlagen, galt es lange Zeit als unerreichbar, eine KI zu entwickeln, die das Spiel Go auf fortgeschrittenem menschlichen Niveau beherrscht. Dies änderte sich jedoch im Jahr 2016 mit dem KI-System *AlphaGo* der Firma DeepMind (Silver et al., 2016).

Zunächst wurde AlphaGo, ein neuronales Netzwerk, auf Millionen historische Go-Partien, die von Meistern und Großmeistern in Turnieren gespielt wurden, und auf Partien gegen andere Computerprogramme trainiert. Das Netzwerk sollte dabei die Wahrscheinlichkeiten für verschiedene Züge in einer gegebenen Situation vorhersagen. Außerdem wurde das Netz dazu eingesetzt, das Spiel zu analysieren und mögliche Züge und Stellungen für beide Spieler zu bewerten. In einem aufsehenerregenden Match im März 2016 besiegte AlphaGo den damals besten Go-Spieler der Welt Lee Sedol in vier von fünf Partien und schrieb damit Geschichte. Zum ersten Mal überhaupt hatte eine KI einen Menschen auf Großmeisterniveau im Go geschlagen. Dieser spektakuläre Erfolg markierte einen Meilenstein in der Entwicklung der KI.

Bereits ein Jahr später präsentierte DeepMind *AlphaGo Zero* (Silver et al., 2017), einen neuen Ansatz zur Entwicklung von KI im Go-Spiel. Anstatt das Netz auf historischen Partien zu trainieren, ließ DeepMind AlphaGo Zero mit Verstärkungslernen (Reinforcement Learning) einfach Milliarden Partien gegen sich selbst spielen. Dem Netz wurden am Anfang nur die Regeln, also die erlaubten Züge vorgegeben, und das Ziel des Netzes war es, die Belohnung, also die Anzahl der gewonnen Partien zu maximieren. Zu Beginn probierte AlphaGo Zero einfach zufällige Züge aus, wurde aber sehr schnell besser.

Bereits nach vier Trainingstagen war das neue AlphaGo Zero genauso gut wie AlphaGo und erreichte nach 40 weiteren Trainingstagen eine Spielstärke, die so überlegen war, dass es seine Vorgängerversion AlphaGo – welche ja bereits den menschlichen Weltmeister geschlagen hatte –, in 100 Partien ebenso häufig besiegen konnte.

Die weltweite Go-Elite machte sich daran, die Spielweise von AlphaGo Zero zu analysieren. Einige Großmeister sagten, dieser KI beim Spielen zuzusehen sei genauso, als würde man einem hyperintelligenten Außerirdischen beim Spielen zusehen. AlphaGo Zero entwickelte Strategien,

Taktiken und Spielzüge, die in der mehr als 4000-jährigen Geschichte des Spiels bisher völlig unbekannt und den bekannten zum Teil deutlich überlegen waren. Damit hat diese KI das Spiel Go für immer verändert. Zwischenzeitlich ergab die Analyse des Spielverhaltens menschlicher Spieler gegen selbstlernende Go-Programme sogar eine signifikante Verbesserung der Fähigkeiten der spielenden Menschen (Choi et al., 2022).

Inzwischen existiert mit *AlphaZero* (Zhang & Yu, 2020) eine weitere Verallgemeinerung von AlphaGo Zero. Dieses System kann sich selbst jedes beliebige Strategiespiel beibringen, wie etwa Schach, Shogi (japanisches Schach), Dame und selbstverständlich auch Go. Die AlphaZero-Variante *AlphaStar* ist sogar in der Lage, das Massive-Parallel-Online-Player-Strategiespiel *StarCraft II* auf menschlichem Niveau gegen eine Vielzahl professioneller Gamer zu spielen (Jaderberg et al., 2019).

Fazit

Der Erfolg von AlphaGo und AlphaGo Zero demonstriert, wie weit die KI-Technologie gekommen ist und welche Möglichkeiten sich für die Zukunft eröffnen. Das komplexe Spiel Go dient dabei als anschauliches Beispiel für die beeindruckenden Fähigkeiten von Künstlicher Intelligenz und die Fortschritte, die in diesem Bereich erreicht wurden.

Der Kognitionswissenschaftler Gary Marcus gibt jedoch zu bedenken, dass ein großer Teil des menschlichen Wissens in die Entwicklung von AlphaZero eingeflossen sei. Und er deutet an, dass die menschliche Intelligenz einige angeborene Fähigkeiten zu beinhalten scheint wie z. B. die intuitive Fähigkeit, Sprache zu entwickeln. Er plädiert dafür, diese angeborenen Fähigkeiten bei der Entwicklung künftiger KI-Systeme zu berücksichtigen, also A-priori-Wissen zu verwenden, anstatt das Training immer wieder bei Null anzufangen (Marcus, 2018).

Josh Tenenbaum, Professor am Massachusetts Institute of Technology, der sich ebenfalls mit menschlicher Intelligenz beschäftigt, argumentiert ähnlich und sagt, dass wir die Flexibilität und Kreativität des Menschen studieren sollten, wenn wir eine echte künstliche Intelligenz auf menschlichem Niveau entwickeln wollen. Er hob unter anderem die Intelligenz von Demis Hassabis und seinen Kollegen bei der Firma DeepMind hervor, die AlphaGo überhaupt erst erdacht, entworfen und erstellt haben (Lake et al., 2017).

Literatur

Choi, S., Kim, N., Kim, J., & Kang, H. (2022). *How does AI improve human decision-making? Evidence from the AI-powered Go program. Evidence from the AI-powered Go program (April 2022).* USC Marshall School of Business Research Paper Sponsored by iORB, No. Forthcoming.

Jaderberg, M., Czarnecki, W. M., Dunning, I., Marris, L., Lever, G., Castaneda, A. G., ... & Graepel, T. (2019). Human-level performance in 3D multiplayer games with population-based reinforcement learning. *Science, 364*(6443), 859–865.

Lake, B. M., Ullman, T. D., Tenenbaum, J. B., & Gershman, S. J. (2017). Building machines that learn and think like people. *Behavioral and Brain Sciences, 40,* e253.

Marcus, G. (2018). *Innateness, alphazero, and artificial intelligence.* arXiv preprint. arXiv:1801.05667.

Mnih, V., Kavukcuoglu, K., Silver, D., Rusu, A. A., Veness, J., Bellemare, M. G., ... & Hassabis, D. (2015). Human-level control through deep reinforcement learning. *Nature, 518*(7540), 529–533.

Silver, D., Huang, A., Maddison, C. J., Guez, A., Sifre, L., Van Den Driessche, G., ... & Hassabis, D. (2016). Mastering the game of Go with deep neural networks and tree search. *Nature, 529*(7587), 484–489.

Silver, D., Schrittwieser, J., Simonyan, K., Antonoglou, I., Huang, A., Guez, A., ... & Hassabis, D. (2017). Mastering the game of Go without human knowledge. *Nature, 550*(7676), 354–359.

Zhang, H., & Yu, T. (2020). *AlphaZero. Deep reinforcement learning: Fundamentals, research and applications* (S. 391–415). Springer.

14

Rekurrente neuronale Netze

Rekurrente neuronale Netze sind universelle parallel-sequenzielle Computer.

Jürgen Schmidhuber

Rekurrenz in Gehirn

Rekurrenz ist ein grundlegender Aspekt der neuronalen Verarbeitung und Integration von Informationen in biologischen neuronalen Netzen, insbesondere im Gehirn. Wie wir bereits im Kapitel zum Aufbau des Nervensystems gesehen haben, existieren im Gehirn zahlreiche hierarchisch verschachtelte Rückkopplungsschleifen. Aufgrund der Gesamtzahl der Neurone im Gehirn (10^{11}) und der durchschnittlichen Anzahl von Verbindungen pro Neuron (10^4) zu seinen Nachfolgern ergibt eine Abschätzung, dass jedes Signal im Durchschnitt nach nur drei Synapsen zu seiner Quelle zurückkehrt (Braitenberg & Schüz, 1991): Da jedes Neuron das Signal an 10.000 andere Neurone weiter gibt, ist das Signal nach der ersten Synapse auf 10^4, nach der zweiten Synapse an $10^4 \times 10^4 = 10^8$ und nach der dritten Synapse theoretisch an $10^4 \times 10^4 \times 10^4 = 10^{12}$ Neurone verteilt worden, was jedoch die tatsächliche Anzahl der vorhandenen Neurone um das Zehnfache übersteigt. Somit muss das Signal nun unter anderem wieder am Ursprungsneuron angekommen sein. Diese hochgradig rekurrente Struktur ermöglicht dem Gehirn eine äußerst effiziente und dynamische Informationsverarbeitung.

P. Krauss, *Künstliche Intelligenz und Hirnforschung,*
https://doi.org/10.1007/978-3-662-67179-5_14

Die rekurrente Natur biologischer neuronaler Netze spielt bei vielen kognitiven Prozessen eine wichtige Rolle. Beispielsweise sind rekurrente Verbindungen für die Bildung und den Abruf von Erinnerungen von entscheidender Bedeutung. Wenn Informationen durch das Netzwerk fließen und zu ihrer Quelle zurückkehren, können sie die Verbindungen zwischen den beteiligten Neuronen verstärken, was zur Konsolidierung von Erinnerungen führt. Begünstigt wird dieser Prozess durch die synaptische Plastizität, d. h. die Fähigkeit der Synapsen, ihre Stärke im Laufe der Zeit in Abhängigkeit von ihrer Aktivität zu verändern.

Darüber hinaus trägt die rekurrente Konnektivität im Gehirn zur Integration sensorischer Informationen aus verschiedenen Modalitäten bei, was für die Wahrnehmung und Entscheidungsfindung unerlässlich ist. Wenn wir beispielsweise gleichzeitig etwas sehen und hören, ermöglichen es die rekurrenten Schaltkreise des Gehirns, diese getrennten Inputs zu einer kohärenten Repräsentation der äußeren Umgebung zu verschmelzen. Diese multisensorische Integration ermöglicht es uns, angemessen auf unsere Umwelt zu reagieren und fundierte Entscheidungen zu treffen.

Neben der Gedächtnisbildung und der sensorischen Integration spielen rekurrente Verbindungen im Gehirn auch eine entscheidende Rolle für Aufmerksamkeit und Bewusstsein. Durch die selektive Verstärkung oder Hemmung bestimmter Signale in Rückkopplungsschleifen kann das Gehirn seine Aufmerksamkeit auf bestimmte Reize modulieren und kognitive Ressourcen entsprechend zuweisen. Dieser Mechanismus ist wichtig, um irrelevante Informationen herauszufiltern und die kognitive Flexibilität zu erhalten.

Rekurrenz in künstlichen neuronalen Netzen

Im Gegensatz zu reinen Feedforward-Architekturen, wie wir sie im vorherigen Kapitel kennengelernt haben, bieten auch künstliche rekurrente neuronale Netze (RNN) mehrere Vorteile, die sie für eine Vielzahl von Aufgaben geeignet machen. Einer der Hauptvorteile von RNNs ist ihre Fähigkeit, zeitliche Abhängigkeiten und Sequenzen in den Daten zu verarbeiten, was für Aufgaben mit Zeitreihendaten, die Verarbeitung natürlicher Sprache und andere Probleme, bei denen die Reihenfolge des Inputs wichtig ist, unerlässlich ist.

Darüber hinaus können RNNs Input- und Output-Sequenzen variabler Länge verarbeiten oder erzeugen, während reine Feedforward-Netze Ein- und Ausgabesequenzen fester Größe benötigen. Aufgrund dieser Flexibilität sind RNNs besser für Aufgaben geeignet, bei denen die Länge der Ein- und Ausgabesequenzen variiert, wie z. B. bei der Sprachübersetzung oder Spracherkennung.

Die Rekurrenz kann dabei auf unterschiedliche Art und Weise ausgeprägt sein. Im einfachsten Fall ist das Netz als Ganzes ein Feedforward-Netz, wobei die Neuronen mancher oder aller Schichten zusätzliche Eigenverbindungen haben, sodass sie in jedem Zeitschritt der Verarbeitung zusätzlich zum Input aus der Vorgängerschicht auch ihren eigenen Output vom vorherigen Zeitschritt als Eingabe bekommen. Es gibt aber auch Netzwerk-Architekturen, bei denen ganze Schichten rückgekoppelt sind, bis hin zu vollständig rekurrenten neuronalen Netzen, die quasi nur aus einer einzigen Schicht rekurrent verbundener Neurone bestehen.

LSTMs

Long-Short-Term Memories (LSTMs) sind rekurrente neuronale Netze, die speziell darauf ausgelegt sind, Informationen über lange Zeiträume zu speichern und selektiv zu vergessen (Hochreiter & Schmidhuber, 1997). Die Kernidee hinter LSTMs ist die Verwendung einer Speicherzelle, die Informationen über einen längeren Zeitraum speichern kann. Die Speicherzelle wird durch eine Reihe von Schaltgattern aktualisiert, die den Informationsfluss in und aus der Zelle steuern. Die Schaltgatter werden trainiert, um zu lernen, welche Informationen in jedem Zeitschritt zu speichern, zu vergessen oder zu aktualisieren sind. LSTMs wurden erfolgreich für eine Vielzahl von Aufgaben eingesetzt, darunter Spracherkennung, maschinelle Übersetzung und die automatische Erstellung von Bilduntertiteln. Sie wurden auch in Kombination mit anderen neuronalen Netzwerk-Architekturen wie Faltungsnetzwerken verwendet, um leistungsfähigere Modelle für Aufgaben wie Objekterkennung und -klassifizierung in Bildern und Videosequenzen zu erstellen.

Elman-Netze

Elman-Netze sind eine weitere Art von rekurrenten neuronalen Netzen, welche von Jeffrey Elman vorgeschlagen wurde (Elman, 1990). Im einfachsten Fall handelt es sich dabei um dreischichtige Netze mit je einer Eingabe-, Zwischen- und Ausgabeschicht, wobei die Zwischenschicht durch eine sogenannte Kontextschicht erweitert wird. Diese Kontextschicht speichert den Zustand der Zwischenschicht vom vorherigen Zeitschritt und gibt diesen an die Zwischenschicht weiter. Die Zwischenschicht erhält also in jedem Zeitschritt den neuen Input aus der Eingabeschicht und zusätzlich ihren eigenen Aktivierungszustand vom vorherigen Zeitschritt. Somit sind auch Elman-Netze in der Lage, Input-Sequenzen zu verarbeiten und Output-Sequenzen zu erzeugen (Abb. 14.1).

Hochgradig rekurrente neuronale Netze

Hopfield-Netze sind eines der bekanntesten Beispiele und gleichzeitig ein Spezialfall hochgradig bzw. vollständig rekurrenter neuronaler Netze (Hopfield, 1982). Obwohl sie rekurrent sind, sind Hopfield-Netze nicht dazu gedacht, Zeitreihen zu verarbeiten. Sie sollen hier dennoch kurz erwähnt werden, da sie exemplarisch die Leistungsfähigkeit von neuronalen Netzen mit rekurrenten Verbindungen jenseits der Verarbeitung von Sequenzen aufzeigen (Abb. 14.2).

Hopfield-Netze bestehen aus einer einzigen Schicht von Neuronen, wobei jedes Neuron i mit jedem anderen Neuron j symmetrisch verbunden ist, d. h., für die Gewichte w gilt $w_{ij} = w_{ji}$. Außerdem gilt $w_{ii} = 0$, d. h., es

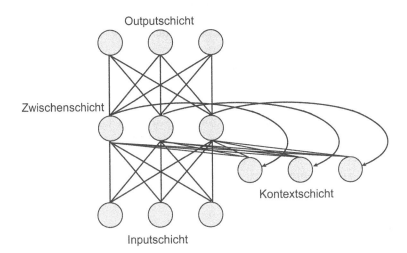

Abb. 14.1 Elman-Netze. Benannt nach ihrem Erfinder Jeffrey Elman, sind sie eine Art von rekurrenten neuronalen Netzen. Sie bestehen aus drei Schichten – Input-, Zwischen- und Outputschicht – und zeichnen sich durch eine zusätzliche Kontextschicht aus, die den Zustand der Zwischenschicht vom vorherigen Zeitschritt speichert und weitergibt. Dadurch können Elman-Netze Input-Sequenzen verarbeiten und Output-Sequenzen erzeugen

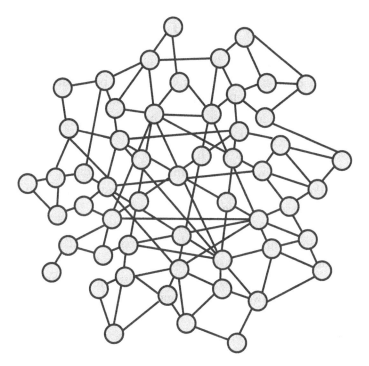

Abb. 14.2 Hochgradig rekurrentes neuronales Netz. Bei dieser Art von Netz ist die geordnete Schichtstruktur völlig aufgehoben. Prinzipiell kann jedes Neuron mit jedem anderen – auch reziprok – verbunden sein. Diese Netze sind komplexe dynamische Systeme, welche auch ohne Input zu andauernder Aktivität in der Lage sind

existieren keine Eigenverbindungen. Hopfield-Netze zeigen eine ausgeprägte Attraktordynamik. Attraktoren sind stabile Zustände, auf die sich ein dynamisches System im Laufe der Zeit hinbewegt. Hopfield-Netze können Muster als Attraktoren speichern und diese bei erneuter Präsentation entrauschen oder vervollständigen, d. h., die Netzwerkaktivität konvergiert (meist in einem Zeitschritt) in den zum Input jeweils ähnlichsten Attraktor.

Hochgradig rekurrente neuronale Netze, bei denen die Gewichte nicht mehr symmetrisch sind (Reservoirs), stellen komplexe dynamische Systeme dar, welche sogar ohne externen Input zu andauernder Aktivität in der Lage sind (Krauss et al., 2019).

Wie wir im nächsten Abschnitt sehen werden, sind rekurrente neuronale Netze schwer zu trainieren, wobei Reservoirs am schwierigsten zu trainieren sind. Ein radikal neuer Ansatz, welcher aus Erkenntnissen der Hirnforschung motiviert ist (Reservoir Computing), verzichtet daher sogar völlig darauf diese Netze zu trainieren. Doch dazu später mehr in Teil IV.

Schwierigkeit beim Training von rekurrenten Netzen

Beim Lernen tritt in RNNs ein Phänomen auf, welches als das Problem der verschwindenden oder explodierenden Gradienten bezeichnet wird (Hochreiter, 1998; Hanin, 2018; Rehmer & Kroll, 2020). In abgeschwächter Form tritt dies zwar auch bei tiefen neuronalen Netzen mit reiner Feedforward-Architektur auf, bei RNNs verschärft sich die Problematik jedoch drastisch. Gemeint ist die Instabilität der Gradienten während der Error-Backpropagation, was zu langsamem oder instabilem Lernen führen kann. Dieses Problem tritt wie bereits erwähnt auf zwei Arten auf: verschwindende und explodierende Gradienten.

Während die Gradienten durch die Schichten des Netzes rückwärts propagiert werden, können sie mit jeder weiteren Schicht (oder bei RNNs mit jedem weiteren Zeitschritt) sehr klein werden und gegen Null tendieren, was zu langsamer Konvergenz, schlechter Leistung und Schwierigkeiten beim Erlernen lang-reichweitiger Abhängigkeiten oder sinnvoller Merkmale aus den Eingabedaten führt.

Explodierende Gradienten treten auf, wenn sie während der Backpropagation exponentiell anwachsen, was zu instabilen Modellen, schlechter Konvergenz oder sogar Divergenz des Lernprozesses, erratischem Verhalten und hohen Vorhersagefehlern führt.

Im Gegensatz zu reinen Feedforward-Netzen können RNNs nur durch einen Trick mit Gradientenabstiegsverfahren und Error-Backpropagation trainiert werden. Bei der Backpropagation Through Time wird das rekurrente neuronale Netz durch den Trainingsprozess im Laufe der Zeit entfaltet und in ein tiefes Feedforward-Netz mit gemeinsamen Gewichten umgewandelt (Werbos, 1990). Dieses entfaltete Netz repräsentiert die Berechnungen des RNN über mehrere Zeitschritte. Die Tiefe des entfalteten Netzes hängt von der Länge der Eingabesequenz und der Anzahl der vom RNN verarbeiteten Zeitschritte ab. Der Backpropagation-Algorithmus wird dann auf das entfaltete Netz angewendet und die Gradienten werden für jeden Zeitschritt berechnet.

Fazit

Rekurrenz in biologischen neuronalen Netzen bildet die Grundlage für das Verständnis der Funktionsweise künstlicher rekurrenter neuronaler Netze (RNNs). Indem sie die rekurrente Architektur des Gehirns nachahmen, können RNNs zeitliche Informationen und Sequenzen effizient verarbeiten oder erzeugen, was sie für Aufgaben wie die Verarbeitung natürlicher Sprache, Zeitreihenanalysen und Spracherkennung besonders geeignet macht.

Obwohl RNNs vereinfachte Abstraktionen der komplexen rekurrenten Strukturen des Gehirns sind, bieten sie wertvolle Einblicke in die Prinzipien, die den Informationsverarbeitungsfähigkeiten des Gehirns zugrunde liegen.

Allerdings sind rekurrente Netze auch schwerer zu trainieren als reine Feedforward-Architekturen. Wie wir im Kapitel über sprachbegabte KI noch sehen werden, wurde in den großen Sprachmodellen wie ChatGPT die Rekurrenz vollständig durch einen anderen Mechanismus ersetzt, welcher deutlich einfacher und damit schneller trainierbar ist.

Literatur

Braitenberg, V., & Schutz, A. (1991). *Anatomy of the cortex: Studies of brain function*. Springer.

Elman, J. L. (1990). Finding structure in time. *Cognitive science, 14*(2), 179–211.

Hanin, B. (2018). Which neural net architectures give rise to exploding and vanishing gradients? *Advances in neural information processing systems, 31*.

Hochreiter, S. (1998). The vanishing gradient problem during learning recurrent neural nets and problem solutions. *International Journal of Uncertainty, Fuzziness and Knowledge-Based Systems, 6*(2), 107–116.

Hochreiter, S., & Schmidhuber, J. (1997). Long short-term memory. *Neural Computation, 9*(8), 1735–1780.

Hopfield, J. J. (1982). Neural networks and physical systems with emergent collective computational abilities. *Proceedings of the National Academy of Sciences, 79*(8), 2554–2558.

Krauss, P., Schuster, M., Dietrich, V., Schilling, A., Schulze, H., & Metzner, C. (2019). Weight statistics controls dynamics in recurrent neural networks. *PLoS ONE, 14*(4), e0214541.

Rehmer, A., & Kroll, A. (2020). On the vanishing and exploding gradient problem in gated recurrent units. *IFAC-PapersOnLine, 53*(2), 1243–1248.

Werbos, P. J. (1990). Backpropagation through time: What it does and how to do it. *Proceedings of the IEEE, 78*(10), 1550–1560.

15

Kreativität: Generative Künstliche Intelligenz

Kreativität bedeutet, zu sehen, was andere sehen, und zu denken, was noch niemand gedacht hat.

Albert Einstein

Was ist Kreativität?

Bevor wir uns kreativer KI zuwenden, wollen wir zunächst kurz festlegen, was wir im Rahmen dieser Darstellung unter Kreativität verstehen wollen. Die meisten Definitionen von Kreativität enthalten zwei Hauptaspekte. Kreativität bedeutet, etwas zu schaffen, das sowohl neu als auch nützlich ist. Außerdem legen die Ergebnisse von Eagleman und Brandt nahe, dass Kreativität oft aus der Infragestellung alter Vorurteile durch drei Schlüsselmethoden entsteht: Bending, Blending und Breaking (Biegen, Mischen und Brechen). Diese Konzepte stellen verschiedene Strategien dar, wie bestehende Ideen, Konzepte oder Rahmenbedingungen manipuliert werden können, um neue Einsichten, Lösungen oder Kreationen zu schaffen (Eagleman & Brandt, 2017).

Beim Bending (Biegen) wird ein bestehendes Konzept oder eine Idee verändert, um etwas Neues zu schaffen. Durch die Veränderung einiger Aspekte des ursprünglichen Konzepts unter Beibehaltung seines Kerns können einzigartige Interpretationen oder Innovationen entwickelt werden. Bending erweitert die Grenzen einer Idee oder eines Konzepts und eröffnet

© Der/die Autor(en), exklusiv lizenziert an Springer-Verlag GmbH, DE, ein Teil von Springer Nature 2023
P. Krauss, *Künstliche Intelligenz und Hirnforschung,*
https://doi.org/10.1007/978-3-662-67179-5_15

neue Perspektiven und Möglichkeiten. In der Kunst kann Bending z. B. bedeuten, einen traditionellen Malstil zu nehmen und ihn anzupassen, um ein modernes Thema oder Objekt auszudrücken.

Beim Blending (Mischen) werden zwei oder mehr scheinbar unterschiedliche Ideen oder Konzepte kombiniert, um ein neues, einheitliches Ganzes zu schaffen. Durch die Synthese von Elementen aus verschiedenen Quellen können innovative Verbindungen und Assoziationen entstehen. Die Verschmelzung kann zur Entwicklung völlig neuer Bereiche führen, wie im Fall der Bioinformatik, die Biologie und Informatik miteinander verbindet. In der Literatur können Elemente aus verschiedenen Genres miteinander verschmolzen werden, z. B. die Kombination von Liebesroman und Science-Fiction zu einem neuen Subgenre.

Breaking (Brechen) bedeutet, eine bestehende Idee, ein Konzept oder einen Rahmen zu zerlegen oder zu dekonstruieren, um die zugrunde liegenden Komponenten oder Annahmen freizulegen. Durch das Infragestellen von konventionellem Wissen oder etablierten Normen kann der Weg für neue Erkenntnisse und Durchbrüche geebnet werden. Aufbrechen kann zu einer Neubewertung von Grundprinzipien führen und die Entwicklung neuer Theorien, Methoden oder Praktiken fördern. In der Wissenschaft kann der Prozess des Aufbrechens beispielsweise bedeuten, dass seit Langem bestehende Annahmen über ein bestimmtes Phänomen infrage gestellt werden, was zu einem neuen Verständnis oder einer neuen Erklärung führt. Beispiele hierfür wären Einsteins Relativitätstheorie oder die Quantenmechanik.

Der Bereich der KI, der sich mit Kreativität, also dem erzeugen neuer Inhalte befasst wird als generative KI oder generatives Deep Learning bezeichnet und umfasst eine Vielzahl sogenannter generativer Modelle zur Erzeugung von Bildern, Videos, Texten, gesprochener Sprache oder Musik (Foster, 2019). Die wichtigsten sollen im Folgenden kurz vorgestellt werden.

Deep Dreaming: Wenn der Input trainiert wird, nicht das Netz

Das Deep Dreaming ist ein Verfahren, um neue Bilder mit einzigartigen, traumähnlichen Mustern und Merkmalen zu erzeugen (Mordvintsev et al., 2015). Der Prozess basiert auf den gleichen neuronalen Netzen, die auch für Bilderkennungsaufgaben verwendet werden (Faltungsnetzwerke), funktioniert aber umgekehrt und optimiert das Eingabebild, um bestimmte Muster oder Merkmale zu erzeugen, anstatt sie zu identifizieren. Es wird also nicht das Netz auf einen vorgegebenen Input trainiert, sondern der Input wird an ein vorgegebenes Netz angepasst.

Der Prozess beginnt mit einem bereits auf sehr viele Bilder vortrainierten Netz. Normalerweise wurde dazu ein Datensatz verwendet, der Millionen von Bildern und Tausende von Objektklassen enthält. Das Netz hat also bereits gelernt, verschiedene Muster und Merkmale aus den Trainingsdaten durch einen hierarchischen Prozess zu erkennen, wobei frühe Schichten Merkmale auf niedriger Ebene (Kanten, Texturen) und tiefere Schichten Merkmale auf hoher Ebene (Objekte, Szenen) erkennen.

Als nächstes wählt die Benutzerin eine bestimmte Schicht des Netzes aus, mit der sie arbeiten möchte, und bestimmt damit die Abstraktionsebene des neu erzeugten Bildes. Niedrigere Schichten erzeugen einfachere Muster, während höhere Schichten komplexere Merkmale erzeugen. Die Benutzerin stellt ein bereits existierendes Eingabebild zur Verfügung, das als Ausgangspunkt für den Deep-Dream-Prozess dienen soll. Dieses Bild wird durch alle Schichten bis zur ausgewählten Schicht weitergeleitet. Die Aktivierungen in dieser Schicht werden ausgelesen und repräsentieren die im Bild erkannten Muster und Merkmale auf der entsprechenden Abstraktionsebene.

Nun wird von der Benutzerin eine Zielfunktion definiert, die in der Regel darauf abzielt, die Summe der Aktivierungen in der ausgewählten Schicht zu maximieren. Dadurch wird das Neuronale Netz angeregt, die erkannten Muster und Merkmale im Eingabebild zu verbessern. Dazu wird ähnlich wie beim Training mit Backpropagation der Gradient der Zielfunktion in Bezug auf das Eingangsbild berechnet. Dieser gibt an, wie das Eingangsbild verändert werden muss, um den Wert der Zielfunktion zu erhöhen und wird auf das Eingabebild angewandt um es zu aktualisieren. Dieser Prozess wird für eine bestimmte Anzahl von Iterationen oder bis zum Erreichen eines Abbruchkriteriums wiederholt. Das resultierende Bild enthält verstärkte Muster und Merkmale, die ihm ein einzigartiges, traumähnliches Aussehen verleihen.

Wie bereits erwähnt, kann der Abstraktionsgrad des Bildinhalts durch Auswahl der Schicht im neuronalen Netz gesteuert werden, da frühe Schichten einfachere Muster wie Ecken und Kanten repräsentieren, während tiefe Schichten abstraktere Repräsentationen von ganzen Objekten oder Szenen enthalten. Dies führt zu einer paradox erscheinenden Kuriosität. Wird eine tiefe Schicht mit abstrakten Repräsentationen als Ausgangspunkt des Deep Dreaming gewählt, so entstehen tendenziell eher figurative Bilder. Im Gegensatz dazu führen frühe Schichten mit einfacheren Repräsentationen zu Bildern, die eher an abstrakte Kunst erinnern.

Style Transfer

Style Transfer zielt darauf ab, den künstlerischen Stil eines Bildes (Stil-bild) auf den Inhalt eines anderen Bildes (Inhaltsbild) anzuwenden, um ein neues Bild zu erzeugen, das den Inhalt des ersten Bildes mit dem Stil des zweiten Bildes kombiniert (Gatys et al., 2015; 2016). Im Sinne der oben eingeführten drei Strategien der Kreativität gehört diese Technik also in den Bereich des Blendings. Dazu werden wieder dieselben Netze verwendet, die auch zur Bilderkennung dienen, um Inhalts- und Stilinformationen von Bildern zu trennen und neu zu kombinieren.

Wie beim Deep Dreaming beginnt der Prozess mit einem bereits auf sehr viele Bilder vortrainierten Netz. Der Benutzer legt das Inhaltsbild, das das zu erhaltende Motiv oder die zu erhaltende Szene enthält, sowie das Stil-bild, das den künstlerischen Stil darstellt, der auf das Inhaltsbild angewendet werden soll, fest. Anschließend werden beide Bilder getrennt durch das neuronale Netz geleitet. Für das Inhaltsbild werden die Aktivierungen aus einer oder mehreren späten Schichten verwendet, um hochrangige Inhalts-merkmale zu erfassen. Für das Stilbild werden Aktivierungen aus mehreren Schichten aller Hierarchiestufen verwendet, um sowohl Stilmerkmale niedriger Ebene (z. B. Texturen) als auch Stilmerkmale hoher Ebene (z. B. Strukturen) zu erfassen. Diese Stilmerkmale werden in der Regel durch sogenannte Gram-Matrizen repräsentiert, die die Korrelationen zwischen verschiedenen Merkmalen in jeder Schicht erfassen und so die Stil-information effektiv kodieren.

Anschließend wird zunächst ein Startbild erstellt, das häufig als zufälliges Rauschen oder als Kopie des Inhaltsbildes beginnt. Ziel ist es, dieses Start-bild iterativ so zu aktualisieren, dass es sowohl den Inhaltsmerkmalen des Inhaltsbildes als auch den Stilmerkmalen des Stilbildes entspricht. Dies wird durch die Definition einer besonderen Fehlerfunktion erreicht, die aus zwei Hauptkomponenten besteht: Inhaltsfehler und Stilfehler. Der Inhaltsfehler misst die Differenz zwischen den Inhaltsmerkmalen des Startbildes und des Inhaltsbildes, während der Stilfehler die Differenz zwischen den Stilmerk-malen des Startbildes und des Stilbildes misst. Der Gesamtfehler ist die gewichtete Summe aus Inhalts- und Stilfehler. Durch die Gewichtung der beiden Teile kann festgelegt werden, wie stark der jeweilige Einfluss auf das neue erzeugte Bild sein soll, wie weit weg es also vom Originalinhalt oder -stil ist. Wieder wird der Gradient des Gesamtfehlers berechnet, der angibt, wie das Startbild verändert werden muss, um den Fehler zu minimieren. Ein entsprechender Optimierungsalgorithmus wird iterativ angewendet, um das

Startbild zu aktualisieren. Das endgültige Bild behält den Inhalt des Inhalts-bildes bei, erscheint nun aber im künstlerischen Stil des Stilbildes.

Generative Adversarial Networks

Ein Generative Adversarial Network (GAN) ist ein System aus zwei gekoppelten neuronalen Netzen, das zur Erzeugung täuschend echter Bilder oder Videos, sogenannter Deep Fakes, eingesetzt wird. Es besteht aus einem Generator-Netz und einem Diskriminator-Netz (Goodfellow et al., 2020).

Der Generator erzeugt immer neue Kandidatenbilder oder -videos, während der Diskriminator gleichzeitig versucht, reale Bilder und Videos von künstlich erzeugten zu unterscheiden. Im Verlauf des Trainings werden beide Netze in ihrer jeweiligen Aufgabe iterativ immer besser. Die so erzeugten Deep Fakes sind meist nicht mehr von echten Bildern und Videos zu unterscheiden.

Diffusionsmodelle

Diffusionsmodelle sind eine Klasse von generativen Modellen, die Bilder durch einen Prozess erzeugen, der als Denoising Score Matching bekannt ist (Vincent et al., 2010; Swersky et al., 2011; Sohl-Dickstein et al., 2015). Diese Modelle lernen, Bilder zu erzeugen, indem sie einen Diffusions-prozess simulieren, der ein Zielbild in zufälliges Rauschen umwandelt, und lernen dann, diesen Prozess umzukehren. Die Grundidee besteht darin, das Modell so zu trainieren, dass es die statistische Verteilung der Pixelwerte des Originalbildes aus einer verrauschten Version vorhersagen kann.

Das Training eines Diffusionsmodells beginnt mit einem Datensatz von Bildern. Durch Hinzufügen von Gauß'schem Rauschen wird dann eine Folge von zunehmend verrauschten Versionen jedes Bildes erzeugt. Dieser Prozess wird als Diffusion bezeichnet. Anschließend wird das Modell darauf trainiert, die jeweils nächste weniger verrauschte Version des Original-bildes aus einer verrauschten Version vorherzusagen bzw. zu rekonstruieren. Während des Trainings lernt das Modell, dadurch die Statistik des Original-bildes in jedem Schritt des Diffusionsprozesses vorherzusagen. Durch dieses Training wird das Modell immer effizienter bei der Entfernung von Rauschen aus Bildern. Wird dem trainierten Modell nun zufälliges Rauschen als Input gegeben, erzeugt (halluziniert) es daraus iterativ ein völlig neues Zufallsbild.

Diffusionsmodelle bestehen in der Regel aus Schichten von Neuronen mit lokaler Konnektivität, wobei jedes Neuron nur mit einer kleinen Nachbarschaft von Neuronen in der vorherigen Schicht verbunden ist. Diese lokale Konnektivität ist für die Bildverarbeitung von Vorteil, da sie es dem Modell ermöglicht, lokale Muster zu lernen und räumliche Hierarchien zu erfassen.

Um aus Textbeschreibungen Bilder zu erzeugen, können Diffusionsmodelle mit Sprachmodellen (siehe nächstes Kapitel) kombiniert werden. Es gibt verschiedene Möglichkeiten, diese Kopplung zu erreichen, aber ein gängiger Ansatz ist die Verwendung einer Technik, die als bedingte Diffusion bezeichnet wird (Batzolis et al., 2021; Nichol et al., 2021). In diesem Fall wird das Diffusionsmodell von der Textbeschreibung abhängig gemacht, indem diese in die Modellarchitektur integriert wird. Zunächst erfolgt die Kodierung der Textbeschreibung mithilfe eines vortrainierten Sprachmodells (z. B. GPT-3 oder BERT). Dadurch wird eine hochdimensionale Vektordarstellung der Bedeutung des Textes (Texteinbettung) erzeugt. Anschließend erfolgt die Konditionierung des Diffusionsmodells auf die Textrepräsentation durch Veränderung seiner Architektur. Dies kann durch Hinzufügen der Texteinbettung als zusätzlichen Input oder durch Integration in die verborgenen Schichten des Modells erfolgen. Schließlich wird das Modell mit dem gleichen Diffusionsprozess wie zuvor, aber nun mit Bildern und den entsprechenden Textbeschreibungen trainiert, der Diffussionsprozess läuft also nicht "frei", sondern wird durch die jeweilige Texteinbettung eingeschränkt.

Soll nun ein Bild aus einer Textbeschreibung erzeugt werden, wird dem konditionierten Modell wieder zufälliges Rauschen als visueller Input gegeben, diesmal aber zusätzlich mit der Kodierung des Textes aus dem Sprachmodell. Das Modell erzeugt dann ein zufälliges Bild, welches der Eingabebeschreibung entspricht.

Zu den bekanntesten Diffusionsmodellen gehören DALL-E 2, Stable Diffusion und Midjourney.

DALL-E 2 (Dali Large Language Model Encoder 2) wurde speziell für die Generierung von hochwertigen fotorealistischen Bildern aus natürlichsprachlichen Beschreibungen entwickelt. Dazu verwendet es eine Kombination aus Bild- und Textverarbeitung, um aus sprachlichen Beschreibungen von Objekten, Szenen oder Konzepten abstrakte Bildrepräsentationen zu erzeugen. Diese Bildrepräsentationen werden dann von einem sogenannten Decoder-Netzwerk verwendet, um daraus foto-realistische Bilder zu erzeugen. DALLE-E 2 ist online frei zugänglich.[1]

Das 2022 veröffentlichte *Stable Diffusion*[2] ist ebenfalls ein generatives Modell zur Erzeugung detaillierter Bilder aus Textbeschreibungen. Es kann aber auch für andere Aufgaben wie z. B. die Generierung von Bild-zu-Bild-Übersetzungen auf der Grundlage einer Textaufforderung eingesetzt werden. Das Besondere an Stable Diffusion ist, dass sein vollständiger Programm-code und alle Modellparameter veröffentlicht wurden.[3] Es kann auf den meisten Standard-PCs oder Laptops, die mit einer zusätzlichen GPU aus-gestattet sind, betrieben werden und bietet durch den vollen Zugang die Möglichkeit, es systematisch zu analysieren, anzupassen oder weiterzuent-wickeln. Dies stellt eine Abkehr von der Praxis anderer KI-Modelle wie ChatGPT oder DALL-E 2 dar, die nur über Cloud-Dienste zugänglich sind und deren exakte interne Architektur bisher nicht veröffentlicht wurde.

Midjourney[4] gilt als das derzeit fortschrittlichste Diffusionsmodell. Es ist in der Lage, sogar fotorealistische Bilder aus Textbeschreibungen künstlich zu erzeugen.

Auch mit Diffusionsmodellen lassen sich Deep Fakes erzeugen. Zwischen-zeitlich wurde gezeigt, dass die neueren Diffusionsmodelle den schon länger existierenden Generative Adversarial Networks sogar deutlich überlegen sind (Dhariwal & Nichol, 2021).

Fazit

Es existieren eine ganze Reihe diverser Methoden der generativen KI zur Erzeugung von neuen Inhalten wie z. B. Bildern, Videos oder auch Musik. Die generierten Bilder sind für einen Menschen meist kaum noch von realen zu unterscheiden. Alle derartigen Ansätze fallen in die Bereiche des Bendings und Blendings, und wohl eher nicht in den Bereich des Breakings.

Nicht unerwähnt sollte an dieser Stelle bleiben, dass sich die Erzeugung von Deep Fakes nicht nur auf die Erzeugung von Bildern beschränkt. Das System *VALL-E*[5] ist beispielsweise in der Lage, die Stimme einer beliebigen

---

[1] https://openai.com/product/dall-E-2

[2] https://stablediffusionweb.com/

[3] https://github.com/CompVis/stable-diffusion

[4] https://www.midjourney.com.

[5] https://vall-e.io/

Audioaufnahme auszutauschen. Dies ist ebenfalls eine Art von Style Transfer, wobei der Inhalt der gesprochenen Sprache entspricht und erhalten bleibt, während die Zielstimme dem Style entspricht, der ausgetauscht wird (Wang et al., 2023).

Ebenso kann übrigens der Schreibstil eines Textes ausgetauscht werden, ohne dabei den Inhalt zu verändern. Dies wird als Prose Style Transfer bezeichnet. Dies fällt in die Domäne der vermutlich derzeit spektakulärsten Form der generativen KI, die der sogenannten großen Sprachmodelle wie ChatGPT, denen aufgrund ihrer Relevanz und Aktualität ein eigenes – das nächste – Kapitel gewidmet ist.

Literatur

Batzolis, G., Stanczuk, J., Schönlieb, C. B., & Etmann, C. (2021). Conditional image generation with score-based diffusion models. arXiv preprint arXiv:2111.13606.

Dhariwal, P., & Nichol, A. (2021). Diffusion models beat GANs on image synthesis. *Advances in Neural Information Processing Systems, 34*, 8780–8794.

Eagleman, D., & Brandt, A. (2017). *The runaway species: How human creativity remakes the world.* Catapult.

Foster, D. (2019). *Generative deep learning: Teaching machines to paint, write, compose, and play.* O'Reilly Media.

Gatys, L. A., Ecker, A. S., & Bethge, M. (2015). A neural algorithm of artistic style. arXiv preprint arXiv:1508.06576.

Gatys, L. A., Ecker, A. S., & Bethge, M. (2016). *Image style transfer using convolutional neural networks.* In *Proceedings of the IEEE conference on computer vision and pattern recognition* (S. 2414–2423).

Goodfellow, I., Pouget-Abadie, J., Mirza, M., Xu, B., Warde-Farley, D., Ozair, S., … & Bengio, Y.(2020). Generative adversarial networks. *Communications of the ACM, 63*(11), 139–144.

Mordvintsev, A., Olah, C., & Tyka, M. (2015). *Inceptionism: Going deeper into neural networks.* Google Research Blog. https://research.google/pubs/pub45507

Nichol, A., Dhariwal, P., Ramesh, A., Shyam, P., Mishkin, P., McGrew, B., … & Chen, M. (2021). *Glide: Towards photorealistic image generation and editing with text-guided diffusion models.* arXiv preprint arXiv:2112.10741.

Sohl-Dickstein, J., Weiss, E., Maheswaranathan, N., & Ganguli, S. (2015, June). *Deep unsupervised learning using nonequilibrium thermodynamics.* In International Conference on Machine Learning (S. 2256–2265). PMLR.

Swersky, K., Ranzato, M. A., Buchman, D., Freitas, N. D., & Marlin, B. M. (2011). *On autoencoders and score matching for energy based models.* In

Proceedings of the 28th international conference on machine learning (ICML-11) (S. 1201–1208).

Vincent, P., Larochelle, H., Lajoie, I., Bengio, Y., Manzagol, P. A., & Bottou, L. (2010). Stacked denoising autoencoders: Learning useful representations in a deep network with a local denoising criterion. *Journal of Machine Learning Research, 11*(12).

Wang, C., Chen, S., Wu, Y., Zhang, Z., Zhou, L., Liu, S., ... & Wei, F. (2023). *Neural Codec Language Models are Zero-Shot Text to Speech Synthesizers.* arXiv preprint arXiv:2301.02111.

16

Sprachbegabte KI: ChatGPT und Co.

Ich bin eine Künstliche Intelligenz, die Antworten in natürlicher Sprache auf verschiedene Arten von Fragen und Aufgaben verarbeiten und generieren kann.

ChatGPT

Eine kurze Geschichte des Natural Language Processing

Die Geschichte der Verarbeitung natürlicher Sprache (Natural Language Processing, NLP) reicht bis in die Mitte des 20. Jahrhunderts zurück, als frühe Versuche der maschinellen Übersetzung wie das Georgetown-IBM-Experiment (vgl. Glossar) den Grundstein für diesen Bereich legten (Booth & Richens, 1952).

In den folgenden Jahrzehnten durchlief das NLP verschiedene Phasen, darunter regelbasierte Systeme, die auf manuell erstellten Regeln und linguistischem Wissen basierten, sowie statistische Methoden, die Techniken wie Hidden-Markov-Modelle und Bayesianische Inferenz zur Modellierung von Sprache verwendeten (Rabiner, 1989). Mit dem Aufkommen des Maschinellen Lernens wurden bedeutende Fortschritte erzielt. Die Einführung von Wortrepräsentationstechniken hat die Fähigkeiten des NLP weiter verbessert (Mikolov et al., 2013). In den letzten Jahren wurde das Gebiet durch Deep-Learning-Techniken und die Entwicklung fortschrittlicher Architekturen wie LSTMs (Hochreiter & Schmidhuber, 1997) und

P. Krauss, *Künstliche Intelligenz und Hirnforschung,*
https://doi.org/10.1007/978-3-662-67179-5_16

Transformer (Vaswani et al., 2017) revolutioniert und führte schließlich zur Entwicklung Großer Sprachmodelle wie BERT (Devlin et al., 2018) und GPT (Brown et al., 2020).

Wortvektoren

Techniken zur Repräsentation von Wörtern sind für die Verarbeitung natürlicher Sprache von entscheidender Bedeutung, da sie eine Möglichkeit bieten, Textdaten in numerische Repräsentationen umzuwandeln, die von Algorithmen des Maschinellen Lernens verarbeitet werden können. Diese Darstellungen erfassen die Struktur und Semantik (Bedeutung) der Sprache und ermöglichen es den Modellen, Beziehungen zwischen Wörtern zu erkennen und auf dieser Basis verschiedene Aufgaben zu erfüllen.

One-Hot Encoding ist eine einfache Technik zur Darstellung von Wörtern, bei der jedes Wort im Vokabular als binärer Vektor dargestellt wird, dessen Größe (Dimensionalität) der Größe des Vokabulars entspricht. Der Vektor hat eine „1" an dem Index, der der Position des Wortes im Vokabular entspricht, und eine „0" an allen anderen Positionen. Die One-Hot-Kodierung ist zwar einfach zu implementieren, leidet aber unter dem Fluch der Dimensionalität, da die Größe der Vektoren mit der Größe des Vokabulars zunimmt, was zu ineffizienten Darstellungen und erhöhter Rechenkomplexität führt. Dennoch ist One-Hot Encoding ein wichtiger Zwischenschritt zur Erzeugung eines Dense Encoding, also von Worteinbettungen. Gemeint sind damit niedrigdimensionale kontinuierliche Vektorräume, in denen die Wörter eingebettet werden (Latent Space Embeddings), im Gegensatz zum hochdimensionalen und nur dünn besetzten Raum des One-Hot Encoding.

Ein weiterer Vorteil der Worteinbettungen ist, dass in diesem Raum die Wortvektoren so angeordnet sind, dass semantisch ähnliche Wörter näher beieinander liegen, während unähnliche Wörter weiter voneinander entfernt sind. Im Idealfall liegen Synonyme sogar am selben Ort. Im Raum des One-Hot Encoding jedoch hat die Lage eines Vektors keinerlei Zusammenhang mit der Bedeutung des entsprechenden Wortes (Abb. 16.1).

Word2Vec ist eine dieser auf neuronalen Netzen basierenden Technik zur Erzeugung von Worteinbettungen (Mikolov et al., 2013; 2017). Es lernt Worteinbettungen aus großen Textkorpora auf unüberwachte Weise, d. h., es benötigt keine gelabelten Daten. Dabei ist Word2Vec besonders effektiv bei der Erkennung von semantischen und syntaktischen Beziehungen zwischen Wörtern. Es gibt zwei verschiedene Ansätze, die in Word2Vec ver-

One-Hot Encoding

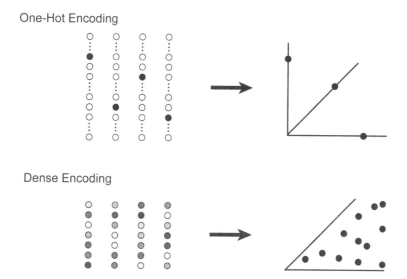

Dense Encoding

Abb. 16.1 One-Hot versus Dense Encoding. Beim One-Hot Encoding enthält jeder Vektor nur eine Eins, alle anderen Elemente sind Nullen. Der Vektorraum hat so viele Dimensionen, wie es Wörter gibt, wobei jedes Wort auf einer eigenen Koordinatenachse liegt. Der größte Teil dieses unglaublich hochdimensionalen Raums bleibt weitgehend unbelegt. Beim Dense Encoding hingegen werden wesentlich weniger Dimensionen benötigt, was zu einem kompakteren Vektorraum führt

wendet werden: das Continuous Bag of Words (CBOW)-Modell und das SkipGram-Modell.

In der CBOW-Architektur lernt das Modell Worteinbettungen, indem es ein Zielwort auf der Basis seiner umgebenden Kontextwörter innerhalb eines bestimmten Fensters vorhersagt. Die Eingabe besteht aus den Kontextwörtern und die Ausgabe aus dem Zielwort. Während des Trainings passt das Modell die Worteinbettungen so an, dass der Vorhersagefehler für das Zielwort in Abhängigkeit von den Kontextwörtern minimiert wird.

Die SkipGram-Architektur ist gewissermaßen die Umkehrung des CBOW-Modells. In diesem Fall lernt das Modell Worteinbettungen durch Vorhersage der Kontextwörter, die ein gegebenes Zielwort umgeben. Die Eingabe ist also das Zielwort, und die Ausgabe ist ein Kontextwort innerhalb eines bestimmten Fensters um das Zielwort.

Sowohl das CBOW- als auch das SkipGram-Modell verwenden ein flaches dreischichtiges neuronales Netz mit einer Eingabeschicht, einer verborgenen Schicht und einer Ausgabeschicht. In der verborgenen Schicht entstehen die Worteinbettungen, die während des Trainings angepasst werden, um den Vorhersagefehler zu minimieren. Während das Modell

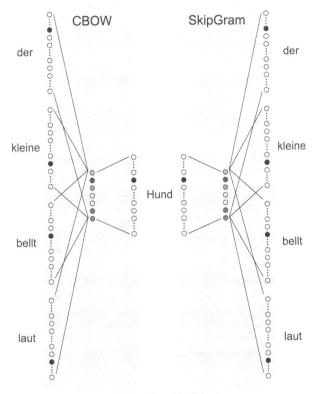

Der kleine **Hund** bellt laut.

Abb. 16.2 Word2Vec. Sowohl das CBOW- als auch das SkipGram-Modell verwenden ein flaches dreischichtiges neuronales Netz mit einer Eingabeschicht, einer verborgenen Schicht und einer Ausgabeschicht. Beim CBOW dienen die Kontextwörter als Input und das Zielwort als Output. Im SkipGram ist es genau umgekehrt. Hier ist das Zielwort der Input und die Kontextwörter sind der gewünschte Output. In beiden Fällen entsteht in der verborgenen Schicht die Worteinbettung des Zielwortes, in diesem Beispiel „Hund". In beiden Fällen ist die Dimensionalität der verborgenen Schicht kleiner als die der Input- und Outputschichten

lernt, erfasst es die semantischen und syntaktischen Beziehungen zwischen den Wörtern (Abb. 16.2).

Das Ergebnis ist eine effizientere und semantisch reiche Repräsentation von Wörtern, die es NLP-Modellen ermöglicht, Sprache besser zu verstehen und zu verarbeiten. Indem Word2VEc auf sehr große Textmengen trainiert wird, lernt es sozusagen die Bedeutung eines Wortes auf dem Rücken vieler anderer Wörter, die oft mit dem zu lernenden Wort zusammen auftauchen.[1] Beispielsweise tauchen in vielen Texten die Wörter „bellen", „Haustier" und „Fell" häufig zusammen mit „Hund" auf und definieren so seine Bedeutung. Umgekehrt tauchen die Wörter „Hamster", „Katze" und „Hund" häufig mit dem Wort „Haustier" auf und definieren so dessen Bedeutung, analog für jedes andere Wort einer Sprache. Die von Word2Vec erzeugten Worteinbettungen, z. B. v("Hund"), dienen dann als Input für weitere Algorithmen der Sprachverarbeitung wie etwa maschinelle Übersetzung oder Dokumentenklassifikation.

Eine bemerkenswerte Eigenschaft der Worteinbettungen ist die – zunächst überraschende – Tatsache, dass man mit ihnen sogar rechnen kann. Beispielsweise können durch Addition und Subtraktion von Wortvektoren neue Wortvektoren mit sinnvoller Bedeutung erzeugt werden, wie das folgende Beispiel eindrucksvoll zeigt:

$$v(\text{„König"}) - v(\text{„Mann"}) + v(\text{„Frau"}) = v(\text{„Königin"})$$

Transformer

Transformer (Vaswani et al., 2017) sind die Grundlage aller modernen Großen Sprachmodelle (Large Language Models, LLM) wie DeepL und ChatGPT. Diese neue neuronale Netzwerk-Architektur hat viele Aufgaben der natürlichen Sprachverarbeitung wie maschinelle Übersetzung, Beantwortung von Fragen und Textzusammenfassung revolutioniert.

Die Transformer-Architektur weicht von traditionellen rekurrenten neuronalen Netzen (RNNs) ab, indem sie sich auf eine Technik stützt, welche als Aufmerksamkeitsmechanismus (Self-Attention) bezeichnet wird. Durch den Attention-Mechanismus können Eingabesequenzen parallel anstatt sequentiell verarbeitet werden. Das hat den Vorteil, dass auch langreichweitige Abhängigkeiten – also Bezüge zwischen Wörtern mit größerem Abstand innerhalb der Sequenz – einen starken Einfluss auf die Verarbeitung haben können. Wird die Sequenz dagegen wie in RNNs seriell

---

[1] Das Erlernen der Bedeutung von Wörtern auf dem Rücken anderer Wörter hat übrigens durchaus Ähnlichkeit mit dem Spracherwerb des Kindes. Zwar werden die ersten ca. 50 Wörter auf andere Art und Weise gelernt, nämlich durch Verknüpfung der jeweiligen sensorischen Repräsentation mit dem entsprechenden Wort. Ab der sogenannten 50-Wort-Grenze jedoch setzt etwa zum 2. Geburtstag der sogenannte Wortschatzspurt ein, wobei sehr viele neue Wörter gelernt werden. Man geht davon aus, dass diese Phase des Spracherwerbs davon profitiert, dass die Bedeutung neuer Wörter aus bereits bekannten Wörtern geschlossen werden kann (Ferguson und Farwell, 1975; Rescorla, 1989; Aitchison, 2012).

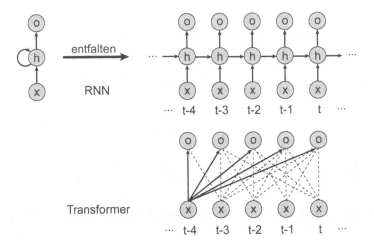

Abb. 16.3 RNN vs. Transformer. In einem RNN werden Eingabesequenzen seriell verarbeitet. In jedem Zeitschritt bekommt das RNN jeweils das nächste Wort zusammen mit seinem eigenen Zustand im vorherigen Zeitschritt als Input. Dadurch nimmt der Einfluss vergangener Wörter auf das aktuelle Wort mit steigendem Abstand in der Sequenz sehr schnell ab. Im Gegensatz dazu verarbeiten Transfomer die Sequenz als Ganzes. Dadurch kann prinzipiell jedes Wort in der Sequenz auf jedes andere einen starken Einfluss haben. Dies wird durch den Aufmerksamkeitsmechanismus gesteuert

bearbeitet, dann nimmt der Einfluss eines Wortes auf ein anderes mit wachsendem Abstand sehr schnell ab. Ein weiterer Vorteil des Aufmerksamkeitsmechanismus ist, dass er in hohem Maße parallelisierbar ist, was zu kürzeren Trainingszeiten der Transformer führt (Abb. 16.3).

Der Clue hinter dem Aufmerksamkeitsmechanismus ist es, dass er es dem Modell ermöglicht, die Bedeutung verschiedener Wörter in einem bestimmten Kontext zu gewichten. Dazu berechnen Transformer eine neue Darstellung für jedes Wort der Eingabesequenz, welche sowohl das Wort selbst als auch den umgebenden Kontext berücksichtigt.

Zunächst werden aus den Worteinbettungen (Wortvektoren, x) jedes Wortes der Eingabesequenz drei neu Vektoren berechnet: Abfrage- (query, q), Schlüssel- (key, k) und Wertvektor (value, v). Die Werte der Umrechnungsmatrizen zwischen den verschiedenen Vektorarten entsprechen den internen Parametern des Sprachmodells, die während des Trainings gelernt werden.

Aus den Abfrage- und Schlüsselvektoren wird durch Berechnung des jeweiligen Skalarprodukts die Aufmerksamkeit (attention, a) für jedes Wort zu jeder Position in der Sequenz ermittelt. Die Aufmerksamkeit gibt für

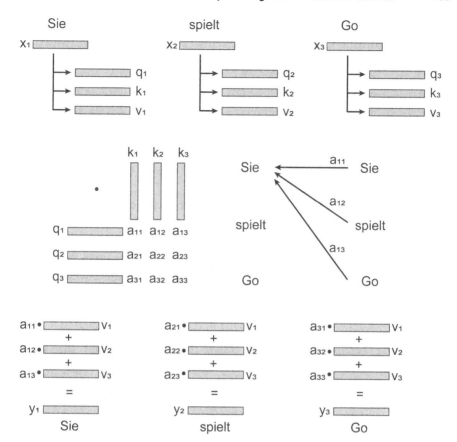

Abb. 16.4 Aufmerksamkeitsmechanismus. Aus jedem Wortvektor x der Eingabe-sequenz werden drei neue Vektoren erzeugt: Abfrage- (q), Schlüssel- (k) und Wert-vektor (v). Die Aufmerksamkeit a, welche die relative Wichtigkeit eines Wortes für das Verständnis eines anderen Wortes in der Sequenz darstellt, wird durch das Skalar-produkt von Abfrage- und Schlüsselvektoren berechnet. Schließlich wird eine neue Darstellung für jedes Wort y erstellt, indem die Wertvektoren aller Wörter mit der jeweiligen Aufmerksamkeit gewichtet und aufaddiert werden

jedes mögliche Paar von Wörtern in der Sequenz an, wie wichtig jeweils das eine Wort für das Verständnis des anderen Wortes in der Sequenz ist.

Aus den Aufmerksamkeitswerten aller Wörter für ein bestimmtes Wort und den entsprechenden Wertvektoren aller Wörter wird schließlich eine neue Darstellung (y) für dieses Wort berechnet analog für alle anderen Wörter. Dazu werden alle Wertvektoren addiert, wobei sie vorher noch durch Multiplikation mit den jeweiligen Aufmerksamkeiten gewichtet werden (Abb. 16.4).

Dass man mit der vektoriellen Darstellung von Wörtern rechnen kann und dabei sinnvolle neue Bedeutungen entstehen, haben wir im vorherigen Abschnitt am Beispiel „König/Königin" bereits gesehen. Die neue Darstellung jedes Wortes entspricht also seiner eigenen Bedeutung plus der gewichteten Summe der Bedeutung aller anderen Wörter im konkreten Kontext des eingegebenen Textes. Vereinfacht ausgedrückt passiert Folgendes: Die „Standardbedeutung" jedes Wortes, wie sie etwa in einem Wörterbuch stehen würde, wird modifiziert und an die konkrete Situation angepasst. Aus linguistischer Sicht entspricht dies übrigens dem Übergang von der Semantik zur Pragmatik.

Moderne Transformer sind aus vielen solcher Module, bestehend aus Aufmerksamkeit und nachfolgendem vorwärtsgerichtetem neuronalem Netz, aufgebaut. Wie die Schichten in einem tiefen neuronalen Netz sind sie dabei hintereinander geschaltet, wobei jeweils der Output eines Moduls als Input für das nachfolgende Modul dient. ChatGPT beispielsweise besteht aus 96 dieser Module bzw. Schichten. Zusätzlich existieren auf jeder Schicht mehrere dieser Module parallel, die sich dann jeweils auf andere Aspekte spezialisieren können, etwa verschiedene Sprachen oder Textarten.

Es konnte gezeigt werden, dass durch iterative Vorhersage des jeweils nächsten Wortes auf Basis der vorangegangenen Eingabesequenz von Wörtern und anschließendem Anhängen des vorhergesagten Wortes zur jeweils nächsten Eingabe im Prinzip beliebig lange, sinnvolle Texte generiert werden können (Liu et al., 2018). Der endgültige Output, auf den der Transformer trainiert wird, entspricht daher der Wahrscheinlichkeit für jedes einzelne Wort der Sprache (das können einige zehntausend sein), dass es als nächstes im Text auftaucht. Anschließend wird gemäß dieser Wahrscheinlichkeitsverteilung über alle Wörter zufällig ein Wort ausgewählt. Es wird also nicht generell das jeweils wahrscheinlichste Wort gewählt (was einem winnertakes-all Ansatz entspräche), sondern mit gewissen (absteigenden) Wahrscheinlichkeiten auch das zweit- oder drittwahrscheinlichste usw. Auf diese Weise hält der Zufall Einzug in den generativen Prozessen, wodurch selbst bei identischer Eingabe nie zweimal die exakt gleiche Ausgabe erzeugt wird. Im nächsten (Zeit-)Schritt wird das vorhergesagte Wort an die ursprüngliche Eingabesequenz angehängt und als neuer Input für den Transformer verwendet, der daraufhin wieder das nächste Wort vorhersagt, usw. usf. Auf diese Art kann der Transformer aus kurzen Eingaben längere Texte erzeugen. Er gehört also ebenfalls zur Klasse der generativen KI, welche wir im vorherigen Kapitel bereits kennengelernt hatten.

Das Bemerkenswerte an diesem Ansatz des selbstüberwachten Lernens ist, dass er keine gelabelten Daten benötigt. Daher können existierende große

Textkorpora wie etwa Online-Lexika (Wikipedia) zum Training verwendet werden. Bereits trainierte Modelle dieser Art werden daher als Generative Pre-Trained Transformer (GPT) bezeichnet.

Die GPT-Reihe

Die Geschichte der GPT-Reihe spiegelt die rasanten Fortschritte in der Verarbeitung natürlicher Sprache und der Entwicklung von Sprachmodellen in großem Maßstab wider. GPT-1, das 2018 von OpenAI vorgestellt wurde, demonstrierte erstmals das Potenzial des selbstüberwachten Pre-Trainings an einem großen Sprachkorpus bestehend aus ca. 4,5 Gigabyte Text. Das aus etwa 150 Mio. Parametern bestehende Modell zeigte beeindruckende Ergebnisse bei verschiedenen Aufgaben wie der maschinellen Übersetzung oder Textzusammenfassung.

GPT-2, das 2019 veröffentlicht wurde, baute auf dem Erfolg seines Vorgängers auf und erweiterte den Umfang und die Fähigkeiten des Modells erheblich. Mit 1,5 Mrd. internen Parametern wurde GPT-2 auf einem größeren Datensatz (40 Gigabyte) trainiert und war in der Lage, noch kohärentere und kontextuell relevantere Texte zu erzeugen. Aufgrund von Bedenken hinsichtlich eines möglichen Missbrauchs hatte OpenAI die Veröffentlichung des vollständigen Modells zunächst zurückgestellt und sich entschieden, nur kleinere Versionen zu veröffentlichen, um das vollständige Modell nach einer Risikobewertung zu einem späteren Zeitpunkt zu veröffentlichen.

GPT-3, das 2020 vorgestellt wurde und auf 570 Gigabyte Text trainiert wurde, war ein weiterer großer Schritt in der Entwicklung Großer Sprachmodelle. Mit 175 Mrd. Parametern zeigte GPT-3 eine bemerkenswerte Lernfähigkeit in wenigen Schritten, wobei das Modell bei verschiedenen Aufgaben mit minimaler Feinabstimmung sehr gute Leistungen erbrachte. Es ist in der Lage, Geschichten in verschiedenen Stilrichtungen zu erfinden, kann kurze Computerprogramme in allen gängigen Programmiersprachen schreiben, Dokumente zusammenfassen und Texte übersetzen. GPT-3 wurde bereits in zahlreiche Anwendungen integriert, darunter Chatbots und sogenannte Co-Pilot-Tools zur Code-Vervollständigung. Auch ChatGPT basiert auf dieser Version der GPT-Reihe.

Im März 2023 wurde schließlich GPT-4 veröffentlicht, welches in einigen Prüfungen wohl sogar besser abschneidet als der Mensch und Anzeichen von allgemeiner Künstlicher Intelligenz zeigt (Bubeck et al., 2023). Bisher wurden keine Details zu seinem genauen Aufbau und der verwendeten Trainingsdaten veröffentlicht.

ChatGPT

Das im November 2022 veröffentlichte und frei zugängliche ChatGPT ist wohl das derzeit bekannteste Beispiel eines Großen Sprachmodells und eines der fortschrittlichsten KI-Modelle für Konversationen. Es basiert auf GPT-3 und ist darauf ausgelegt, menschenähnliche Antworten in einer Dialogumgebung zu verstehen und zu erzeugen. Es ist dabei so leistungsstark, dass es in der Lage ist, auch längere kohärente und kontextbezogene Unterhaltungen mit Benutzern zu führen. Es kann in Sekundenschnelle jede Art von Text generieren, beantwortet Fragen zu jedem beliebigen Thema und führt Unterhaltungen, deren Verlauf es sich merkt und somit auch in längeren Dialogen meist adäquat antwortet. ChatGPT kann Texte in einigen Dutzend Sprachen zusammenfassen, umformulieren oder übersetzen, Witze erzählen, Lieder texten und sogar in allen gängigen Programmiersprachen programmieren.

Bemerkenswerterweise ist ChatGPT sogar dazu in der Lage, strategische Spiele wie Schach, Go und Poker zu spielen. Während seines Trainings auf praktisch jede Art von im Internet verfügbaren Text hat es z. B. auch zigtausende Partien in Schachnotation „gelesen" und auch hier jeweils versucht, das nächste Wort bzw. Zeichen vorherzusagen. Daraus resultierte offensichtlich als Nebeneffekt, dass es die zugrunde liegenden Regeln des jeweiligen Spiels gelernt hat, ohne jemals etwa ein Schachbrett oder Figuren gesehen zu haben. Dies deutet darauf hin, dass der Ansatz ein Problem in eine Sequenz von Elementen zu kodieren und anschließend zu lernen das jeweils nächste Element vorherzusagen eine universell anwendbare Strategie in informationsverarbeitenden und kognitiven System sein könnte.

Wie bereits erwähnt, basiert ChatGPT auf GPT-3. Im Gegensatz zu seinen Vorgängern, die ausschließlich selbstüberwacht (auf Vorhersage des jeweils nächsten Wortes) trainiert wurden, hat man bei ChatGPT eine anschließende Feinabstimmung (Fine-Tuning) durch menschliches Feedback durchgeführt, was sich als entscheidender Schritt für die Generierung noch besserer Antworten und Texte erwies.

Diese Feinabstimmung beruhte auf überwachtem Lernen und Verstärkungslernen (Reinforcement Learning) und verlief in drei Schritten. Zunächst erzeugten Menschen viele Beispielkonversationen, jeweils bestehend aus einer Anfrage und den dazugehörigen passenden Antworten. Um sie bei der Gestaltung ihrer Antworten zu unterstützen, konnten die menschlichen Trainer auf zuvor automatisch generierte Vorschläge zugreifen und diese dann anpassen. Auf diese Art wurde ein großer Datensatz erstellt, welcher echte Dialoge mit guten, d. h. adäquaten Antworten enthält. Um den Dialogdatensatz weiter zu vergrößern, wurden ihm zusätzlich von einem

Vorgänger von ChatGPT künstlich generierte Beispiele hinzugefügt. Diese Beispieldialoge wurden verwendet, um ChatGPT überwacht zu trainieren.

Für das anschließende Verstärkungslernen sind Belohnungen (Rewards) erforderlich, welche die Güte des vom KI-System generierten Output bewerten. Um diese Belohnungen für eine große Anzahl von Trainings-beispielen automatisch zur Verfügung zu stellen, wurde ein eigenes Belohnungsmodell trainiert –also ein weiteres neuronales Netz, welches eine Anfrage zusammen mit einer möglichen Antwort als Input bekommt und dessen Aufgabe es ist, als Output die Güte der Antwort vorherzusagen, welche dann wiederum als Belohnung zur Feinabstimmung von ChatGPT benutzt wird.

Um das Belohnungsmodell zu trainieren, mussten natürlich eben-falls Trainingsdaten erstellt werden. Diese Daten bestanden aus den vom Chatbot generierten Antworten, die nach ihrer Qualität sortiert wurden. Dazu wurden Gespräche zwischen menschlichen KI-Trainern und dem Chatbot gesammelt und für jede Modellantwort mehrere alternative Ergänzungen erstellt. Die menschlichen KI-Trainer hatten dann die Auf-gabe, die verschiedenen Antworten zu bewerten. Mit diesen Bewertungs-daten konnte das Belohnungsmodell darauf trainiert werden, auch für neue Antwortmöglichkeiten, die es zuvor noch nicht gesehen hatte, eine angemessene Bewertung (Belohnung) vorherzusagen.

Die Feinabstimmung von ChatGPT lief dann so ab, dass jeweils eine zufällige Anfrage aus dem Dialogdatensatz ChatGPT als Input gegeben wurde. Daraufhin generierte ChatGPT eine Antwort. Die Antwort wurde vom Belohnungsmodell bewertet, und diese Bewertung wurde an ChatGPT als Belohnung zurückgemeldet, um es mit Verstärkungslernen zu trainieren, also die Gesamtbelohnung zu maximieren. Dadurch wurde seine Fähigkeit immer weiter verbessert, qualitativ hochwertige kontextbezogene Antworten in einer Gesprächssituation zu erzeugen. Durch diesen iterativen Ver-besserungsprozess wurde ChatGPT mit der Zeit zu einer immer effizienteren Gesprächs-KI (Abb. 16.5).

Sprachschnittstellen

Sprachschnittstellen wie Siri, Alexa und Google Assistant haben die Art und Weise, wie wir mit unseren Geräten interagieren, revolutioniert. Sie bieten eine Konversationsschnittstelle, die auf Benutzeranfragen auf natür-liche, menschenähnliche Weise reagiert. Diese sprachgesteuerten KI-Assistenten werden wie ChatGPT und andere Sprachmodelle mit großen

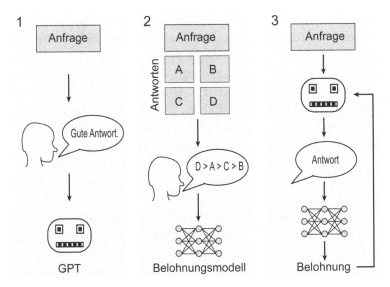

Abb. 16.5 Feinabstimmung durch menschliches Feedback. Schritt 1: Eine Anfrage wird zufällig aus der Datenbank ausgewählt. Ein KI-Trainer gibt eine Beispielantwort, mit welcher GPT trainiert wird. Schritt 2: Eine Anfrage und mehrere Beispielantworten werden zufällig aus der Datenbank ausgewählt. Ein KI-Trainer bewertet die Güte der Antworten. Damit wird das Belohnungsmodell trainiert. Schritt 3: Eine neue Anfrage wird aus der Datenbank ausgewählt und GPT als Input gegeben, woraufhin es eine Antwort generiert. Das Belohnungsmodell bestimmt die Güte der Antwort. Diese wird als Belohnung an GPT zum Verstärkungslernen zurückgemeldet

Mengen von Textdaten trainiert, um natürliche Sprache zu verstehen und zu erzeugen. Während sich Siri, Alexa und Google Assistant jedoch in erster Linie darauf konzentrieren, auf bestimmte Befehle und Fragen zu antworten, oft mit dem Schwerpunkt auf funktionaler Unterstützung, z. B. Einstellen von Erinnerungen oder Abspielen von Musik, sind Modelle wie ChatGPT darauf ausgelegt, differenziertere und kontextbezogene Antworten zu generieren, die komplexere und offenere Unterhaltungen ermöglichen. Dennoch ist die zugrunde liegende Technologie ähnlich.

Letztlich stellt die Übersetzung von geschriebener in gesprochene Sprache und umgekehrt (Text-to-Speech, Speech-to-Text) nur einen weiteren Umkodierungsschritt dar, welcher bereits sehr effizient funktioniert, wie das Beispiel von Siri und Co. zeigt (Trivedi et al., 2018). Diese Art von Sprachschnittstellen mit ChatGPT oder GPT-4 zu koppeln ist der nächste logische (und nicht besonders große) Schritt und würde die Kommunikation mit diesen KI-Systemen noch einmal deutlich intuitiver und natürlicher machen.

Fazit

Die Transformer-Architektur und Große Sprachmodelle wie die GPT-Reihe und DeepL haben die Verarbeitung natürlicher Sprache revolutioniert, wobei der Aufmerksamkeitsmechanismus und die Fähigkeit, weitreichende Abhängigkeiten zu berücksichtigen, eine Schlüsselrolle spielen. Trotz dieser Fortschritte gibt es immer noch Herausforderungen und Grenzen, die berücksichtigt werden müssen. Das Sprachmodell *Galactica* des Konzerns Meta, früher bekannt als Facebook, wurde Ende 2022 aufgrund von Kritik und Bedenken hinsichtlich seiner Zuverlässigkeit und der Verbreitung von Fehlinformationen nach nur drei Tagen wieder vom Netz genommen.[2] Was war passiert?

Die KI sollte Wissenschaftlern bei der Forschung und beim Schreiben von Fachartikeln unterstützen. Es wurde jedoch festgestellt, dass Galactica Inhalte teilweise frei erfunden hatte, diese aber als sachlich darstellte und sogar echte und falsche Informationen vermischte. Dieses Verhalten Großer Sprachmodelle wird auch als Halluzinieren bezeichnet. Die massiven Kritiken führten schließlich dazu, dass Galactica wieder vom Netz genommen wurde. Dieser Vorfall erinnert an Microsofts Chatbot *Tay* aus dem Jahr 2016, der sich durch Nutzeranfragen laufend weiterentwickelte und aufgrund seiner Sensibilität für Nutzerpräferenzen innerhalb von 16 Stunden in ein rassistisches und homophobes Programm verwandelte und vom Netz genommen werden musste.[3]

Beispiele wie diese zeigen, dass KI-Modelle manchmal unzuverlässige oder sogar schädliche Inhalte erzeugen können. Diese Modelle können Inhalte erfinden oder wahre und falsche Informationen vermischen, was zu Fehlinformationen und unerwünschtem Verhalten führen kann. Auch ChatGPT ist nicht frei von Fehlern und kann plausibel klingende, aber falsche oder unsinnige Antworten generieren. Außerdem reagiert es empfindlich auf Änderungen in der Eingabeformulierung und neigt dazu, zu wortreich zu sein oder bestimmte Ausdrücke zu häufig zu verwenden. Es neigt auch dazu, bei mehrdeutigen Anfragen zu raten, anstatt klärende Fragen zu stellen, und obwohl Anstrengungen unternommen wurden, das Modell dazu zu bringen, unangemessene Anfragen abzulehnen, kann es immer noch auf schädliche

---

[2] https://www.technologyreview.com/2022/11/18/1063487/meta-large-language-model-ai-only-survived-three-days-gpt-3-science/
[3] https://www.nytimes.com/2016/03/25/technology/microsoft-created-A-twitter-bot-to-learn-from-users-it-quickly-became-A-racist-jerk.html.

Anweisungen reagieren oder verzerrtes Verhalten zeigen. Sein Nachfolger GPT-4 ist in dieser Hinsicht bereits deutlich zuverlässiger und weiterentwickelt, aber sicherlich immer noch nicht frei von derartigen Fehlern.

Literatur

Aitchison, J. (2012). *Words in the mind: An introduction to the mental lexicon.* John Wiley & Sons.

Booth, A. D., & Richens, R. H. (1952). *Some methods of mechanized translation.* In Proceedings of the Conference on Mechanical Translation.

Brown, T., Mann, B., Ryder, N., Subbiah, M., Kaplan, J. D., Dhariwal, P., & Amodei, D. (2020). Language models are few-shot learners. *Advances in Neural Information Processing Systems, 33*, 1877-1901.

Bubeck, S., Chandrasekaran, V., Eldan, R., Gehrke, J., Horvitz, E., Kamar, E., ... & Zhang, Y. (2023). *Sparks of artificial general intelligence: Early experiments with GPT-4.* arXiv preprint arXiv:2303.12712.

Devlin, J., Chang, M. W., Lee, K., & Toutanova, K. (2018). *Bert: Pre-training of deep bidirectional transformers for language understanding.* arXiv preprint arXiv:1810.04805.

Ferguson, C. A., & Farwell, C. B. (1975). Words and sounds in early language acquisition. *Language*, 419–439.

Hochreiter, S., & Schmidhuber, J. (1997). Long short-term memory. *Neural Computation, 9*(8), 1735–1780.

Liu, P. J., Saleh, M., Pot, E., Goodrich, B., Sepassi, R., Kaiser, L., & Shazeer, N. (2018). *Generating wikipedia by summarizing long sequences.* arXiv preprint arXiv:1801.10198.

Mikolov, T., Chen, K., Corrado, G., & Dean, J. (2013). *Efficient estimation of word representations in vector space.* arXiv preprint arXiv:1301.3781.

Mikolov, T., Grave, E., Bojanowski, P., Puhrsch, C., & Joulin, A. (2017). *Advances in pre-training distributed word representations.* arXiv preprint arXiv:1712.09405.

Rabiner, L. R. (1989). A tutorial on hidden Markov models and selected applications in speech recognition. *Proceedings of the IEEE, 77*(2), 257–286.

Rescorla, L. (1989). The Language Development Survey: A screening tool for delayed language in toddlers. *Journal of Speech and Hearing disorders, 54*(4), 587–599.

Trivedi, A., Pant, N., Shah, P., Sonik, S., & Agrawal, S. (2018). Speech to text and text to speech recognition systems ? A review. *IOSR J. Comput. Eng, 20*(2), 36–43.

Vaswani, A., Shazeer, N., Parmar, N., Uszkoreit, J., Jones, L., Gomez, A. N., ... & Polosukhin, I. (2017). Attention is all you need. Advances in neural information processing systems, *30*.

17

Woran forschen KI-Entwickler heute?

Es ist keine Schande, nichts zu wissen, wohl aber, nichts lernen zu wollen.

Platon

Lernen lernen

In der sich schnell entwickelnden Welt der Künstlichen Intelligenz hat insbesondere das Maschinelle Lernen in den letzten Jahren große Fortschritte gemacht. Nahezu täglich werden Fachartikel publiziert, welche neue Methoden einführen oder existierende weiterentwickeln. Selbst Experten fällt es oft schwer, mit der enormen Geschwindigkeit der Entwicklung mitzuhalten.

In diesem Kapitel wollen wir uns einige dieser neuesten Trends und Entwicklungen etwas näher anschauen. All diesen innovativen Ansätzen ist gemein, dass sie das Potential haben, die Art und Weise, wie KI-Systeme lernen und sich anpassen, zu revolutionieren. Der herkömmliche Ansatz des überwachten Lernens erfordert für jede neue Aufgabe eine große Menge an gelabelten Daten, deren Beschaffung zeitaufwendig und teuer sein kann. Die neuen Ansätze sollen es ermöglichen, Vorwissen effizient zu nutzen, über Aufgaben hinweg zu verallgemeinern oder neuartige Probleme mit minimalem Training zu lösen.

Few-Shot-, One-Shot- und Zero-Shot-Lernen sind einige dieser fortgeschrittenen Techniken des Maschinellen Lernens, die es Modellen

P. Krauss, *Künstliche Intelligenz und Hirnforschung,*
https://doi.org/10.1007/978-3-662-67179-5_17

ermöglichen sollen, mit minimalen Datenmengen neue Aufgaben zu erlernen oder Objekte zu erkennen. Diese Ansätze haben in den letzten Jahren an Bedeutung gewonnen, da sie helfen können, den Bedarf an riesigen Mengen von Trainingsdaten möglicherweise zu überwinden und Trainingszeit zu verkürzen.

Few-Shot Learning

Menschen sind sehr gute Few-Shot-Lerner: Einem Kind muss man nicht tausende Bilder von Äpfeln zeigen, damit es das Konzept „Apfel" lernt. In der Regel genügen einige wenige, meist sogar ein einziges Beispiel.

Beim Few-Shot Learning wird darauf abgezielt, Modelle zu trainieren, die sich mit einer geringen Menge an Trainingsdaten schnell an neue Aufgaben anpassen können, beispielsweise das Klassifizieren von neuen Objekten anhand weniger Beispiele (Snell, 2017; Sung et al., 2018). Dazu wird das Modell zunächst auf einen relativ kleinen Datensatz trainiert, der nur einige Beispiele für jede Klasse oder Aufgabe enthält, und dann auf einem neuen Satz von Beispielen getestet. Die Idee besteht darin, dem Modell beizubringen, aus wenigen Beispielen zu lernen und auf neue Beispiele zu verallgemeinern, anstatt für jede Aufgabe große Datenmengen zu benötigen. Eine neuere Entwicklung in diesem Bereich sind Prototypical Networks (Snell et al., 2017), bei denen ein tiefes neuronales Netz verwendet wird, um einen metrischen Raum zu lernen, in dem Objekte der gleichen Klasse gruppiert werden. Diese Methode hat vielversprechende Ergebnisse bei Aufgaben wie der Bildklassifikation gezeigt, bei der das Modell mit nur wenigen Beispielen neue Kategorien erkennen kann.

One-Shot Learning

Beim One-Shot Learning wird das Konzept des Lernens aus wenigen Beispielen weitergeführt, indem das Modell nur aus einem Beispiel pro Klasse lernen muss (Santoro et al., 2016; Vinyals, 2016). Eine bemerkenswerte Innovation in diesem Bereich sind Memory Enhanced Neural Networks. Diese Art der neuronalen Netze verwendet eine externe Speichermatrix, um Informationen über zuvor gesehene Beispiele zu speichern und abzurufen, sodass das Modell auf der Grundlage eines einzigen Beispiels genaue

Vorhersagen treffen kann. Das One-Shot-Lernen hat sich besonders bei Aufgaben wie der Handschrifterkennung bewährt, wo ein Modell den Stil eines Schreibers anhand eines einzigen Beispiels genau erkennen kann.

In der Biologie kann One-Shot Learning z. B. bei Tieren beobachtet werden, die in der Lage sind, neue Reize oder Situationen schnell zu erkennen und darauf zu reagieren, ohne ihnen zuvor ausgesetzt gewesen zu sein. So sind einige Vogelarten in der Lage, gefährliche Beutetiere nach einer einmaligen Erfahrung schnell zu erkennen und zu meiden. Selbstverständlich ist auch der Mensch ein hervorragender One-Shot-Lerner.

Zero-Shot Learning

Beim Zero-Shot Learning hingegen können Modelle Vorhersagen für völlig unbekannte Klassen ohne explizite Trainingsbeispiele treffen (Norouzi et al., 2013; Socher et al., 2013). Das Modell wird darauf trainiert, Objekte oder Kategorien zu erkennen, die es noch nie zuvor gesehen hat. Es kann neue Eingabemuster also auch dann klassifizieren, wenn für die betreffende Klasse gar keine gelabelten Daten während des Trainings vorlagen. Im Gegensatz zum überwachten Lernen, bei dem ein Modell mit einer bestimmten Menge von gelabelten Datenbeispielen trainiert wird, basiert das Zero-Shot-Lernen auf der Übertragung von Wissen aus verwandten oder ähnlichen Klassen, die während des Trainings gesehen wurden.

Dies wird durch die Verwendung semantischer Repräsentationen wie z. B. Wortvektoren erreicht, die die Bedeutung und die Beziehungen zwischen verschiedenen Klassen erfassen. Die Wortvektoren ersetzen in diesem Fall die Labels der Bilder. Wenn ein Modell beispielsweise darauf trainiert wurde, Bilder von verschiedenen Tierarten (z. B. Pferd, Tiger, …) zu erkennen, aber noch nie ein Bild eines Zebras gesehen hat, kann es dieses dennoch als Tier klassifizieren und es in eine neue Kategorie einordnen, da es die Beziehungen zwischen verschiedenen Tierarten gelernt hat. In diesem Fall würde das Zebra vermutlich in eine Mischkategorie aus den bereits gelernten Kategorien „Pferd" (wegen der Form des Tieres) und „Tiger" (wegen der Streifen) eingeordnet werden.

Zero-Shot Learning ermöglicht somit ein effizienteres und flexibleres Trainieren von Modellen und die Verallgemeinerung auf neue und unbekannte Kategorien.

Transfer Learning

Beim Transferlernen wird ein neuronales Netz zunächst auf einen sehr großen Datensatz trainiert und anschließend auf einem kleineren Datensatz für eine bestimmte Aufgabe oder spezielle Anwendung verfeinert. Dieses Nachtrainieren eines bereits trainierten Netzes nennt man Fine-Tuning. Die Idee dahinter ist, dass das Wissen, das bei der Lösung eines Problems erworben wurde, auf ein anderes, verwandtes Problem übertragen werden kann, wodurch die Datenmenge und der Zeitaufwand für das Training eines neuen Modells reduziert werden (Torrey & Shavlik, 2010).

Wurde das neuronale Netz etwa zunächst auf den gigantisch großen ImageNet-Datensatz, welcher aus 14 Mio. Bildern, die in 20.000 Kategorien eingeteilt sind, besteht, dann ist anzunehmen, dass dieses Netz bereits jede Menge Repräsentationen gelernt hat, welche für die Bilderkennung im Allgemeinen nützlich sind. Somit kann dieses Netz durch ein kurzes Fine-Tuning an wenigen Bildern der neuen Aufgabe effizient angepasst werden.

Meta-Learning

Beim traditionellen Maschinellen Lernen wird ein Modell auf einem festen Satz von Trainingsdaten trainiert und dann verwendet, um Vorhersagen für neue, noch nicht gesehene Daten zu treffen. Im Gegensatz dazu zielen Meta-Learning-Ansätze darauf ab, Modelle in die Lage zu versetzen, aus einer kleinen Menge von Daten zu lernen und mit wenig oder gar keinem zusätzlichen Training auf neue Aufgaben zu verallgemeinern (Finn et al., 2007; Santoro et al., 2016). Dazu wird in der Regel ein sogenannter Meta-Learner trainiert, also ein Modell, das durch Beobachtung und Extraktion von Mustern aus einer Reihe von verschiedenen Trainingsaufgaben lernt, wie man lernt. Der Meta-Learner nutzt dann dieses Wissen, um sich schnell an neue Aufgaben mit ähnlichen Merkmalen anzupassen.

Es gibt verschiedene Ansätze für das Meta-Lernen, darunter metrikbasiertes Lernen, optimierungsbasiertes Lernen und modellbasiertes Lernen. Beim metrikbasierten Lernen wird eine Ähnlichkeitsmetrik erlernt, um neue Aufgaben mit den Trainingsaufgaben zu vergleichen. Beim optimierungsbasierten Lernen wird ein Modell trainiert, um seine Gewichte für eine neue Aufgabe schnell zu optimieren, während beim modellbasierten Lernen ein generatives Modell der Daten gelernt wird, das zur schnellen Anpassung an neue Aufgaben verwendet werden kann. Beispielsweise kann ein Meta-Learner allgemein auf das Spielen von verschiedenen Strategiespielen oder Kartenspielen trainiert werden. Bei einem neuen Spiel kann er dann sein vorhandenes Wissen darüber, wie Spiele im Allgemeinen funktionieren, nutzen, um das neue Spiel schneller zu lernen. Einen ähnlichen Effekt beobachtet man auch bei Übersetzungssoftware.

Im Jahr 2016 stellte Google das System Google Neural Machine Translation (GNMT) vor, einen bedeutenden Fortschritt im Bereich der maschinellen Übersetzung, der über alle bis dahin vorhandenen Modelle hinausging (Wu et al., 2016). Eine interessante Beobachtung wurde gemacht, als das GNMT-System, das zunächst auf die Übersetzung von Englisch nach Spanisch und danach auf die Übersetzung von Englisch nach Chinesisch trainiert wurde, nach dem Training mit chinesischem Text auch besser darin geworden war, zwischen Englisch und Spanisch zu übersetzen!

Dieses Phänomen kann auf die Entwicklung einer sogenannten Interlingua, also einer gemeinsamen Bedeutungsrepräsentation zwischen Sprachen, zurückgeführt werden. Als das Modell auf weitere Sprachpaare trainiert wurde, lernte es, den Eingabetext aus verschiedenen Sprachen auf einen Bedeutungsraum abzubilden, der unabhängig von der konkreten Sprache war. Dadurch konnte das Modell nun auch zwischen Sprachen übersetzen, auch wenn es nicht explizit für dieses spezifische Sprachpaar trainiert worden war. Die aktuellste Version von GNMT beherrscht inzwischen 109 Sprachen und kann zwischen diesen in jeder Richtung übersetzen, das sind über 11.000 mögliche Sprachenkombinationen. Explizit trainiert wurde das Modell nur auf einen sehr kleinen Bruchteil all dieser Möglichkeiten.

Das Auftreten dieser interlingualen Repräsentation im GNMT-System ist ein beeindruckendes Beispiel für Meta-Learning und zeigt die Fähigkeit von Deep-Learning-Modellen, abstrakte Merkmale zu erlernen, die über verschiedene Aufgaben hinweg verallgemeinert werden können. Diese Beobachtung inspirierte weitere Forschungsarbeiten zu mehrsprachigen und Zero-Shot-Übersetzungsmodellen, die darauf abzielen, gemeinsames Wissen zwischen Sprachen zu nutzen und die Übersetzungsleistung mit weniger Trainingsbeispielen für jedes Sprachpaar zu verbessern.

Im Übrigen ist von menschlichen Sprachenlernern ebenfalls bekannt, dass der „kognitive Aufwand" für jede weitere Fremdsprache etwas kleiner wird. Wir fangen eben niemals bei null an zu lernen.

Hybrides Maschinelles Lernen

Beim hybriden Maschinenlernen werden verschiedene Techniken, z. B. des Deep Learning, mit anderen Konzepten kombiniert (Maier et al., 2022). Ein Beispiel ist das Known Operator Learning, also das Lernen mit bekannten Operatoren. Dabei werden einzelne Schichten eines neuronalen Netzes durch sogenannte Operatoren, also mathematische Funktionen, z. B. eine Fourier-Transformation, ersetzt. Dieses Einbeziehen von Vorwissen über die Art und Weise, wie die Daten umgewandelt werden müssen, hat ebenfalls den Vorteil, dass es das Lernen beschleunigt und weniger große Datensätze erfordert (Maier et al., 2019).

Bei der Forschungsrichtung der neurosymbolischen KI schließlich werden die Stärken neuronaler Netze und des symbolischen Schlussfolgerns aus Mathematik und Logik kombiniert (De Raedt, et al., 2020; Sarker et al., 2021). Während die neuronalen Netze wie üblich zur Mustererkennung und zum Lernen von Regelmäßigkeiten und Mustern aus großen Datenmengen eingesetzt werden, wird das symbolische Schlussfolgern für Logik, Wissensrepräsentation und Entscheidungsfindung genutzt. Gary Marcus zufolge ist dies einer der Schlüssel auf dem Weg zu menschenähnlicher KI (Marcus, 2003).

Fazit

Die genannten Methoden eröffnen KI-Systemen neue Möglichkeiten, effizienter zu lernen und sich an neue Situationen anzupassen, und ebnen so den Weg für vielseitigere und robustere KI-Anwendungen in einem breiten Spektrum von Anwendungsbereichen. Jenseits der vorgestellten Methoden, wie Maschinen das Lernen lernen, wird bereits intensiv an den nächsten Entwicklungsschritten geforscht.

Tiefe neuronale Netze können mit hoch spezialisierten Computerprogrammen verglichen werden. Das Verstehen und Interpretieren dieser Programme kann jedoch eine große Herausforderung darstellen. Um die in tiefen Netzwerken verborgenen Muster und Operationen besser identifizieren und entschlüsseln zu können, haben Forschende begonnen, Methoden aus der Softwareprogrammierung zu übertragen (Maier et al., 2022).

Literatur

De Raedt, L., Dumancic, S., Manhaeve, R., & Marra, G. (2020). *From statistical relational to neuro-symbolic artificial intelligence.* arXiv preprint arXiv:2003.08316.

Finn, C., Abbeel, P., & Levine, S. (2017). *Model-agnostic meta-learning for fast adaptation of deep networks.* In International Conference on Machine Learning (S. 1126–1135). PMLR.

Maier, A., Köstler, H., Heisig, M., Krauss, P., & Yang, S. H. (2022). *Known operator learning and hybrid machine learning in medical imaging – a review of the past, the present, and the future.* Progress in Biomedical Engineering.

Maier, A. K., Syben, C., Stimpel, B., Würfl, T., Hoffmann, M., Schebesch, F., & Christiansen, S. (2019). Learning with known operators reduces maximum error bounds. *Nature Machine Intelligence, 1*(8), 373–380.

Marcus, G. F. (2003). *The algebraic mind: Integrating connectionism and cognitive science.* MIT press.

Norouzi, M., Mikolov, T., Bengio, S., Singer, Y., Shlens, J., Frome, A., ... & Dean, J. (2013). *Zero-shot learning by convex combination of semantic embeddings.* arXiv preprint arXiv:1312.5650.

Santoro, A., Bartunov, S., Botvinick, M., Wierstra, D., & Lillicrap, T. (2016, June). *Meta-learning with memory-augmented neural networks.* In International conference on machine learning (S. 1842–1850). PMLR.

Sarker, M. K., Zhou, L., Eberhart, A., & Hitzler, P. (2021). Neuro-symbolic artificial intelligence. *AI Communications, 34*(3), 197–209.

Socher, R., Ganjoo, M., Manning, C. D., & Ng, A. (2013). *Zero-shot learning through cross-modal transfer.* Advances in neural information processing systems, 26.

Snell, J., Swersky, K., & Zemel, R. (2017). *Prototypical networks for few-shot learning.* Advances in neural information processing systems, 30.

Sung, F., Yang, Y., Zhang, L., Xiang, T., Torr, P. H., & Hospedales, T. M. (2018). *Learning to compare: Relation network for few-shot learning.* In Proceedings of the IEEE conference on computer vision and pattern recognition (S. 1199–1208).

Torrey, L., & Shavlik, J. (2010). Transfer learning. In *Handbook of research on machine learning applications and trends: algorithms, methods, and techniques* (S. 242–264). IGI global.

Vinyals, O., Blundell, C., Lillicrap, T., & Wierstra, D. (2016). *Matching networks for one shot learning.* Advances in neural information processing systems, 29.

Wu, Y., Schuster, M., Chen, Z., Le, Q. V., Norouzi, M., Macherey, W., ... & Dean, J. (2016). *Google's neural machine translation system: Bridging the gap between human and machine translation.* arXiv preprint arXiv:1609.08144.

Teil III

Herausforderungen

Wo viel Licht ist, ist natürlich meistens ebenso viel Schatten. Bei all den spektakulären Erfolgen im Bereich der Künstlichen Intelligenz, insbesondere des Deep Learning, sollte nicht übersehen werden, dass es viele kleinere und einige fundamentale Herausforderungen gibt – einige sprechen gar von großen Krisen -, welche noch gelöst werden wollen.

Auch die Hirnforschung ist selbstverständlich noch längst nicht so weit, eine übergreifende Theorie des Gehirns entwickelt zu haben, wie wir insbesondere in den Kapiteln zu Bewusstsein und freiem Willen gesehen haben. Aber auch abseits dieser ganz großen Fragen gibt es noch viele Aspekte zur Funktionsweise des Gehirns, die nach wie vor unverstanden sind.

In diesem dritten Teil des Buches soll es darum gehen, die großen Herausforderungen beider Disziplinen zu beschreiben.

18

Herausforderungen der KI

Realistisch betrachtet ist Deep Learning nur ein Teil der größeren Herausforderung, die mit dem Bau intelligenter Maschinen verbunden ist.

Gary Marcus

Auf die Daten kommt es an

Die US-Armee hatte den Plan, neuronale Netze zu nutzen, um automatisch versteckte und getarnte Panzer zu identifizieren. Das Pentagon beauftragte eine externe Softwarefirma mit dem Projekt. Die Firma entwarf ein neuronales Netz, das mit 50 Aufnahmen von getarnten Panzern, die sich zwischen Bäumen befanden, sowie 50 Bildern von bewaldeten Gebieten ohne Panzer trainiert wurde. Nach dem Training wurde das Netz mit jeweils 50 weiteren Bildern pro Kategorie, die es vorher nicht gesehen hatte, getestet. Tatsächlich wurden alle Bilder des Testdatensatzes korrekt klassifiziert und das neuronale Netz wurde beim Pentagon eingereicht.

Dieses reklamierte es jedoch bald, da das neuronale Netz bei der Unterscheidung der Bilder mit und ohne Panzer nicht besser als der Zufall war. Bei näherer Untersuchung stellte sich heraus, dass der für Training und Test des Netzes verwendete Datensatz ausschließlich Fotos von getarnten Panzern an bewölkten Tagen und von Wäldern ohne Panzer an sonnigen Tagen enthielt. Daher lernte das neuronale Netz nicht zwischen getarnten

P. Krauss, *Künstliche Intelligenz und Hirnforschung,*
https://doi.org/10.1007/978-3-662-67179-5_18

Panzern und leeren Wäldern zu unterscheiden, sondern stattdessen zwischen sonnigen und bewölkten Tagen zu differenzieren (Yudkowsky, 2008).

Dieses Beispiel zeigt eindrucksvoll, dass Künstliche Intelligenz nur so gut sein kann wie die Daten, mit denen sie trainiert wurde. Während die Unzulänglichkeit des KI-Systems in diesem Fall noch rechtzeitig bemerkt wurde, kann ein solcher Bias in den Trainingsdaten, also eine systematische Verzerrung bzw. ungewollte Korrelation zwischen Merkmalen, dramatische Folgen haben, wenn sie nicht rechtzeitig erkannt wird.

Systeme zum autonomen Fahren wie z. B. der Tesla-Autopilot stützen sich ebenfalls auf tiefe neuronale Netze zur Bildverarbeitung, etwa um Verkehrszeichen, andere Fahrzeuge, Hindernisse oder die Straßenbegrenzung zu erkennen und daraus die jeweils adäquate Aktion abzuleiten. In den Anfangszeiten kam der Fahrer eines Tesla während des Autopilot-Betriebs ums Leben, nachdem das Fahrzeug mit Vollgas auf einen LKW-Anhänger raste, anstatt abzubremsen oder auszuweichen.[1] Eine Analyse der Software ergab, dass die Bilderkennung des Tesla den über die Kreuzung fahrenden Sattelschlepper als Brücke interpretierte. Die Software hatte während ihres Trainings nie einen LKW-Anhänger von der Seite gesehen. Und die am besten passende Kategorie, also das ähnlichste Muster, war eine Brücke. Da man unter Brücken gefahrlos durchfahren kann, war aus Sicht des Autopiloten die adäquate Aktion, mit unverminderter Geschwindigkeit weiterzufahren.

Die Daten sollten also nicht nur möglichst keinen Bias enthalten, sie sollten vor allem auch hinreichend vollständig sein und keine kritischen weißen Flecke enthalten.

Halluzinierende Chatbots

In diesem Zusammenhang sei auch noch einmal auf das Problem der halluzinierenden Chatbots *(ChatGPT, Galactica)* und ihre potenzielle Anfälligkeit, extremistische Inhalte zu produzieren *(Tay)*, hingewiesen. Beides hatten wir im Kapitel über sprachbegabte KI bereits kennengelernt. Offensichtlich mangelt es diesen Modellen an einer Art Weltmodell oder internem Faktenchecker. Auch dies stellt eine ungelöste Herausforderung dar.

---

[1] https://www.theverge.com/2016/6/30/12072408/tesla-autopilot-car-crash-death-autonomous-model-s

Abb. 18.1 Adversarial Example. Für einen Menschen gibt es keinen erkennbaren Unterschied zwischen dem linken und dem mittleren Bild. Ein auf Bilderkennung trainiertes Netz wird jedoch das linke Bild korrekt als „Panda" klassifizieren, während es das mittlere Bild der Kategorie „Gibbon" zuordnet. Das mittlere Bild ist ein Adversarial Example, welches künstlich erzeugt wurde, um den Klassifizierer zu täuschen. Dazu wurde auf die Pixel des Originalbildes (links) ein speziell erzeugtes Muster (rechts) addiert

Gefährliche Sticker und andere Angriffe

Während die vorherigen Beispiele zeigen, wie wichtig die Qualität der Trainingsdaten für die Performance des KI-Systems ist, zeigen die nächsten Beispiele, wie KI-Systeme gezielt in die Irre geführt werden können.

In Abb. 18.1, was denken Sie ist der Unterschied zwischen dem linken und dem mittleren Bild? – Sie sehen keinen?

Keine Angst, dann sind Sie in guter Gesellschaft. Vermutlich gibt es keinen einzigen Menschen auf diesem Planeten, der einen Unterschied sieht. Wenn wir diese beiden Bilder aber einem Klassifizierer (neuronales Netz, das auf Bilderkennung trainiert wurde) als Input geben, wird dieser die linke Version des Bildes korrekt als „Panda" erkennen, während er das mittlere Bild mit 99 % Sicherheit der Kategorie „Gibbon" zuordnet.

Das mittlere Bild ist ein sogenanntes Adversarial Example, welches gezielt manipuliert wurde, um den Klassifizierer in die Irre zu führen (Goodfellow et al., 2014; Xiao et al., 2018; Xie et al., 2019). Die Intention hinter diesem und ähnlichen Experimenten ist es, mögliche Schwächen und Fehler in neuronalen Netzen zu identifizieren, um diese dann in der Zukunft überwinden zu können. Ähnlich wie Hacker, die gezielt von Firmen oder Behörden beauftragt werden, in ihr eigenes IT-Netzwerk einzudringen, um daraus Erkenntnisse für die Optimierung der Sicherheitssysteme zu gewinnen.

Nun kann man in der Praxis, also in der realen Welt, natürlich nicht ohne Weiteres einfach jedes Pixel eines Bildes verändern. Doch auch dafür gibt es eine „Lösung": Adversarial Patches. Diese seltsam aussehenden Sticker haben dramatische Auswirkungen auf die Erkennungsleistung unseres Bildklassifizierers, wenn wir sie beispielsweise neben einer Banane platzieren.[2] Während jedes vierjährige Kind mit oder ohne diesen Sticker die Banane korrekt erkennt, ist sich der Klassifizierer zu 99 % sicher, dass es sich bei der Banane um einen Toaster handelt, wenn neben der Banane der Adversarial Patch liegt (Brown et al., 2017).

Was auf den ersten Blick und in diesem Beispiel noch ganz amüsant sein mag, entpuppt sich bei näherer Betrachtung als handfestes Problem. Wie bereits erwähnt, beruht autonomes Fahren ebenfalls auf Bilderkennung, um daraus die adäquaten Steuerbefehle für das Fahrzeug wie „bremsen", „beschleunigen" oder „nach links lenken" zu generieren.

Leider gibt es auch Adversarial Patches, die – aus Sicht eines neuronalen Netzes – aus einem Stopp-Schild ein Schild für eine Geschwindigkeitsbegrenzung auf 45 Meilen pro Stunde machen (Eykholt et al., 2018). Die Folgen mag man sich gar nicht ausmalen. Dies bietet leider ganz neue Möglichkeiten für terroristische Anschläge. Wenn es Ihnen wie dem Autor geht, dann möchten Sie nicht in so einem Auto sitzen, und Sie möchten vermutlich auch nicht in einer Stadt wohnen, in der solche Fahrzeuge unterwegs sind.

Alchemie, Reproduzierbarkeit und schwarze Kisten

Abgesehen von diesen exemplarischen Einzelfällen gibt es noch drei größere, grundsätzlichere Krisen in der Künstlichen Intelligenz und insbesondere im Deep Learning, die zum Teil miteinander verbunden sind: die Reproduzierbarkeitskrise, das Alchemie-Problem und das Black-Box-Problem.

Die Reproduzierbarkeitskrise bezieht sich auf die Schwierigkeit, die Ergebnisse einer Studie oder eines Experiments zu reproduzieren. Im Kontext der KI bezieht sich der Begriff auf die Herausforderungen bei der Reproduktion der Ergebnisse der KI-Forschung, einschließlich der Entwicklung, Implementierung und Evaluierung von Algorithmen (Lipton & Steinhardt, 2018). Das Problem der Reproduzierbarkeit wirkt sich auf die Zuverlässigkeit und Vertrauenswürdigkeit von KI-Systemen aus. Allzu oft wird leider nicht die vollständige Information publiziert, die nötig wäre, um ein KI-System nachzu-

---

[2] https://youtu.be/i1sp4X57TL4

programmieren – etwa die Initialisierungen der Modellparameter, also deren exakte Startwerte. Dies führt dazu, dass zwei auf den ersten Blick identische Modelle zu sehr verschiedenen Ergebnissen führen können, da viele neuronale Netze oft empfindlich auf kleine Änderungen reagieren, wie wir im Beispiel der Adversarial Examples gesehen haben.

Damit verwandt ist das Alchemie-Problem (Hutson, 2018). Bevor sich die Chemie als Naturwissenschaft mit einem theoretischen Überbau (etwa das Periodensystem der Elemente) etablierte, war die Synthese von neuen Stoffen durch erratisches Vorgehen, anekdotische Evidenz und Versuch und Irrtum geprägt. Diese „Prä-Chemie" wurde als Alchemie bezeichnet. Die Entwicklung der KI befindet sich derzeit in einem ähnlichen Stadium. Nach wie vor ist die Entwicklung und Anpassung von KI-Algorithmen abhängig von Versuch und Irrtum. Der Begriff des Alchemie-Problems unterstreicht das Fehlen eines systematischen, wissenschaftlichen Verständnisses, wie KI-Modelle funktionieren und warum manche Modelle besser funktionieren als andere, was häufig zu unvorhersehbaren oder unerklärlichen Ergebnissen führt. Verschärft wird dieses Problem noch dadurch, dass – wie in den meisten Bereichen der Wissenschaft –, nur Positivergebnisse publiziert werden. Niemand veröffentlicht gerne, was alles nicht geklappt hat. Somit steht hinter jedem publizierten KI-Modell, das irgendetwas besser kann als vorherige, eine enorme Zahl an Modellen, die während der Entwicklung getestet wurden, schlechter oder nicht wie gewünscht funktionierten und daher nie publiziert wurden.

Letztlich lassen sich die beiden bisher genannten Krisen auf ein tiefer liegendes Problem zurückführen. Das Black-Box-Problem (Castelvecchi, 2016; Ribeiro et al., 2016). KI-Modelle – insbesondere tiefe neuronale Netze – sind komplexe Systeme, deren Entscheidungsfindung nicht immer vollständig nachvollziehbar ist und deren interne Dynamik nur schlecht verstanden ist. Daher ist es meist schwierig oder sogar unmöglich, nachzuvollziehen, wie ein KI-Modell zu seinen Entscheidungen oder Vorhersagen gelangt, wodurch es in letzter Konsequenz schwierig wird, den Ergebnissen des Modells zu vertrauen oder sie zu überprüfen.

Eine kritische Würdigung

In seinem Artikel *„Deep Learning: A Critical Appraisal"* identifiziert Gary Marcus zehn Schwächen des derzeitigen Deep Learning (Marcus, 2018). Einige davon haben wir bereits kennengelernt, sie sollen hier der Vollständig halber aber noch einmal kurz skizziert werden.

- Begrenzte Fähigkeit zum Transferlernen: Deep-Learning-Modelle haben Schwierigkeiten, Wissen über verschiedene Aufgaben oder Domänen hinweg zu verallgemeinern, im Gegensatz zum menschlichen Lernen, bei dem Fähigkeiten und Wissen leicht übertragen und angepasst werden können.
- Dateninneffizienz: Deep-Learning-Modelle benötigen oft große Datenmengen, um eine hohe Leistung zu erzielen, während Menschen bereits anhand weniger Beispiele effektiv lernen können.
- Mangel an unüberwachten Lernverfahren: Aktuelle Deep-Learning-Modelle basieren meist auf überwachtem Lernen, bei dem gelabelte Daten für das Training benötigt werden. Menschliches Lernen erfolgt dagegen weitgehend unüberwacht.
- Unfähigkeit, von expliziten Regeln zu lernen: Deep-Learning-Modelle lernen normalerweise von Mustern in den Daten und nicht von expliziten Regeln, was es ihnen erschwert, Wissen zu erwerben, das sich leicht in Form von Regeln ausdrücken lässt.
- Intransparenz: Deep-Learning-Modelle werden oft als „Black Boxes" kritisiert, weil sie nicht interpretierbar sind und es daher schwierig ist, nachzuvollziehen, wie sie zu ihren Entscheidungen kommen.
- Anfälligkeit für Angriffe: Wie wir bereits gesehen haben, können Deep-Learning-Modelle leicht durch adversariale Attacken getäuscht werden, d. h. durch Inputmuster, die absichtlich so gestaltet sind, dass sie das Modell zu falschen Vorhersagen veranlassen.
- Mangelnde Integration von Vorwissen: Gegenwärtige Deep-Learning-Modelle beziehen in der Regel vorhandenes Wissen nicht in ihren Lernprozess ein, was ihre Fähigkeit einschränkt, frühere Informationen zu nutzen.
- Fehlende Fähigkeiten zum logischen Schlussfolgern: Deep-Learning-Modelle haben Schwierigkeiten mit Aufgaben, die komplexe Schlussfolgerungen oder Problemlösungsfähigkeiten erfordern.
- Begrenzte Fähigkeit, hierarchische Repräsentationen zu lernen: Obwohl Deep-Learning-Modelle hierarchische Muster in Daten erkennen können, haben sie oft Schwierigkeiten, die volle Komplexität hierarchischer Strukturen in der menschlichen Kognition abzubilden.
- Anfälligkeit: Deep-Learning-Modelle können empfindlich auf kleine Störungen in den Eingabedaten oder Änderungen in der Trainingsverteilung reagieren, was zu unerwarteten Leistungseinbußen führen kann.

Fazit

Adversariale Attacken, also gezielte Angriffe auf ein maschinelles Lern-system mit dem Ziel, das Verhalten des Lernsystems zu manipulieren oder es zu verwirren und zu falschen Vorhersagen zu veranlassen, sind ein ernstes Problem. Die Beispiele zeigen, dass selbst kleine Störungen in den Eingabe-daten das Verhalten von lernenden Systemen erheblich beeinflussen können, was wiederum ein Risiko für die Sicherheit und Zuverlässigkeit solcher Systeme darstellt.

Noch ist nicht vollständig geklärt, warum Adversarial Examples oder Patches künstliche neuronale Netze so leicht täuschen können, während natürliche neuronale Netze (Gehirne) immun gegen diese Art von Täuschung sind.

Adversariale Attacken stellen daher ein wichtiges Forschungsgebiet im Bereich der Sicherheit maschinell lernender Systeme dar. Insbesondere das Adversarial Machine Learning untersucht solche Angriffe und versucht, wirksame Verteidigungen dagegen zu entwickeln.

Die von Gary Marcus genannten Unzulänglichkeiten heutiger KI-Systeme verdeutlichen einige der Grenzen von Deep Learning und legen nahe, dass die Kombination von Deep Learning mit anderen KI-Techniken (hybrides Maschinelles Lernen) oder die Lösung dieser Probleme durch Ent-wicklung neuer Ansätze innerhalb des Deep Learning zu robusteren und vielseitigeren KI-Systemen führen könnte.

Die Einbeziehung von Erkenntnissen aus der Hirnforschung kann ent-scheidend dazu beitragen, die Unzulänglichkeiten des derzeitigen Deep Learning zu überwinden:

- Inspiration für neue Architekturen: Das menschliche Gehirn ist eine unschätzbare Inspirationsquelle für die Entwicklung neuer neuronaler Netzwerkarchitekturen. Durch das Studium der Struktur, Funktion und Organisation des Gehirns können Forscher Prinzipien und Mechanismen identifizieren, die zur Verbesserung der Leistung und Robustheit künst-licher neuronaler Netze genutzt werden können.
- Besseres Verständnis des Transferlernens: Die Neurowissenschaften können Erkenntnisse darüber liefern, wie das Gehirn Wissen effizient zwischen verschiedenen Aufgaben und Domänen transferiert. Die Ein-beziehung dieser Prinzipien in Deep-Learning-Modelle kann dazu bei-

tragen, deren Fähigkeit zum Transferlernen zu verbessern und den Bedarf an umfangreichem Neutraining zu verringern.

- Verbessertes unüberwachtes Lernen: Die Untersuchung der Mechanismen des Gehirns für unüberwachtes Lernen, z. B. wie Menschen auf natürliche Weise ohne explizite Hinweise aus ihrer Umgebung lernen, kann die Entwicklung neuer Algorithmen und Techniken für das unüberwachte Lernen in künstlichen neuronalen Netzen unterstützen.

- Integration expliziter Regeln: Die Erforschung der Art und Weise, wie das Gehirn explizite Regeln verarbeitet, speichert und nutzt, kann die Entwicklung von Deep-Learning-Modellen unterstützen, die besser in der Lage sind, von expliziten Regeln zu lernen und mit ihnen zu argumentieren.

- Bessere Interpretierbarkeit: Das Verständnis der Art und Weise, wie das Gehirn Informationen darstellt und verarbeitet, kann Hinweise darauf liefern, wie KI-Modelle besser interpretierbar gemacht werden können, sodass Forscher und Praktiker ihre interne Funktionsweise und ihre Entscheidungsprozesse besser verstehen können. Außerdem stehen in den Neurowissenschaften jede Menge Methoden zur Verfügung, um biologische neuronale Netze zu analysieren. Warum sollten diese Methoden nicht ebenso dazu geeignet sein, künstliche neuronale Netze zu untersuchen? Der Forschungsbereich Explainable AI (XAI, erklärbare KI) konzentriert sich auf die Entwicklung von KI-Modellen und -Techniken, die für den Menschen transparenter, verständlicher und interpretierbarer sind. Das erklärte Ziel von XAI ist es, das Black-Box-Problem zu lösen, z. B. durch die Entwicklung einfacherer Modelle, die Visualisierung von Modellentscheidungen oder die Erstellung von menschenverständlichen Erklärungen für KI-Ergebnisse (Castelvecchi, 2016; Ribeiro et al., 2016; Doshi-Velez & Kim, 2017; Adadi & Berrada, 2018).

- Widerstandsfähigkeit gegen adversariale Angriffe: Durch die Untersuchung der Robustheit des Gehirns gegenüber zufälligem Rauschen und unerwünschten Störungen können Forscher Strategien entwickeln, die Deep-Learning-Modelle weniger anfällig für unerwünschte Angriffe machen.

- Einbeziehung von Vorwissen: Erkenntnisse aus den Neurowissenschaften darüber, wie das Gehirn Vorwissen mit neuen Informationen verknüpft, können bei der Entwicklung von Deep-Learning-Modellen helfen, die vorhandenes Wissen während des Lernprozesses besser nutzen. Das

Studium der verschiedenen Gedächtnissysteme des Gehirns verspricht hier wichtige neue Einsichten für die KI.

Die Forschung zur Entwicklung neuer KI-Systeme ist auf die Hirnforschung angewiesen. Wenn das menschliche Gehirn vieles von dem kann, was heutige KI noch nicht kann, dann ist es vielleicht gar keine so schlechte Idee, im Gehirn nachzuschauen, wie das dort funktioniert, und dann die Prinzipien zu übertragen und sich motivieren oder inspirieren zu lassen für neue maschinelle Lernverfahren oder Anwendungen. Das wäre dann neuro-wissenschaftlich inspirierte KI.

Literatur

Adadi, A., & Berrada, M. (2018). Peeking inside the black-box: A survey on explainable artificial intelligence (XAI). *IEEE Access, 6,* 52138–52160.

Brown, T. B., Mané, D., Roy, A., Abadi, M., & Gilmer, J. (2017). Adversarial patch. arXiv preprint arXiv:1712.09665.

Castelvecchi, D. (2016). Can we open the black box of AI? *Nature News, 538*(7623), 20.

Doshi-Velez, F., & Kim, B. (2017). Towards a rigorous science of interpretable machine learning. arXiv preprint arXiv:1702.08608.

Eykholt, K., Evtimov, I., Fernandes, E., Li, B., Rahmati, A., Xiao, C., ..., & Song, D. (2018). Robust physical-world attacks on deep learning visual classification. In *Proceedings of the IEEE conference on computer vision and pattern recognition* (S. 1625–1634).

Goodfellow, I. J., Shlens, J., & Szegedy, C. (2014). Explaining and harnessing adversarial examples. arXiv preprint arXiv:1412.6572.

Hutson, M. (2018). Has artificial intelligence become alchemy? *Science, 360,* 478–478. https://doi.org/10.1126/science.360.6388.478.

Lipton, Z. C., & Steinhardt, J. (2018). Troubling trends in machine learning scholarship. arXiv preprint arXiv:1807.03341.

Marcus, G. (2018). Deep learning: A critical appraisal. arXiv preprint arXiv:1801.00631.

Ribeiro, M. T., Singh, S., & Guestrin, C. (2016). "Why should I trust you?" Explaining the predictions of any classifier. In *Proceedings of the 22nd ACM SIGKDD international conference on knowledge discovery and data mining* (S. 1135–1144).

Xiao, C., Li, B., Zhu, J. Y., He, W., Liu, M., & Song, D. (2018). Generating adversarial examples with adversarial networks. arXiv preprint arXiv:1801.02610.

Xie, C., Zhang, Z., Zhou, Y., Bai, S., Wang, J., Ren, Z., & Yuille, A. L. (2019). Improving transferability of adversarial examples with input diversity. In *Proceedings of the IEEE/CVF conference on computer vision and pattern recognition* (S. 2730–2739).

Yudkowsky, E. (2008). Artificial intelligence as a positive and negative factor in global risk. *Global Catastrophic Risks, 1*(303), 184.

19

Herausforderungen der Hirnforschung

Nichts ist so praktisch wie eine gute Theorie.

Kurt Levin

Drei große Herausforderungen

Es gab und gibt eine weit verbreitete Meinung in den Neurowissenschaften, dass wir vor allem zu wenig Daten haben und dass wir im Prinzip nur ausreichend große, multimodale und komplexe Datensätze generieren und diese analysieren müssten, um somit immer mehr über die Funktionsweise des Gehirns in Erfahrung zu bringen. Vertreter dieses als datengetrieben oder Bottom-up-Ansatz bezeichneten Vorgehens sind der Ansicht, dass wir all diese Daten mit existierenden oder noch zu entwickelnden fortgeschrittenen Algorithmen analysieren müssten, um schließlich zu fundamentalen Einsichten darüber zu gelangen, wie das Gehirn funktioniert (Kriegeskorte & Douglas, 2018).

Wie wir sehen werden, wurde diese Sichtweise in den letzten Jahren durch drei bahnbrechende Artikel fundamental erschüttert, welche sehr eindrucksvoll die drei großen konzeptionellen Herausforderungen der Hirnforschung beschreiben: erstens die Herausforderung, eine gemeinsame formale Sprache zu entwickeln; zweitens die Herausforderung, eine einheitliche mechanistische Theorie des Gehirns zu entwickeln; und drittens die Herausforderung, geeignete Analysemethoden zu entwickeln.

© Der/die Autor(en), exklusiv lizenziert an Springer-Verlag GmbH, DE, ein Teil von Springer Nature 2023
P. Krauss, *Künstliche Intelligenz und Hirnforschung,*
https://doi.org/10.1007/978-3-662-67179-5_19

Kann ein Biologe ein Radio reparieren?

Im Jahr 2002 verglich Yuri Lazebnik die Bemühungen der Biologie, die Bausteine und Prozesse lebender Zellen zu verstehen, mit den Problemen, mit denen sich Ingenieure normalerweise beschäftigen. In seinem Artikel *„Kann ein Biologe ein Radio reparieren?"* argumentiert Lazebnik, dass viele Bereiche der biomedizinischen Forschung irgendwann *„ein Stadium erreichen, in dem Modelle, die so vollständig schienen, zusammenbrechen, Vorhersagen, die so offensichtlich waren, sich als falsch erweisen, und Versuche, Wundermittel zu entwickeln, weitgehend scheitern. Diese Phase ist durch ein Gefühl der Frustration angesichts der Komplexität des Prozesses gekennzeichnet"* (Lazebnik, 2002).

Lazebnik erörtert eine Reihe faszinierender Analogien zwischen den physikalisch-technischen und den biomedizinischen Wissenschaften. Insbesondere bezeichnete er das Fehlen einer formalen Sprache in den Lebenswissenschaften als den wichtigsten Unterschied zu Physik und Technik. Biologen und Ingenieure verwenden seiner Ansicht nach sehr unterschiedliche Sprachen, um Phänomene zu beschreiben.

Beispielsweise verwenden Biologen und Hirnforscher häufig sogenannte Box-and-Arrow-Modelle, also Flussdiagramme aus Kästen- und Pfeilen. Lazebnik kritisiert, dass – selbst wenn ein bestimmtes Diagramm als Ganzes sinnvoll ist – sie nur sehr schwer in mathematische Formeln und Modelle zu übersetzen seien. Dies wiederum schränke ihren potenziellen Wert für Erklärungen oder gar Vorhersagen enorm ein. In der Physik dagegen seien Größen wie Kraft, Arbeit, Masse, Geschwindigkeit und Beschleunigung klar definiert und könnten mithilfe von mathematischen Gleichungen in Beziehung zueinander gesetzt werden. Bei Kenntnis der konkreten Werte einiger dieser Größen können durch Einsetzen in die entsprechenden Gleichungen die unbekannten Werte der anderen Größen ausgerechnet und damit überprüfbar vorhergesagt werden.

An einer derartigen Rigorosität mangele es in Biologie, Psychologie und Neurowissenschaft meistens. Dort seien wissenschaftliche Hypothesen und Diskussionen oft vage und würden klare, quantifizierbare Vorhersagen meist vermeiden.

Während eine Physikerin so etwas sagen würde wie: Kraft ist das Produkt aus Masse und Beschleunigung, wobei Beschleunigung der zweiten Ableitung des zurückgelegten Weges nach der Zeit entspricht, sind in neurobiologischen Diskussionen oft Aussagen wie diese zu hören: Ein Ungleichgewicht zwischen erregender und hemmender neuronaler Aktivität nach einem Hörverlust scheint eine allgemeine neuronale Hyperaktivität zu verursachen, welche wiederum mit der Wahrnehmung von Tinnitus korreliert zu sein scheint.

Derartige bloße Beschreibungen experimenteller Befunde sind ein wichtiger Ausgangspunkt für die Hypothesenbildung, aber sie sind eben nicht mehr als ein erster Schritt. Die Beschreibung müsste idealerweise durch Erklärung und Vorhersage ergänzt werden. Nach dem Selbstverständnis der Psychologie sind das drei der vier Hauptziele der Psychologie: Beschreiben, Erklären, Vorhersagen und Verändern (Holt et al., 2019).

Lazebnik fordert dementsprechend eine formalere gemeinsame Sprache für die Biowissenschaften, insbesondere eine Sprache mit der Präzision und Ausdruckskraft der Ingenieurwissenschaften, der Physik oder der Informatik. Er argumentiert, dass jede Ingenieurin mit einer Ausbildung in Elektronik in der Lage sei, ein Diagramm, welches die Verschaltung eines Radios oder eines anderen elektronischen Geräts beschreibt, eindeutig zu verstehen. So können Ingenieure über ein Radio mit Begriffen diskutieren, die unter ihnen allgemein bekannt sind. Darüber hinaus ermöglicht diese gemeinsame Sprach- bzw. Definitionsbasis den Ingenieuren, vertraute funktionale Architekturen oder Motive auch in einem Diagramm eines völlig neuen Geräts zu erkennen. Schließlich eignet sich die Sprache der Ingenieure aufgrund ihrer mathematischen Grundlagen hervorragend für quantitative Analysen und Computermodellierungen. Die Beschreibung eines bestimmten Radios enthält beispielsweise alle wichtigen Parameter der einzelnen Komponenten wie z. B. die Kapazität eines Kondensators, aber keine für die Funktionalität irrelevanten Parameter wie etwa Farbe, Form oder Größe des Geräts (Schilling et al., 2023).

Lazebnik kommt zu dem Schluss, dass *„das Fehlen einer solchen Sprache die Schwäche der biologischen Forschung ist, die das David'sche Paradox verursacht"*, d. h. das in der Biologie und den Neurowissenschaften häufig beobachtete paradoxe Phänomen, dass *„je mehr Fakten wir lernen, desto weniger verstehen wir den Prozess, den wir untersuchen"* (Lazebnik, 2002).

Die Geschichte von den Hirnforschern und dem Alien-Computer

Im Jahr 2014 baute Joshua Brown auf Lazebniks Ideen auf und veröffentlichte einen Artikel mit dem Titel *„The tale of the neuroscientists and the computer why mechanistic theory matters"* (Brown, 2014). In dieser Geschichte entdeckt eine Gruppe von Neurowissenschaftlern einen unbekannten Computer und versucht, seine Funktionsweise zu verstehen. Sie benutzten verschiedene experimentelle Techniken und Ansätze wie EEG, fMRT, Neurophysiologie und Neuropsychologie, um die Funktionen des Computers und die Interaktionen zwischen seinen Komponenten zu analysieren.

„Die EEG-Forscherin machte sich schnell an die Arbeit, setzte eine EEG-Kappe auf die Hauptplatine und maß die Spannungen an verschiedenen Stellen der gesamten Platine, einschließlich des Außengehäuses als Referenzpunkt. Sie stellte fest, dass der Festplattencontroller im Durchschnitt höhere Spannungen aufwies, wenn auf die Festplatte zugegriffen wurde, vor allem in den höheren Frequenzbändern. Wenn viel gerechnet wurde, wurde eine hohe Aktivität um die CPU herum beobachtet" (Brown, 2014).

Sie machen auch tatsächlich eine Reihe wichtiger Beobachtungen; sie entdecken beispielsweise verschiedene Korrelationen zwischen den diversen Bauteilen des Computers und können sogar bestimmte Computerprobleme diagnostizieren und vorhersagen.

„Schließlich kommt die Neuropsychologin zu Wort. Sie argumentiert (sehr vernünftig), dass wir trotz aller Erkenntnisse über Netzwerkinteraktionen und Spannungssignale ohne Läsionsstudien nicht auf die Funktion einer bestimmten Region schließen können. Die Neuropsychologin sammelte dann hundert Computer, die Hammerschläge auf verschiedene Teile der Hauptplatine, Erweiterungskarten und Festplatten abbekommen haben. Nach ausgiebigen Tests wählt sie sorgfältig die wenigen aus, die ein spezifisches Problem mit der Videoausgabe haben. Sie stellt fest, dass es bei den Computern, bei denen die Videoausgabe nicht richtig funktioniert, eine Überschneidung mit Schäden an der Grafikkarte gibt. Das bedeutet natürlich, dass die Grafikkarte für die korrekte Funktion des Monitors erforderlich ist" (Brown, 2014).

Trotz all ihrer Entdeckungen bleibt die Frage allerdings offen, ob sie wirklich verstanden haben, wie der Computer funktioniert. Dies liegt daran, dass sie sich in erster Linie auf die größeren beobachtbaren Muster und Interaktionen konzentrierten und nicht auf die zugrunde liegenden Mechanismen und Prozesse, die den Computer funktionieren lassen (Carandini, 2012).

Die Moral der Geschichte ist, dass trotz der vielen ausgefeilten Methoden in den Neurowissenschaften ein einheitlicher, mechanistischer und theoretischer Überbau fehlt (Platt, 1964), um vollständig zu verstehen, wie die Elemente des Gehirns zusammenarbeiten, um funktionelle Einheiten zu bilden und komplexes kognitives Verhalten zu erzeugen. Es gibt viele verschiedene Modelle und Ansätze, aber keine einheitliche theoretische Sprache, um empirische Ergebnisse zu bewerten oder neue Vorhersagen zu machen. Die Geschichte unterstreicht die Notwendigkeit eines grundlegenden mechanistischen Rahmens und betont, wie wichtig es ist, dass diejenigen, die empirische Forschung betreiben, die Prämissen und Implikationen der Modelle verstehen.

Könnten Hirnforscher einen Mikroprozessor verstehen?

Im Jahr 2017 setzten Eric Jonas und Konrad Kording Browns Gedankenexperiment in einem aufsehenerregenden Experiment um (Jonas & Kording, 2017). In ihrer Studie *Könnte ein Neurowissenschaftler einen Mikroprozessor verstehen?* emulieren die Autoren den klassischen Mikroprozessor MOS 6502, der in den 1970er- und 1980er-Jahren als zentrale Verarbeitungseinheit (CPU) im Apple I, im Commodore 64 und der Atari-Videospielkonsole verbaut war. Emulieren bedeutet, sie simulieren einen digitalen Zwilling des Mikroprozessors. Im Gegensatz zu heutigen CPUs, die aus mehreren Milliarden Transistoren bestehen, bestand der MOS 6502 nur aus 3510 Transistoren. In der Studie diente er als „Modellorganismus", welcher drei verschiedene „Verhaltensweisen" ausführt, nämlich die drei klassischen Videospiele Donkey Kong, Space Invaders und Pitfall.

Die Idee hinter diesem Ansatz ist, dass der Mikroprozessor als künstliches Informationsverarbeitungssystem drei entscheidende Vorteile gegenüber natürlichen Nervensystemen hat. Erstens wird er auf allen Beschreibungs- und Komplexitätsebenen vollständig verstanden, von der globalen Architektur mit Registern und Speicher und dem gesamten Datenfluss über lokale Schaltungen, einzelne Logikgatter bis hin zum physikalischen Aufbau und der Schaltdynamik eines einzelnen Transistors. Zweitens ist sein interner Zustand ohne Einschränkungen hinsichtlich der zeitlichen oder räumlichen Auflösung jederzeit vollständig zugänglich. Und drittens bietet der (emulierte) Mikroprozessor die Möglichkeit, beliebige invasive Experimente an ihm durchzuführen, welche an „natürlichen Informationsverarbeitungssystemen" (Gehirnen) aus ethischen oder technischen Gründen unmöglich wäre.

Unter Verwendung dieses Rahmens haben die Autoren eine breite Palette gängiger Datenanalysemethoden aus den Neurowissenschaften angewandt, um die strukturellen und dynamischen Eigenschaften des Mikroprozessors zu untersuchen. Sie führten sogar EEG-Messungen und Läsionsstudien durch!

Die Autoren kamen zu dem Schluss, dass, obwohl jede der angewandten Methoden interessante Ergebnisse lieferte, die dem aus neurowissenschaftlichen oder psychologischen Studien Bekannten verblüffend ähnlich waren, keine von ihnen tatsächlich Aufschluss darüber geben konnte, wie der Mikroprozessor tatsächlich funktioniert, oder, allgemeiner ausgedrückt, geeignet war, ein mechanistisches Verständnis des untersuchten Systems zu gewinnen.

Fazit: Was bedeutet es, ein System zu verstehen?

Wenn die gängigen Analysemethoden kein mechanistisches Verständnis liefern, welche alternativen Ansätze gibt es dann?

Am offensichtlichsten helfen könnte es, wenn man Hypothesen über die Struktur und Funktion des untersuchten Systems aufstellt. Zu diesem Schluss kommt auch Joshua Brown am Ende seiner Geschichte, nämlich, dass es, um die Funktionsweise des Gehirns wirklich zu verstehen, unerlässlich sei, Experimente zu konzipieren, die sich mit mechanistischen Fragen befassen und spezifische mechanistische Hypothesen testen, anstatt einfach nur empirische Ergebnisse zu sammeln (Brown, 2014).

Wenn wir zum Beispiel die Hypothese gehabt hätten, dass dieser Mikroprozessor aus Logikgattern oder Speicherregistern besteht, dann hätte man gezielt danach suchen können und hätte testen können, was passiert, wenn man ein bestimmtes Gatter kaputt macht (ein Läsionsexperiment durchführen). Das wäre auf jeden Fall schon einmal deutlich besser, als einfach nur blind Daten zu sammeln, ist aber immer noch nicht der Königsweg, wie Alan Newell[1] so treffend bemerkte: *„You can't play 20 questions with nature and win.“*

Gemeint ist damit, dass man durch bloßes Testen von einer spezifischen Hypothese nach der anderen nie zu einem mechanistischen Verständnis gelangt. Dies gelingt nur, wenn die Hypothesen aus einer allgemeineren Theorie abgeleitet und dazu genutzt werden, diese zu testen. Oder, wie es Kurt Levin, einer der Pioniere der modernen Psychologie, ausdrückte: *„Nichts ist so praktisch wie eine gute Theorie“* (Lewin, 1943).

---

[1] Alan Newell war ein US-amerikanischer Informatiker und Kognitionspsychologe und gilt als einer der Väter der Künstlichen Intelligenz und der Kognitionswissenschaft.

Laut Joshua Brown besteht daher der Weg in die Zukunft für die Neurowissenschaften darin, den Theoretischen Neurowissenschaften Priorität einzuräumen, ähnlich der Theoretischen Physik innerhalb der Physik. Dies könne erreicht werden, indem Neurowissenschaftler und Psychologen bereits in einem frühen Stadium ihrer Karriere in mathematischer und computergestützter Modellierung, dynamischer Systemtheorie und Ingenieurwissenschaften ausgebildet werden. Ziel müsse es sein, Beziehungen zwischen computergestützten Theorien und empirischen Neurowissenschaften zu entwickeln und sicherzustellen, dass jeder Neurowissenschaftler über ein solides Verständnis der Modellierung verfügt (Brown, 2014).

Doch was bedeutet es überhaupt, ein System zu verstehen?

Lazebnik vertrat die Ansicht, dass echtes Verständnis bedeute, einen Fehler oder Defekt „reparieren" zu könne (Lazebnik, 2002). Übertragen auf die Hirnforschung hieße das, dass das Verstehen einer bestimmten Region oder eines Teils eines Systems dann erreicht wäre, wenn man die Eingabe, Umwandlung und Ausgabe von Information so genau beschreiben könnte, dass eine Gehirnregion im Prinzip durch eine vollständig synthetische Komponente, also eine Neuro-Prothese, ersetzt werden könnte (Jonas & Kording, 2017).

Es genügt also nicht, ein biologisches System einfach (mehr oder weniger exakt) zu kopieren, wie es beispielsweise im Human Brain Project versucht wird. Wichtig ist, dass die Kopie auch dieselbe Funktionalität hat wie sein Vorbild. Ein in allen Details simuliertes Stück Großhirnrinde ist zwar interessant, bringt aber wenig Aufschluss darüber, welcher Input wie verarbeitet und was als Output ausgegeben wird.

Der Neurowissenschaftler David Marr entwickelte einen theoretischen Rahmen, der insbesondere im Bereich der Kognitionswissenschaft und der Künstlichen Intelligenz angewandt wird und als Tri-Level-Hypothese bekannt wurde (Marr, 1982). Demnach kann jedes natürliche oder künstliche System, das eine kognitive Aufgabe ausführt, auf drei Analyseebenen beschrieben werden.

Die Berechnungsebene beschreibt das zu lösende Problem, also das Ziel des Systems und die Einschränkungen durch die Umgebung. Sie gibt an, welche Informationen verarbeitet werden müssen, welche Ausgabe erzeugt werden muss und warum das System das Problem lösen muss. In der Biologie könnte ein Beispiel dafür sein, dass ein Organismus Nahrung finden muss, um zu überleben. Das Berechnungsziel besteht dann darin, Nahrungsquellen zu identifizieren und zu finden. In der Informatik könnte die Aufgabe das Sortieren einer Menge von Zahlen sein.

Die algorithmische Ebene beschreibt die Regeln und Verfahren, also den Algorithmus, den das System befolgen muss, um das in der Berechnungsebene spezifizierte Problem zu lösen. Sie gibt an, wie die Eingabedaten in Ausgabedaten umgewandelt werden und wie das System Informationen verarbeitet. Beim Beispiel der Nahrungssuche könnten die algorithmischen Prozesse visuelle Hinweise zur Erkennung von Nahrung, Erinnerungen an frühere Nahrungsquellen und Entscheidungsfindungsprozesse zur Bestimmung des effizientesten Weges zum Erreichen der Nahrung umfassen. Im Sortierbeispiel wäre dies die Beschreibung eines konkreten Sortieralgorithmus, wie z. B. Quicksort, in Pseudocode.

Die Implementierungsebene schließlich beschreibt die physische Implementierung des Systems, z. B. die Hardware und Software, die zum Aufbau der KI verwendet werden. Sie spezifiziert die Details, wie die algorithmische Ebene implementiert wird, einschließlich der verwendeten Datenstrukturen, Programmiersprachen und Rechenressourcen. In der Neurobiologie werden auf dieser Ebene die anatomischen und physiologischen Details des Nervensystems beschrieben. Im Beispiel der Nahrungssuche würde die Implementierungsebene die Sinnesorgane (z. B. Nase, Augen) umfassen, die Hinweise aus der Umwelt wahrnehmen, die neuronalen Schaltkreise und Bahnen, die an der Verarbeitung dieser Hinweise beteiligt sind, sowie die motorischen Systeme, die es dem Organismus ermöglichen, sich zur Nahrung zu bewegen und sie zu verzehren. Im Beispiel des Sortieralgorithmus würde die konkrete Softwarerealisation in einer bestimmten Programmiersprache, z. B. Python, beschrieben werden, aber auch alle Ebenen der Rechnerarchitektur.

Laut Marr ist es notwendig, ein System auf allen drei Ebenen zu verstehen, um sein Verhalten vollständig zu erfassen und ggf. effizientere Systeme zu entwickeln.

Ab wann würden Sie jemandem glauben, wenn er behaupten würde, er hätte nun verstanden, wie das Gehirn funktioniert? Wenn er sagt: Meine Messungen haben folgende Ergebnisse geliefert..., oder: Meine Daten implizieren, dass..., oder: Die Hypothese X meines Modells wurde im Experiment Y bestätigt? Wenn es Ihnen so geht wie dem Autor, dann wären Sie erst dann restlos überzeugt, wenn aufgrund des erreichten Verständnisses zur Funktion des Gehirns ein künstliches System entwickelt und gebaut worden wäre, welches dieselben Eingaben, Umwandlungen und Ausgaben von Informationen ausführen könnte – und damit dieselbe Funktion hätte – wie das biologische Vorbild.

Eine schöne Analogie hierzu ist das Problem des Fliegens. Jahrhunderte dachte man, um zu fliegen, müsse man den Vogelflug kopieren, und baute wacklig aussehende Konstruktionen mit Flügeln, die sich zwar auf und ab bewegten, die aber zum Fliegen völlig ungeeignet waren. Sicher kennen sie die Filmaufnahmen von den Männern in ihren fliegenden Kisten, deren Flugversuche meist im Abgrund mit einer Bruchlandung endeten. Erst als wir die Gesetze der Aerodynamik und Strömungsmechanik, die Prinzipien von Staudruck und Auftrieb verstanden hatten, gelang es uns tatsächlich, flugfähige Maschinen zu konstruieren. Dabei stellte sich heraus, dass ab und auf flatternde Flügel mit Federn nicht notwendig sind.

Die Frage ab, wann man ein System wirklich verstanden hat, ist letztlich zu beantworten mit: wenn man das System und seine Funktionalität reproduzieren kann.

Im Falle des menschlichen Gehirns hieße das, auf Grundlage der verstandenen Prinzipien der neuronalen Informationsverarbeitung eine Allgemeine Künstliche Intelligenz (AGI) auf menschlichem Niveau zu konstruieren.

Literatur

Brown, J. W. (2014). The tale of the neuroscientists and the computer: Why mechanistic theory matters. *Frontiers in Neuroscience, 8,* 349.

Carandini, M. (2012). From circuits to behavior: A bridge too far? *Nature Neuroscience, 15,* 507–509. https://doi.org/10.1038/nn.3043.

Holt, N., Bremner, A., Sutherland, E., Vliek, M., Passer, M., & Smith, R. (2019). *ebook: Psychology: The science of mind and behaviour, 4e.* McGraw Hill.

Jonas, E., & Kording, K. P. (2017). Could a neuroscientist understand a microprocessor? *PLoS Computational Biology, 13*(1), e1005268.

Kriegeskorte, N., & Douglas, P. K. (2018). Cognitive computational neuroscience. *Nature Neuroscience, 21*(9), 1148–1160.

Lazebnik, Y. (2002). Can a biologist fix a radio? – Or, what I learned while studying apoptosis. *Cancer Cell, 2*(3), 179–182.

Lewin, K. (1943). Defining the 'field at a given time.'. *Psychological Review, 50*(3), 292.

Marr, D. (1982). *Vision.* MIT Press.

Newell, A. (2012). You Can't Play 20 Questions with Nature and Win: Projective Comments on the Papers of This Symposium. In Machine Intelligence (pp. 121–146). Routledge.

Platt, J. R. (1964). Strong inference: Certain systematic methods of scientific thinking may produce much more rapid progress than others. *Science, 146,* 347–353.

Schilling, A., Sedley, W., Gerum, R., Metzner, C., Tziridis, K., Maier, A., ... & Krauss, P. (2023). *Predictive coding and stochastic resonance as fundamental principles of auditory phantom perception.* Brain, awad255.

Teil IV

Integration

Wie wir gesehen haben, gibt es trotz aller Erfolge in Hirnforschung und KI nach wie vor einige ungelöste Probleme und Herausforderungen, die am besten durch die enge Zusammenarbeit beider Disziplinen zu lösen sind.

Betrachtet man das Hauptziel der Hirnforschung, welches darin besteht zu verstehen, wie Wahrnehmung, Kognition und Verhalten im Gehirn umgesetzt werden, und das Fernziel der KI-Forschung, Wahrnehmung, Kognition und Verhalten auf menschlichem Niveau oder sogar darüber hinaus zu erzeugen, so stellt man fest, dass diese Ziele komplementär zueinander sind.

Es liegt daher nahe, die verschiedenen Ansätze der beiden Disziplinen zu kombinieren. Die Zusammenführung von Theorien, Methoden und Konzepten aus Hirn- und KI-Forschung ermöglicht eine umfassendere Analyse der neuronalen und mentalen Prozesse und ein besseres Verständnis künstlicher und natürlicher kognitiver Informationsverarbeitungssysteme. Durch die Integration der Disziplinen können Synergien entstehen und neue Erkenntnisse gewonnen werden, die durch eine einzelne Disziplin alleine nicht möglich wären.

Dabei lassen sich prinzipiell vier unterschiedliche Spielarten der Integration unterscheiden: Die vielleicht offensichtlichste ist, KI als Werkzeug zur Datenanalyse in der Hirnforschung einzusetzen. Zweitens können KI und insbesondere künstliche neuronale Netze aber auch als Modellsysteme für das Gehirn fungieren. Drittens existiert in den Neurowissenschaften eine Vielzahl von Methoden zur Analyse biologischer neuronaler

Netze, die natürlich auch zur Untersuchung ihrer künstlichen Pendants verwendet werden können, um somit die Black Box zu öffnen. Und schließlich kann das Gehirn als schier unerschöpfliche Quelle der Inspiration für neue Algorithmen und Architekturen in der KI dienen.

Jedem dieser vier Aspekte ist im folgenden vierten Teil des Buches je ein eigenes Kapitel gewidmet, in dem anhand einiger ausgewählter Beispiele der aktuellen Forschung die Integration von KI und Hirnforschung illustriert werden soll.

Das letzte Kapitel widmet sich der Frage, ob es jemals bewusste Maschinen geben kann und was wir in Zukunft von der Integration dieser spannenden Disziplinen KI und Hirnforschung erwarten können.

20

KI als Werkzeug in der Hirnforschung

Niemand sagt es so, aber ich glaube, dass Künstliche Intelligenz fast eine geisteswissenschaftliche Disziplin ist. Sie ist eigentlich ein Versuch, die menschliche Intelligenz und die menschliche Kognition zu verstehen.

Sebastian Thrun

Big Data in der Hirnforschung

Die modernen Neurowissenschaften produzieren immer größere und komplexere Datenmengen. Vor allem bei Messungen der Gehirnaktivität mit bildgebenden Verfahren wie fMRT oder MEG/EEG entstehen sehr schnell Datensätze in der Größenordnung von mehreren Dutzend bis hin zu einigen hundert Gigabyte. Schon eine einstündige EEG-Messung mit einem Standard-64-Kanal-System erzeugt etwa zwei Gigabyte an Daten. Künstliche Intelligenz, insbesondere Deep Learning ist geradezu prädestiniert dazu, diese enormen Datenmengen auszuwerten und hat einige der jüngsten experimentellen Paradigmen überhaupt erst ermöglicht. In diesem Kapitel sollen daher exemplarisch einige der wichtigsten Anwendungsfelder der KI in der Hirnforschung dargestellt werden.

Analyse und Visualisierung von Schlafstadien

Ein typisches Einsatzfeld von KI als Werkzeug in der Hirnforschung ist automatische Schlafstadienklassifikation. Im Schlaf laufen wichtige Prozesse wie etwa das hippokampale Replay ab, die von entscheidender Bedeutung für Lernen und Gedächtnis sind (Ólafsdóttir et al., 2018).

Wird zu diagnostischen oder wissenschaftlichen Zwecken ein Schlaf-EEG durchgeführt, müssen die gemessenen Daten anschließend den verschiedenen Schlafstadien zugeordnet werden. Üblicherweise wird die gesamte Messung dazu in 30-s-Intervalle unterteilt und für jedes Intervall das Schlafstadium bestimmt. Für eine komplette Nacht (sieben bis neun Stunden) müssen etwa tausend dieser Intervalle analysiert werden. Ein erfahrener Schlafmediziner benötigt dafür ca. zwei Stunden.

In den letzten Jahren wurden zunehmend tiefe neuronale Netze dazu eingesetzt, aus den EEG-Daten automatisch die Schlafstadien zu bestimmen (Stephansen et al., 2018; Krauss et al., 2021). Der Einsatz von KI in diesem Bereich hilft nicht nur, die kostbare Arbeitszeit der Ärzte zu sparen, sondern bringt auch noch weitere Vorteile mit sich. Beispielsweise ist die Restriktion auf 30-s-Intervalle bei automatischer Auswertung nicht mehr nötig. Dadurch kann die Abfolge der Schlafstadien sekundengenau bestimmt werden.

Ein weiterer Vorteil der Analyse von EEG-Daten mit tiefen neuronalen Netzen ist es, dass die in den Zwischenschichten entstehenden Embeddings – abstrakte Repräsentation des Inputs, ähnlich zu den Wortvektoren – zur Visualisierung genutzt werden können, wodurch sich oft neue wissenschaftliche Erkenntnisse ergeben wie beispielsweise, dass das Gehirn im Leerlauf, also während der Spontanaktivität ohne äußeren Reiz nicht einfach völlig zufällig alle möglichen Aktivitätsmuster erzeugt, sondern gezielt solche, die auch durch tatsächliche Reize ausgelöst werden könnten (Schilling et al., 2022).

Erzählungen, Hörbücher und Gedankenlesen

Neurowissenschaftliche Studien zur Verarbeitung von Sprache im Gehirn haben bisher meist vereinfachte experimentelle Paradigmen verwendet, indem sie sich z. B. auf einzelne Wörter oder Sätze konzentrierten (Kemmerer, 2014). Dies liegt daran, dass die Stimulation mit kontinuierlicher Sprache und die Analyse der so gewonnenen Daten sehr komplex sind. Die Analyse erfordert eine ausgefeilte Methodik, um Datensegmente mit den entsprechenden Stimuli abzugleichen (z. B. für jedes Wort), sich überschneidende Gehirnreaktionen von benachbarten Stimuli zu trennen (z. B. die Wörter innerhalb eines Satzes) und Störsignale (z. B. von Augenbewegungen) zu entfernen (Schilling et al., 2021). Daher ist die Frage, wie natürliche Sprache – ganz zu schweigen von ganzen Erzählungen – im Gehirn verarbeitet wird, noch sehr wenig erforscht.

In jüngster Zeit wurden die Vorteile der Verwendung vollständiger Erzählungen in Neuroimaging-Studien diskutiert. Insbesondere wurde argumentiert, dass Erzählungen die Wahrnehmung erleichtern, die Realität simulieren, eine große Variationsbreite aufweisen und die Wiederverwendung von Daten fördern. Darüber hinaus versprechen natürlichere Stimuli wie Erzählungen, Hörbücher oder Filme, das wissenschaftliche Verständnis der neuronalen Prozesse von Gedächtnis, Aufmerksamkeit, Sprache, Emotionen und sozialer Kognition erheblich zu verbessern (Hamilton & Huth, 2020; Hauk & Weiss, 2020; Jääskeläinen et al., 2020; Willems et al., 2020).

So konnte eine Studie zeigen, dass es einen direkten Zusammenhang zwischen der neuronalen Aktivität beim Betrachten von Videos und der sprachlichen Beschreibung dessen gibt, was in der jeweiligen Szene zu sehen ist (Vodrahalli et al., 2018). Eine weitere Studie enthüllte die semantischen Karten, die in der Großhirnrinde gespeichert sind (Huth et al., 2016).

In ersten Studien war es sogar möglich, aus der gemessenen neuronalen Aktivität den sprachlichen Inhalt des Gehörten zu rekonstruieren (Pereira et al., 2018; Makin et al., 2020). In einem weiteren Schritt gelang es, den entschlüsselten Inhalt direkt wieder zurück in gesprochene Sprache zu übersetzen (Akbari et al., 2019; Anumanchipalli et al., 2019). Den vorläufigen Höhepunkt stellt eine Studie dar, welche mit Transformern, wie sie auch für große Sprachmodelle wie ChatGPT verwendet werden, imaginierte (also rein vorgestellte) Sprache wie beim inneren Sprechen aus der Gehirnaktivität rekonstruieren konnte – ein Prozess, welchen man als Gedankenlesen bezeichnen könnte (Lee und Lee, 2022). Damit sind sogenannte Gehirn-Computer-Schnittstellen, die es vollständig gelähmten Patienten ermöglichen könnten, nur mit ihren Gedanken Prothesen zu steuern oder wieder mit ihren Mitmenschen zu kommunizieren, in greifbare Nähe gerückt (Guger et al., 1999; Donoghue, 2002; Moore, 2003; Nicolelis, 2003; McFarland & Wolpaw, 2008).

Inception Loops

Eine weitere spannende Anwendung von tiefen neuronalen Netzen in der Hirnforschung ergibt sich aus der Herausforderung, solche sensorischen Reize zu finden, die bestimmte Neurone optimal aktivieren, was einen Schlüsselaspekt darstellt für das Verständnis, wie das Gehirn Informationen verarbeitet. Aufgrund der nichtlinearen Natur der sensorischen Verarbeitung und der hohen Dimensionalität des Inputs – z. B. Millionen Bildpunkte im visuellen System – war es bisher schwierig bis unmöglich, den sensorischen Input gezielt zu optimieren.

In einer aufsehenerregenden Studie wurde eine Methode namens *Inception Loop* entwickelt, um dieses Problem zu lösen (Walker et al., 2019). Die Grundidee basiert auf dem Konzept des Deep Dreaming, bei dem nicht ein neuronales Netz an einen bestimmten Input angeglichen wird, sondern stattdessen der Input an das neuronale Netz angepasst wird (vgl. das Kapitel zu generativer KI).

Zunächst wird ein tiefes neuronales Netz als sogenanntes Vorwärtsmodell darauf trainiert, neuronale Reaktionsmuster aus dem primären visuellen Cortex von Mäusen auf wahrgenommene Bilder mit hoher Genauigkeit vorherzusagen. Anschließend wird das trainierte Modell dazu verwendet, optimale visuelle Reize zu synthetisieren, welche eine bestimmte Aktivierung im Modell auslösen. Dieser Vorgang ähnelt dem Deep Dreaming, wobei die auf diese Art erzeugten Bilder als Most Exciting Inputs (MEI) bezeichnet werden. Die MEIs weisen komplexe räumliche Merkmale auf, die in natürlichen Szenen häufig zu finden sind.

Zuletzt wurde der Kreis geschlossen, daher die Bezeichnung „Inception Loops": Die MEIs wurden wieder Mäusen gezeigt und dabei wurde die Aktivität im primären visuellen Cortex gemessen. Tatsächlich lösten die MEIs signifikant bessere Reaktionen aus als Kontrollreize. Ganz so, wie es das neuronale Netz vorhergesagt hatte. Ein Jahr später wurden in einer ähnlichen Studie künstliche Bilder erzeugt, die bestimmten Wahrnehmungskategorien entsprechen (Kangassalo et al., 2020).

Fazit

Die Kombination von Big Data und Künstlicher Intelligenz hat sich als entscheidendes Instrument in der Hirnforschung erwiesen (Vogt, 2018). Insbesondere die Fähigkeit, große Mengen an Daten zu verarbeiten und zu analysieren, ermöglicht uns, das menschliche Gehirn und seine Funktionsweise besser zu verstehen. Wir haben Fortschritte bei der Klassifikation von Schlafstadien gesehen, die Fähigkeit, Sprachverarbeitung auf komplexere und realistischere Weise zu studieren, und die Entwicklung von Techniken, die uns helfen, die Informationsverarbeitung im Gehirn zu erforschen. Diese können als Grundlage für fortschrittliche Gehirn-Computer-Schnittstellen dienen, welche die Steuerung von Prothesen oder das Übersetzen von Gedanken in geschriebene oder gesprochene Sprache ebenso ermöglichen wie die Steuerung von Fahrzeugen oder Flugzeugen. Eines Tages könnten sie vielleicht sogar zur direkten Kommunikation zwischen zwei Gehirnen eingesetzt werden. Eine derartige Telepathieschnittstelle zum Austausch von Gedanken anstatt Worten ist eines der erklärten Fernziele von Elon Musks Firma Neuralink.[1]

Besonders aufregend ist die Methode der Inception Loops, die es ermöglicht, sensorische Reize zu identifizieren, die bestimmte Neuronen optimal aktivieren. Diese Technik könnte unser Verständnis von Gehirn und Kognition revolutionieren. Ein faszinierender, wenn auch spekulativer Ausblick auf diese Entwicklung könnte in Zukunft Gehirn-im-Tank-Szenarien ermöglichen, die an Filme wie *Matrix* oder *Source Code* erinnern. Wenn wir in der Lage wären, die spezifischen Reize zu identifizieren und zu erzeugen, die bestimmte neuronale Aktivitäten auslösen, könnten wir theoretisch sensorische Erfahrungen erzeugen, die von der Realität nicht zu unterscheiden sind. Durch die Simulation von optimalen Reizen könnte somit ein künstliches Umfeld geschaffen werden, das das Gehirn völlig überzeugt. Dies wäre die ultimative virtuelle Realität.

Solche Szenarien werfen natürlich wichtige ethische und philosophische Fragen auf. Während die Technologie einerseits das Potential hat, gelähmten Menschen zu helfen, ihre Umgebung zu erleben, oder uns ein tieferes Verständnis der menschlichen Erfahrung zu ermöglichen, birgt sie auch Risiken und Herausforderungen.

Literatur

Akbari, H., Khalighinejad, B., Herrero, J. L., Mehta, A. D., & Mesgarani, N. (2019). Towards reconstructing intelligible speech from the human auditory cortex. *Scientific Reports, 9*(1), 1–12.

---

[1] https://www.dw.com/en/can-elon-musks-neuralink-tech-really-read-your-mind/a-65227626

Anumanchipalli, G. K., Chartier, J., & Chang, E. F. (2019). Speech synthesis from neural decoding of spoken sentences. *Nature, 568*(7753), 493–498.

Donoghue, J. P. (2002). Connecting cortex to machines: Recent advances in brain interfaces. *Nature Neuroscience, 5*(Suppl 11), 1085–1088.

Guger, C., Harkam, W., Hertnaes, C., & Pfurtscheller, G. (1999, November). Prosthetic control by an EEG-based brain-computer interface (BCI). In *Proceedings of the 5th European conference for the advancement of assistive technology* (S. 3–6).

Hamilton, L. S., & Huth, A. G. (2020). The revolution will not be controlled: Natural stimuli in speech neuroscience. *Language, Cognition and Neuroscience, 35*(5), 573–582.

Hauk, O., & Weiss, B. (2020). The neuroscience of natural language processing. *Language, Cognition and Neuroscience, 35*(5), 541–542.

Huth, A. G., De Heer, W. A., Griffiths, T. L., Theunissen, F. E., & Gallant, J. L. (2016). Natural speech reveals the semantic maps that tile human cerebral cortex. *Nature, 532*(7600), 453–458.

Jääskeläinen, I. P., Sams, M., Glerean, E., & Ahveninen, J. (2020). Movies and narratives as naturalistic stimuli in neuroimaging. *NeuroImage,* 117445, 224.

Kangassalo, L., Spapé, M., & Ruotsalo, T. (2020). Neuroadaptive modelling for generating images matching perceptual categories. *Scientific Reports, 10*(1), 1–10.

Kemmerer, D. (2014). *Cognitive Neuroscience of Language.* Psychology Press.

Krauss, P., Metzner, C., Joshi, N., Schulze, H., Traxdorf, M., Maier, A., & Schilling, A. (2021). Analysis and visualization of sleep stages based on deep neural networks. *Neurobiology of Sleep and Circadian Rhythms, 10,* 100064.

Lee, Y. E., & Lee, S. H. (2022). EEG-transformer: Self-attention from transformer architecture for decoding EEG of imagined speech. In *2022 10th International Winter Conference on Brain-Computer Interface (BCI)* (S. 1–4). IEEE.

Makin, J. G., Moses, D. A., & Chang, E. F. (2020). Machine translation of cortical activity to text with an encoder–decoder framework. *Nature Neuroscience, 23*(4), 575–582.

McFarland, D. J., & Wolpaw, J. R. (2008). Brain-computer interface operation of robotic and prosthetic devices. *Computer, 41*(10), 52–56.

Moore, M. M. (2003). Real-world applications for brain-computer interface technology. *IEEE Transactions on Neural Systems and Rehabilitation Engineering, 11*(2), 162–165.

Nicolelis, M. A. (2003). Brain–machine interfaces to restore motor function and probe neural circuits. *Nature Reviews Neuroscience, 4*(5), 417–422.

Ólafsdóttir, H. F., Bush, D., & Barry, C. (2018). The role of hippocampal replay in memory and planning. *Current Biology, 28*(1), R37–R50.

Pereira, F., Lou, B., Pritchett, B., Ritter, S., Gershman, S. J., Kanwisher, N., ..., & Fedorenko, E. (2018). Toward a universal decoder of linguistic meaning from brain activation. *Nature Communications, 9*(1), 1–13.

Schilling, A., Tomasello, R., Henningsen-Schomers, M. R., Zankl, A., Surendra, K., Haller, M., ..., & Krauss, P. (2021). Analysis of continuous neuronal activity evoked by natural speech with computational corpus linguistics methods. *Language, Cognition and Neuroscience, 36*(2), 167–186.

Schilling, A., Gerum, R., Boehm, C., Rasheed, J., Metzner, C., Maier, A., ..., & Krauss, P. (2022). Deep learning based decoding of local field potential events. bioRxiv, 2022.10.14.512209. https://doi.org/10.1101/2022.10.14.512209

Stephansen, J. B., Olesen, A. N., Olsen, M., Ambati, A., Leary, E. B., Moore, H. E., ..., & Mignot, E. (2018). Neural network analysis of sleep stages enables efficient diagnosis of narcolepsy. *Nature Communications, 9*(1), 5229.

Vodrahalli, K., Chen, P. H., Liang, Y., Baldassano, C., Chen, J., Yong, E., ..., & Arora, S. (2018). Mapping between fMRI responses to movies and their natural language annotations. *NeuroImage, 180*, 223–231.

Vogt, N. (2018). Machine learning in neuroscience. *Nature Methods, 15*(1), 33–33.

Walker, E. Y., Sinz, F. H., Cobos, E., Muhammad, T., Froudarakis, E., Fahey, P. G., ..., & Tolias, A. S. (2019). Inception loops discover what excites neurons most using deep predictive models. *Nature Neuroscience, 22*(12), 2060–2065.

Willems, R. M., Nastase, S. A., & Milivojevic, B. (2020). Narratives for neuroscience. *Trends in Neurosciences, 43*(5), 271–273.

21

KI als Modell für das Gehirn

niversitätsklinikumWas ich nicht bauen kann, verstehe ich auch nicht.

Richard Feynman

Cognitive Computational Neuroscience

Wir haben im Kapitel über die Herausforderungen der Hirnforschung gesehen, dass es notwendig ist, computerbasierte Modelle des Gehirns zu entwickeln, welche zu ähnlichen Funktionen oder Fähigkeiten in der Lage sind wie das Gehirn. Nur so kann ein tiefgreifendes, mechanistisches Verständnis menschlicher Kognition erreicht werden (Kriegeskorte & Douglas, 2018).

Es gibt weitere Argumente, warum es nötig ist, Computermodelle des Gehirns zu simulieren. Im Gegensatz zum Gehirn bieten simulierte Modelle den entscheidenden Vorteil, dass alle internen Parameter zu jeder Zeit mit beliebiger Genauigkeit ausgelesen werden können. Außerdem lassen sich an ihnen beliebige Manipulationen durchführen, welche an lebenden Gehirnen aus ethischen oder technischen Gründen unmöglich sind.

Und schließlich können auf KI basierende Computermodelle des Gehirns dazu dienen, neue Hypothesen über die Gehirnfunktion zu generieren, welche anschließend an lebenden Gehirnen getestet werden können und so ebenfalls zum Erkenntnisfortschritt beitragen. Auf diese Art kann zwischen konkurrierenden Modellen entschieden und existierende Modelle können angepasst werden.

P. Krauss, *Künstliche Intelligenz und Hirnforschung*,
https://doi.org/10.1007/978-3-662-67179-5_21

Die Idee, künstliche Intelligenz, insbesondere Deep Learning, und computergestützte Modellierung mit den Neuro- und Kognitionswissenschaften zu kombinieren, hat in den letzten Jahren stark an Popularität zugenommen (Marblestone et al., 2016; Barak, 2017; Cichy & Kaiser, 2019; Barrett et al., 2019; Yang & Wang, 2020; Krauss & Maier, 2020; Krauss & Schilling, 2020). Der Neurowissenschaftler Nikolaus Kriegeskorte schlug für diesen Ansatz den Namen „*Cognitive Computational Neuroscience*" vor (Kriegeskorte & Douglas, 2018; Naselaris et al., 2018).

Im Folgenden sollen exemplarisch drei Bereiche kurz beschrieben werden, in denen bereits erfolgreich künstliche neuronale Netze als Modelle der Gehirnfunktion eingesetzt wurden, was jeweils zu überraschenden Erkenntnissen geführt hat: visuelle Verarbeitung, räumliche Navigation und Sprachverarbeitung.

Visuelle Verarbeitung

Insbesondere in Bezug auf das menschliche visuelle System hat bereits eine Reihe von Studien gezeigt, dass künstliche neuronale Netze und das Gehirn auffallende Ähnlichkeiten in der Verarbeitung und Repräsentation visueller Stimuli aufweisen. Das grundsätzliche Vorgehen in all diesen Studien ist dabei immer, dass einerseits Probanden eine Reihe von Bildern gezeigt wird, während ihre Gehirnaktivität gemessen wird, meist mit EEG, MEG oder fMRT. Andererseits werden dieselben Bilder tiefen neuronalen Netzen als Input präsentiert, die auf Bilderkennung trainiert wurden, diese Testbilder aber noch nicht gesehen haben. Dabei wird der Aktivierungszustand der künstlichen Neurone aus allen Schichten ausgelesen. Mit fortschrittlichen statistischen Verfahren wie z. B. Representational Similarity Analysis (RSA, siehe Glossar) werden anschließend die Gehirnaktivierungen mit den Aktivierungen des neuronalen Netzes verglichen. Dabei zeigt sich beispielsweise, dass künstliche neuronale Netze denselben Komplexitätsgradienten der neuronalen Repräsentationen von Bildern in ihren Zwischenschichten aufweisen, wie er auch vom visuellen System, insbesondere von den visuellen Cortexarealen, bekannt ist. So befassen sich die unteren Schichten eher mit einfachen Merkmalen wie Ecken und Kanten, während die oberen Schichten komplexere Merkmale oder ganze Objekte wie Gesichter repräsentieren (Kriegeskorte, 2015; Güçlü & van Gerven, 2015; Yamins & DiCarlo, 2016; Cichy et al., 2016; Srinath et al., 2020; Mohsenzadeh et al., 2020).

Eine erstaunliche Entdeckung war, dass in tiefen neuronalen Netzen, die auf Objekterkennung trainiert wurden, Zahlendetektoren spontan entstehen (Nasr et al., 2019). Das sind Neurone, die immer dann aktiv werden, wenn eine bestimmte Anzahl von etwas zu sehen ist, unabhängig von Form, Farbe, Größe oder Position der Objekte.

Eine weitere bahnbrechende neue Erkenntnis war, dass rekurrente Verbindungen notwendig sind, also Feedback von höheren zu niedrigeren Schichten, um die Repräsentationsdynamik des menschlichen visuellen Systems korrekt zu erfassen (Kietzmann et al., 2019). Mit anderen Worten: Es wurden zwei identische neuronale Netze auf Bilderkennung trainiert, wobei eines davon zusätzlich rekurrente Verbindungen enthielt. Der anschließende Vergleich der Aktivierung der Netze auf Testbilder mit gemessener Gehirnaktivität ergab, dass die Repräsentationen des Netzes mit den Rekurrenzen ähnlicher zum Gehirn waren als die des anderen Netzes.

Und schließlich wurde entdeckt, dass ein tiefes neuronales Netz, welches darauf trainiert wurde, das nächste Bild einer Videosequenz vorherzusagen, auf dieselben optischen Täuschungen hereinfällt wie ein Mensch (Watanabe et al., 2018). Dies führte zu der Erkenntnis, dass nicht nur Rekurrenzen, sondern auch das Lernen von Vorhersagen ein wesentlicher Mechanismus in der visuellen Wahrnehmung zu sein scheint. Im Übrigen erklärt dieser Ansatz des selbstüberwachten Lernens elegant, wie das Gehirn lernt, visuelle Stimuli zu verarbeiten, ohne dass es einen Lehrer gibt, der ihm zu jedem Bild sagt, was darauf zu sehen ist.

Räumliche Navigation und Sprachverarbeitung

Auch in anderen Bereichen der Hirnfunktion wurde dieser Ansatz erfolgreich angewendet, z. B. treten gitterartige Repräsentationen des umgebenden Raumes, von denen bekannt ist, dass sie im entorhinalen Cortex existieren, auch spontan in rekurrenten neuronalen Netzen auf, die für räumliche Lokalisierungs- oder Navigationsaufgaben trainiert wurden (Banino et al., 2018; Cueva & Wie, 2018).

Im Bereich der Sprachverarbeitung beschäftigen sich neuere Studien bisher mit der Verarbeitung einzelner Wörter oder einzelner Sätze unter Verwendung von Worteinbettungsvektoren oder Transformern. In all diesen Studien wurden zum Teil verblüffende Ähnlichkeiten in der Repräsentation von Sprache zwischen künstlichen neuronalen Netzen und dem Gehirn entdeckt (Jat et al., 2019; Caucheteux & King, 2020; Anderson et al., 2021).

Eine Studie könnte möglicherweise sogar dazu beitragen, die Frage zu klären, wie sich sprachliche Strukturen während des Spracherwerbs entwickeln und insbesondere, ob Wissen über Wortarten (Nomen, Verben Adjektive) angeboren sein muss, wie es Noam Chomskys Universalgrammatik postuliert, oder ob entsprechende Repräsentationen während des Spracherwerbs automatisch entstehen, ohne dass Vorwissen erforderlich wäre, wie es die Kognitive Linguistik annimmt. In besagter Studie - an dem der Autor beteiligt war - wurde ein neuronales Netz darauf trainiert, nach Eingabe einer Wortsequenz jeweils das nächste Wort vorherzusagen. Eine anschließende Analyse des Netzes ergab, dass in der vorletzten Schicht die Repräsentationen der Eingabe-Wortsequenzen nach der Wortklasse (Nomen, Verb, Adjektiv) des nächsten zu vorhersagenden Wortes organisiert waren – und dies, obwohl das Netz keinerlei Information über Wortarten oder Grammatikregeln während des Trainings als Input bekam (Surendra et al., 2023).

Fazit

Die Verbindung von Neurowissenschaft und KI bietet die Möglichkeit, unser Verständnis des menschlichen Gehirns zu erweitern. Durch den Vergleich der Arbeitsweise künstlicher und biologischer neuronaler Netzwerke könnten wir tiefergehende Einblicke in die Prozesse der Informationsverarbeitung und Entscheidungsfindung erhalten.

Obwohl die Forschung auf diesem Gebiet noch in den Kinderschuhen steckt, zeigen die genannten Beispiele doch deutlich den potentiellen Nutzen von KI als Modell für die Gehirnfunktion. Bisherige Ansätze bezogen sich hauptsächlich auf die Verarbeitung von Bildern. Mit dem Aufkommen der transformerbasierten großen Sprachmodelle wie ChatGPT sind künftig jedoch auch deutliche Fortschritte in der Erforschung der Verarbeitung und Repräsentation von Sprache im Gehirn zu erwarten.

Literatur

Anderson , A., Kiela, D., Binder, J., Fernandino, L., Humphries, C., Conant, L., Raizada, R., Grimm, S., & Lalor, E. (2021). Deep artificial neural networks reveal a distributed cortical network encoding propositional sentence-level meaning. *Journal of Neuroscience,* JN-RM-1152-20.

Banino, A., Barry, C., Uria, B., Blundell, C., Lillicrap, T., Mirowski, P., ..., & Wayne, G. (2018). Vector-based navigation using grid-like representations in artificial agents. *Nature, 557*(7705), 429–433.

Barak, O. (2017). Recurrent neural networks as versatile tools of neuroscience research. *Current Opinion in Neurobiology, 46,* 1–6.

Barrett, D. G., Morcos, A. S., & Macke, J. H. (2019). Analyzing biological and artificial neural networks: Challenges with opportunities for synergy? *Current Opinion in Neurobiology, 55,* 55–64.

Caucheteux, C., & King, J. R. (2020). Language processing in brains and deep neural networks: Computational convergence and its limits. *BioRxiv.* https://doi.org/10.1101/2020.07.03.186288.

Cichy, R. M., & Kaiser, D. (2019). Deep neural networks as scientific models. *Trends in Cognitive Sciences, 23*(4), 305–317.

Cichy, R. M., Khosla, A., Pantazis, D., Torralba, A., & Oliva, A. (2016). Comparison of deep neural networks to spatio-temporal cortical dynamics of human visual object recognition reveals hierarchical correspondence. *Scientific Reports, 6,* 27755.

Cueva, C. J., & Wei, X. X. (2018). Emergence of grid-like representations by training recurrent neural networks to perform spatial localization. arXiv preprint arXiv:1803.07770. https://arxiv.org/abs/1803.07770.

Güçlü, U., & van Gerven, M. A. (2015). Deep neural networks reveal a gradient in the complexity of neural representations across the ventral stream. *Journal of Neuroscience, 35*(27), 10005–10014.

Jat, S., Tang, H., Talukdar, P., & Mitchell, T. (2019). Relating simple sentence representations in deep neural networks and the brain. arXiv preprint arXiv:1906.11861.

Marblestone, A. H., Wayne, G., & Kording, K. P. (2016). Toward an integration of deep learning and neuroscience. *Frontiers in Computational Neuroscience, 10,* 94.

Kietzmann, T. C., Spoerer, C. J., Sörensen, L. K., Cichy, R. M., Hauk, O., & Kriegeskorte, N. (2019). Recurrence is required to capture the representational dynamics of the human visual system. *Proceedings of the National Academy of Sciences, 116*(43), 21854–21863.

Krauss, P., & Maier, A. (2020). Will we ever have conscious machines? *Frontiers in Computational Neuroscience, 14.*

Krauss, P., & Schilling, A. (2020). Towards a cognitive computational neuroscience of auditory phantom perceptions. arXiv preprint arXiv:2010.01914. https://arxiv.org/abs/2010.01914.

Kriegeskorte, N. (2015). Deep neural networks: A new framework for modeling biological vision and brain information processing. *Annual Review of Vision Science, 1,* 417–446.

Kriegeskorte, N., & Douglas, P. K. (2018). Cognitive computational neuroscience. *Nature Neuroscience, 21*(9), 1148–1160.

Mohsenzadeh, Y., Mullin, C., Lahner, B., & Oliva, A. (2020). Emergence of visual center-periphery spatial organization in deep convolutional neural networks. *Scientific Reports, 10*(1), 1–8.

Naselaris, T., Bassett, D. S., Fletcher, A. K., Kording, K., Kriegeskorte, N., Nienborg, H., …, & Kay, K. (2018). Cognitive computational neuroscience: A new conference for an emerging discipline. *Trends in Cognitive Sciences, 22*(5), 365–367.

Nasr, K., Viswanathan, P., & Nieder, A. (2019). Number detectors spontaneously emerge in a deep neural network designed for visual object recognition. *Science Advances, 5*(5), eaav7903.

Srinath R, Emonds A, Wang Q, et al. (2020). Early Emergence of Solid Shape Coding in Natural and Deep Network Vision. *Current Biology: CB.* 2021 Jan; *31*(1):51–65.e5. https://doi.org/10.1016/j.cub.2020.09.076. PMID: 33096039; PMCID:PMC7856003.

Surendra, K., Schilling, A., Stoewer, P., Maier, A., & Krauss, P. (2023). Word class representations spontaneously emerge in a deep neural network trained on next word prediction. arXiv preprint arXiv:2302.07588.

Watanabe, E., Kitaoka, A., Sakamoto, K., Yasugi, M., & Tanaka, K. (2018). Illusory motion reproduced by deep neural networks trained for prediction. *Frontiers in Psychology, 9*(345).

Yang, G. R., & Wang, X. J. (2020). Artificial neural networks for neuroscientists: A primer. *Neuron, 107*(6), 1048–1070.

Yamins, D. L., & DiCarlo, J. J. (2016). Using goal-driven deep learning models to understand sensory cortex. *Nature Neuroscience, 19*(3), 356–365.

22

Mit Hirnforschung die KI besser verstehen

*Die bei Weitem größte Gefahr der Künstlichen Intelligenz besteht darin, dass die
Menschen zu früh zu dem Schluss kommen, dass sie sie verstehen.*

Eliezer Yudkowsky

Neurowissenschaft 2.0

Wie wir gesehen haben, gilt es auch im Bereich der Künstlichen Intelligenz
noch diverse Herausforderungen zu bewältigen, wobei viele davon auf das
Black-Box-Problem zurückzuführen sind. Nach wie vor sind tiefe neuronale
Netze nur unzureichend verstanden, schwer zu interpretieren und es ist oft
nicht klar, warum ein bestimmter Fehler auftritt oder wie sie zu ihren Entscheidungen kommen. Damit KI vertrauenswürdig ist, muss sie zuverlässig,
transparent und erklärbar sein.

Die Europäische Union hat angeordnet, dass Unternehmen, die KI-
Algorithmen verwenden, welche die Öffentlichkeit erheblich beeinflussen,
Erklärungen für die interne Logik ihrer Modelle liefern müssen. In ähn-
licher Weise investiert die U.S. Defense Advanced Research Projects Agency
(DARPA) 70 Mio. US$ in ein Programm namens „Explainable AI" (erklär-
bare KI) mit dem Ziel, den Entscheidungsprozess der KI zu interpretieren
(Voosen, 2017).

Die Neurowissenschaften haben ein breites Methodenspektrum entwickelt, um natürliche neuronale Netze zu analysieren. Es liegt daher nahe,

© Der/die Autor(en), exklusiv lizenziert an Springer-Verlag GmbH, DE, ein Teil von
Springer Nature 2023
P. Krauss, *Künstliche Intelligenz und Hirnforschung,*
https://doi.org/10.1007/978-3-662-67179-5_22

diese Methoden auch auf ihre künstlichen Pendants anzuwenden. Dieses Unterfangen wird manchmal als Neurowissenschaft 2.0 oder KI-Neurowissenschaft bezeichnet.[1] Im Folgenden sollen einige dieser Methoden kurz dargestellt werden.

Läsionen

In der Hirnforschung versteht man unter einer Läsion eine Schädigung eines Teils des Nervensystems. Läsionen können durch Tumoren, Traumata oder im Rahmen von Operationen entstehen. In Tierexperimenten können Läsionen auch kontrolliert verursacht werden. Dazu werden bestimmte Bereiche des Gehirns beschädigt oder entfernt, um auf diese Weise wertvolle Einblicke in die Funktionen der verschiedenen Gehirnregionen zu erhalten. Das Studium der Verhaltens- oder Funktionsänderungen, die mit Läsionen eines bestimmten Gehirnteils assoziiert sind, stellen eine wichtige Methode in den Neurowissenschaften dar und haben erheblich zum Erkenntnisgewinn zur Funktion des Gehirns beigetragen.

Im Zusammenhang mit künstlichen neuronalen Netzen kann ein ähnlicher Ansatz verwendet werden, um die Rolle der verschiedenen Komponenten zu verstehen. Die Läsion kann in diesem Fall z. B. darin bestehen, bestimmte Neurone, Schichten oder Verbindungen im Netz zu entfernen oder zu verändern und dann die sich daraus ergebenden Veränderungen in der Ausgabe oder Leistung des neuronalen Netzes zu beobachten. Wenn z. B. ein bestimmtes Neuron oder eine bestimmte Schicht lädiert wird und die Leistung des Netzwerks bei der Erkennung von Katzenbildern deutlich abnimmt, könnte man daraus schließen, dass die lädierte Komponente für diese Aufgabe wichtig war.

In einem neuronalen Netz, das für die Bildklassifizierung trainiert wurde, könnte die Läsion bestimmter Neurone beispielsweise aufzeigen, welche für die Identifizierung bestimmter Merkmale in Bildern – wie Kanten, Formen oder Farben – entscheidend sind. Werden dagegen ganze Schichten aus einem trainierten Netzwerk entfernt, kann auf diese Weise auf die Gesamtbedeutung dieser Schicht für die Leistung des Netzes geschlossen werden. Diese Methode ist besonders aufschlussreich bei Deep-Learning-

---

[1] Noch breiter aufgestellt ist eine Disziplin, für die der Name Maschinenverhalten vorgeschlagen wurde. Dabei geht es um die interdisziplinäre Untersuchung des Verhaltens von Maschinen, insbesondere von KI-Systemen, und deren Auswirkungen auf soziale, kulturelle, wirtschaftliche und politische Interaktionen (Rahwan et al., 2019).

Architekturen, bei denen jede Schicht oft verschiedenen Abstraktionsebenen entspricht. Alternativ können auch Verbindungen zwischen Neuronen entfernt oder verändert werden. Dies kann die Bedeutung dieser Verbindungen bei der Übertragung und Umwandlung von Informationen innerhalb des Netzwerks aufzeigen.

Eines der wichtigsten Ergebnisse dieser Forschung ist bisher, dass einzelne Neurone des Netzwerks oft mit erkennbaren und interpretierbaren visuellen Konzepten übereinstimmen. Mit anderen Worten: Bestimmte Neurone im Netzwerk sind darauf spezialisiert, bestimmte Merkmale in Bildern zu erkennen, wie z. B. Texturen, Farben, Formen oder sogar komplexere Objekte wie Bäume oder Gebäude. Diese Entdeckung stellt die gängige Meinung infrage, dass die Repräsentationen in tiefen Netzwerken verteilt und schwer zu interpretieren sind (Bau et al., 2017; Zhou et al., 2018, 2019).

Visualisierung

Netzwerkvisualisierung

Um das Innenleben von tiefen neuronalen Netzen zu analysieren, wurden verschiedene Techniken zur Netzwerkvisualisierung entwickelt, die faszinierende Einblicke in die verborgenen Schichten dieser komplexen Modelle bieten. So konnte gezeigt werden, dass sich einzelne Neuronen auf die Erkennung spezifischer Merkmale wie Gesichter spezialisieren können, während andere auf abstraktere Konzepte wie „gestreifte Muster" reagieren (Yosinski et al., 2015).

Zeiler und Fergus (2014) entwickelten eine Methode, mit der die Aktivierungen von Schichten, welche bestimmte Merkmale repräsentieren, zurückverfolgt werden können, um die Rolle dieser Schichten bei der gesamten Klassifizierungsaufgabe zu enthüllen. Sie deckten die hierarchische Natur der Merkmalsextraktion in tiefen neuronalen Netzen auf, von der einfachen Kantenerkennung in frühen Schichten bis hin zur komplexen Objekterkennung in tieferen Schichten.

Dieser Ansatz hat ergeben, dass einzelne Neuronen oft mit erkennbaren visuellen Konzepten korrelieren: Sie sind spezialisiert auf die Erkennung bestimmter Merkmale in Bildern.

Eine Technik, welche bereits vielfach zur Visualisierung von Daten aus bildgebenden Verfahren in den Neurowissenschaft benutzt wurde, ist die multidimensionale Skalierung (MDS). Diese Methode erstellt eine intuitive Visualisierung hochdimensionaler Daten, z. B. gemessener Gehirnaktivität (Krauss et al., 2018a, b). Dabei werden alle Datenpunkte so auf eine zweidimensionale Ebene projiziert, dass alle paarweisen Abstände zwischen Punkten des hochdimensionalen Raums erhalten bleiben. Abstand ist dabei ein Maß für die Unähnlichkeit zwischen zwei Punkten oder Mustern. Mit anderen Worten: Je näher sich zwei Punkte in der Visualisierung sind, desto ähnlicher sind die Daten, die sie repräsentieren. Diese Methode eignet sich ebenfalls hervorragend, um die Aktivierung einzelner Schichten eines neuronalen Netzes zu visualisieren. Dabei konnte etwa gezeigt werden, dass die Separierbarkeit von Objektklassen mit der Schichttiefe zunimmt bis zu einer charakteristischen Schichttiefe (Anzahl an Schichten), die vom Datensatz abhängt und ab der die Separierbarkeit nicht weiter zunimmt. Somit kann für einen gegebenen Datensatz die optimale Anzahl an Schichten in einem tiefen neuronalen Netz bestimmt werden (Schilling et al., 2021).

Merkmalsvisualisierung

Eine weitere Visualisierungsmethode, welche an die neurowissenschaftlichen Konzepte der Tuning-Kurven und der rezeptiven Felder angelehnt ist, nennt sich Merkmalsvisualisierung (Olah et al., 2018). In der Neurowissenschaft bezieht sich ein rezeptives Feld auf den spezifischen Bereich im sensorischen Raum (z. B. Gesichtsfeld, Hautoberfläche usw.), in dem ein Neuron Reize erkennen kann. Jedes Neuron reagiert optimal auf Reize in seinem rezeptiven Feld, wobei dieser optimale Reiz oft ein bestimmtes Merkmal der sensorischen Umgebung darstellt. In ähnlicher Weise ist bei künstlichen neuronalen Netzen jedes Neuron oder jede Schicht auf eine bestimmte Gruppe von Merkmalen in den Eingabedaten spezialisiert. Die Merkmalsvisualisierung ist im Wesentlichen ein Optimierungsprozess, der mit einem zufälligen Eingangsbild beginnt und dieses iterativ verändert, um die Aktivierung eines bestimmten Neurons oder einer Schicht zu maximieren. Dies entspricht dem Prinzip der rezeptiven Felder, da das Ziel darin besteht, den optimalen Stimulus zu identifizieren, der ein bestimmtes Neuron maximal aktiviert. Das sich daraus ergebende Bild verrät oft die Art von Merkmalen, auf die das Neuron trainiert ist, ähnlich wie bei der Bestimmung der Eigenschaften von Reizen, die das rezeptive Feld eines biologischen Neurons anregen. Die Methode ähnelt dem Deep Dreaming (Kap. 15) und den Inception Loops (Kap. 20).

In einem neuronalen Faltungsnetzwerk, das für die Bildklassifizierung entwickelt wurde, kann die Visualisierung der Merkmale einer frühen Schicht beispielsweise grundlegende Muster wie Linien oder Kanten zeigen. Dies deutet darauf hin, dass die Schicht – wie ein Neuron mit einem einfachen rezeptiven Feld – für diese grundlegenden Merkmale empfindlich ist. Umgekehrt kann die Merkmalsvisualisierung einer tieferen Schicht kompliziertere Muster oder sogar ganze Objekte aufzeigen, was darauf hindeutet, dass diese Schicht – ähnlich wie ein Neuron mit einem komplexen rezeptiven Feld – auf abstraktere Merkmale oder Konzepte eingestellt ist. Obwohl sie künstlich sind, spiegeln tiefe neuronale Netze also die natürlichen neuronalen Prozesse des Gehirns wider, indem sie das Wesen rezeptiver Felder in ihrer Architektur und Funktion einfangen.

Eine mit diesem Ansatz verwandte Methode ist die Layer-wise Relevance Propagation. Dazu wird die Ausgabe des Modells durch die Schichten zurück zur Eingabeschicht geleitet, wobei den einzelnen Neuronen und schließlich den Merkmalen des Inputs sogenannte Relevanzbewertungen zugewiesen werden. Diese geben an, wie viel jedes Merkmal oder Neuron zur endgültigen Entscheidung des neuronalen Netzes beiträgt. Die Methode ist besonders nützlich, um festzustellen, welche Teile eines Inputs, wie z. B. ein Pixel in einem Bild oder ein Wort in einem Text, das Modell zu seiner endgültigen Vorhersage geführt haben (Bach et al., 2015; Binder et al., 2016a, b; Montavon, G., et al., 2019).

Fazit

Die Anwendung neurowissenschaftlicher Methoden auf die Erforschung Künstlicher Intelligenz bietet eine innovative und vielversprechende Perspektive, um die Funktionsweise tiefer neuronaler Netzwerke besser zu verstehen. Mithilfe von Visualisierungstechniken, Läsionsexperimenten und Konzepten wie multidimensionaler Skalierung und Merkmalsvisualisierung ist es gelungen, die Rolle und Spezialisierung einzelner Neuronen und Schichten innerhalb dieser Netzwerke zu enthüllen. Darüber hinaus ermöglichen Methoden wie die Layer-wise Relevance Propagation ein tieferes Verständnis dafür, wie einzelne Merkmale und Neuronen zur endgültigen Entscheidungsfindung eines Modells beitragen. All diese Ansätze tragen dazu bei, die Black-Box-Natur Künstlicher Intelligenz zu öffnen und einen Schritt in Richtung transparenterer und erklärbarer KI-Systeme zu machen.

Die Zukunft der Künstlichen Intelligenz könnte erheblich von diesen neurowissenschaftlichen Methoden profitieren. Die Möglichkeit, die innere

Arbeitsweise von KI-Modellen besser zu verstehen, könnte dazu beitragen, effizientere und zuverlässigere Systeme zu entwickeln und gleichzeitig das Vertrauen in ihre Anwendung zu stärken. Darüber hinaus könnte die Erklärbarkeit von KI dazu beitragen, regulatorische Herausforderungen zu bewältigen und die gesellschaftliche Akzeptanz zu verbessern.

Literatur

Bach, S., Binder, A., Montavon, G., Klauschen, F., Müller, K. R., & Samek, W. (2015). On pixel-wise explanations for non-linear classifier decisions by layer-wise relevance propagation. *PLoS ONE, 10*(7), e0130140.

Bau, D., Zhou, B., Khosla, A., Oliva, A., & Torralba, A. (2017). Network dissection: Quantifying interpretability of deep visual representations. In *Proceedings of the IEEE conference on computer vision and pattern recognition* (S. 6541–6549).

Binder, A., Bach, S., Montavon, G., Müller, K. R., & Samek, W. (2016a). Layer-wise relevance propagation for deep neural network architectures. In *Information science and applications (ICISA) 2016* (S. 913–922). Springer Singapore.

Binder, A., Montavon, G., Lapuschkin, S., Müller, K. R., & Samek, W. (2016b). Layer-wise relevance propagation for neural networks with local renormalization layers. In *Artificial Neural Networks and Machine Learning – ICANN 2016: 25th International Conference on Artificial Neural Networks*, Barcelona, Spain, September 6–9, 2016, Proceedings, Part II 25 (S. 63–71). Springer International Publishing.

Krauss, P., Metzner, C., Schilling, A., Tziridis, K., Traxdorf, M., Wollbrink, A., …, & Schulze, H. (2018a). A statistical method for analyzing and comparing spatiotemporal cortical activation patterns. *Scientific Reports, 8*(1), 5433.

Krauss, P., Schilling, A., Bauer, J., Tziridis, K., Metzner, C., Schulze, H., & Traxdorf, M. (2018b). Analysis of multichannel EEG patterns during human sleep: A novel approach. *Frontiers in Human Neuroscience, 12*, 121.

Montavon, G., Binder, A., Lapuschkin, S., Samek, W., & Müller, K. R. (2019). Layer-wise relevance propagation: An overview. In *Explainable AI: Interpreting, explaining and visualizing deep learning* (S. 193–209).

Olah, C., Satyanarayan, A., Johnson, I., Carter, S., Schubert, L., Ye, K., & Mordvintsev, A. (2018). The building blocks of interpretability. *Distill, 3*(3), e10.

Rahwan, I., Cebrian, M., Obradovich, N., et al. (2019). Machine behaviour. *Nature, 568*, 477–486.

Samek, W., Montavon, G., Vedaldi, A., Hansen, L. K., & Müller, K. R. (Eds.). (2019). *Explainable AI: interpreting, explaining and visualizing deep learning* (Vol. 11700). Springer Nature.

Schilling, A., Maier, A., Gerum, R., Metzner, C., & Krauss, P. (2021). Quantifying the separability of data classes in neural networks. *Neural Networks, 139,* 278–293.

Voosen, P. (2017). The AI detectives. *Science, 357,* 22–27.

Yosinski, J., Clune, J., Nguyen, A., Fuchs, T., & Lipson, H. (2015). Understanding neural networks through deep visualization. arXiv preprint arXiv:1506.06579.

Zeiler, M. D., & Fergus, R. (2014). Visualizing and understanding convolutional networks. In *Computer Vision – ECCV 2014: 13th European Conference,* Zurich, Switzerland, September 6–12, 2014, Proceedings, Part I 13 (S. 818–833). Springer International Publishing.

Zhou, B., Bau, D., Oliva, A., & Torralba, A. (2018). Interpreting deep visual representations via network dissection. *IEEE transactions on pattern analysis and machine intelligence, 41*(9), 2131–2145.

Zhou, B., Bau, D., Oliva, A., & Torralba, A. (2019). Comparing the interpretability of deep networks via network dissection. In *Explainable AI: Interpreting, explaining and visualizing deep learning* (S. 243–252).

23

Das Gehirn als Vorlage für KI

Ich war schon immer davon überzeugt, dass Künstliche Intelligenz nur dann funktionieren kann, wenn die Berechnungen ähnlich wie im menschlichen Gehirn ablaufen.

Geoffrey Hinton

Neuroscience-Inspired AI

Das menschliche Gehirn löst bereits viele der Aufgaben, die wir im Bereich des Maschinellen Lernens und der KI zu lösen versuchen. Angesichts der Tatsache, dass das Ziel der KI letzten Endes darin besteht, ein real existierendes System (das Gehirn) zu imitieren, zu dem wir teilweise Zugang haben, scheint es naheliegend, die Designprinzipien des Gehirns in Betracht zu ziehen. Tatsächlich nutzen wir solche Erkenntnisse auch bereits in vielen Fällen.

Das Perzeptron, ein grundlegender Baustein für künstliche neuronale Netze, ist ein perfektes Beispiel dafür. Dieser 1958 von Rosenblatt eingeführte Algorithmus wurde durch unser Verständnis der Funktionsweise biologischer Neuronen inspiriert. Ein einzelnes Perzeptron ist ein vereinfachtes Modell eines biologischen Neurons und zeigt, wie Computersysteme von der Natur lernen können (Rosenblatt, 1958).

Auch die Architektur der Faltungsnetzwerke ist ein gutes Beispiel. Die Schichten dieser Netzwerkarchitektur ahmen die lokalen Verbindungsmuster

© Der/die Autor(en), exklusiv lizenziert an Springer-Verlag GmbH, DE, ein Teil von Springer Nature 2023
P. Krauss, *Künstliche Intelligenz und Hirnforschung,*
https://doi.org/10.1007/978-3-662-67179-5_23

nach, die im visuellen System von Säugetieren zu finden sind (Fukushima, 1980; LeCun et al., 1998). Genauso wie die Neurone im Gehirn rezeptive Felder haben, die sich auf bestimmte Bereiche des Gesichtsfeldes konzentrieren, sind die sogenannten Kernel von Faltungsnetzwerken so konzipiert, dass sie lokale Regionen ihres Input-Raums verarbeiten, was eine direkte Parallele zwischen Neurobiologie und Maschinellem Lernen darstellt.

Das Design weiterer neuronaler Netzarchitekturen wie Residualnetze (He et al., 2016a, b), U-Netze (Ronneberger et al., 2015) und GoogLeNet (Szegedy et al., 2015) lehnt sich ebenfalls an die Architektur des Gehirns an. Diese Netze weisen mehrere parallele Schichten auf derselben Hierarchieebene auf sowie Verbindungen, welche mehrere Hierarchieebenen überspringen. Dieses Design ähnelt den komplizierten parallel-hierarchischen Verbindungen, die in der Großhirnrinde zwischen den Cortexarealen zu finden sind (Felleman & Van Essen, 1991; Van Essen et al., 1992).

Auch das Konzept des schichtweisen Trainings von Autoencodern (Bengio et al., 2007; Erhan et al., 2010) oder Deep Belief Networks (Hinton et al., 2006) löst eines der wichtigsten Probleme des Maschinellen Lernens, nämlich das Problem der explodierenden oder verschwindenden Gradienten (Bengio et al., 1994). Auch diese Lösung hat ihre Wurzeln in der Neurobiologie.

Die Myelinisierung im Gehirn ist ein Prozess, bei dem die Nervenfasern mit einer Schutzhülle, dem Myelin, überzogen werden, was die Geschwindigkeit und Effizienz der neuronalen Kommunikation erhöht. In der Großhirnrinde ist die Myelinisierung ein langwieriger Prozess, der bis ins Erwachsenenalter andauert. Während ein Kind lernt und sich entwickelt, werden verschiedene Regionen des Gehirns unterschiedlich schnell und zeitlich versetzt myelinisiert. So reifen beispielsweise Bereiche, die mit der sensorischen Verarbeitung und der motorischen Kontrolle zu tun haben, früher, während Regionen, die an höheren kognitiven Funktionen wie Exekutivfunktionen und Entscheidungsfindung beteiligt sind, später reifen. Dieser Prozess spiegelt wider, wie die Anzahl der verbundenen Schichten und damit die Komplexität des künstlichen Netzwerks während des Trainings zunimmt (Miller et al., 2012; Imam & Finlay, 2020).

Das schichtweise Training in Deep-Learning-Modellen kann als Analogie zu diesem Prozess der progressiven Reifung und des Lernens im Gehirn betrachtet werden. Die unteren Schichten lernen, wie die früher myelinisierenden Regionen des Gehirns, einfachere, unmittelbarere Aspekte der Eingabedaten zu modellieren. Die höheren Schichten, wie die später myelinisierenden Regionen des Gehirns, können dann auf dieser Grundlage aufbauen und komplexere und abstraktere Merkmale modellieren.

Diese Beispiele zeigen, wie biologische Erkenntnisse in die KI und das Maschinelle Lernen eingeflossen sind. Es ist jedoch sicher, dass wir bisher nur an der Oberfläche der potentiellen Entdeckungen gekratzt haben, die die Erforschung des menschlichen Gehirns noch zutage fördern kann. Struktur und Funktion des Gehirns können auch weiterhin eine Quelle der Inspiration für die Weiterentwicklung der KI sein. Im Folgenden wollen wir exemplarisch zwei neuere, auf den ersten Blick überraschende Erkenntnisse näher beleuchten, die potentiell großen Einfluss auf die weitere Entwicklung von KI-Systemen haben könnten: nämlich auf die Rolle des Zufalls in neuronalen Netzen in Form von zufälligen, untrainierten Verbindungen und des zufälligen, informationslosen Rauschens als Input.

Rauschen im Netz

Mit Rauschen wird in Physik und Informationstheorie ein zufälliges Signal, d. h. zufällige Amplitudenschwankung einer beliebigen physikalischen Größe, bezeichnet. Entsprechend unterscheidet man z. B. neuronales, akustisches oder elektrisches Rauschen. Das „zufälligste" Rauschen wird als weißes Rauschen *(White Noise)* bezeichnet. Seine Autokorrelation ist null, d. h., es gibt keinerlei Zusammenhang zwischen den Amplitudenwerten der jeweiligen physikalischen Größe zu zwei verschiedenen Zeitpunkten.

Klassischerweise wird Rauschen als Störsignal betrachtet, das es möglichst vollständig zu minimieren gilt. Im Zusammenhang von sogenannten Resonanzphänomenen spielt Rauschen aber eine wichtige Rolle und kann sogar nützlich für die neuronale Informationsverarbeitung sein.

Stochastische Resonanz beispielsweise ist ein in der Natur weit verbreitetes Phänomen, welches bereits in zahlreichen physikalischen, chemischen, biologischen und vor allem neuronalen Systemen nachgewiesen wurde. Ein Signal, welches für einen Empfänger zu schwach ist, um erfasst werden zu können, kann durch Beimischung von Rauschen so verstärkt werden, dass es dennoch erfasst werden kann. Dabei gibt es eine vom Signal, vom Empfänger und anderen Parametern abhängige optimale Rauschintensität, bei welcher die Informationsübertragung maximal wird (Benzi et al., 1981; Wiesenfeld et al., 1994; Gammaitoni et al., 1998; Moss et al., 2004; Gammaitoni et al., 2009; McDonnell & Abbott, 2009).

In den letzten Jahren verdichteten sich die Hinweise, dass das Gehirn das Phänomen der stochastischen Resonanz gezielt nutzt, beispielsweise im auditorischen System, um die Informationsverarbeitung auch bei sich verändernden Umweltbedingungen optimal zu halten (Krauss et al., 2016,

2017, 2018; Krauss & Tziridis, 2021; Schilling et al., 2021; 2022a; Schilling & Krauss, 2022).

Wenn wir diese Mechanismen und ihre Rolle bei der Informationsverarbeitung verstehen, können wir KI-Systeme entwickeln, die diese Flexibilität und Robustheit nachahmen. In einigen theoretischen Arbeiten konnte gezeigt werden, dass auch künstliche neuronale Netze davon profitieren können, wenn ihnen Rauschen als zusätzlicher Input beigemischt wird (Krauss et al., 2019; Metzner & Krauss, 2022).

Schließlich führte dies zu der Erkenntnis, dass die Leistung von tiefen neuronalen Netzen, die auf das Erkennen von gesprochener Sprache trainiert wurden, dadurch verbessert werden kann, dass ihnen zusätzlich zum sprachlichen Input noch Rauschen eingegeben wird (Schilling et al., 2022b).

Zufällige Verbindungen und Architekturen

Nicht nur zufällige Eingangssignale können für die neuronale Informationsverarbeitung nützlich sein. Dasselbe gilt erstaunlicherweise sogar für zufällige untrainierte Verbindungen zwischen einzelnen Neuronen oder ganzen Schichten in einem neuronalen Netz. Herausgefunden hat man dies, als man versuchte, die neuronale Verarbeitung im Geruchssystem der Fruchtfliege zu entschlüsseln, was zur Entdeckung des Fruchtfliegen-Algorithmus geführt hat (Dasgupta et al., 2017).

Das Geruchssystem der Fruchtfliege ermöglicht es ihr, wahrgenommene Gerüche zu kategorisieren. Dazu „löst" die Fruchtfliege ein fundamentales Problem aus der Informatik, welches als die Suche nach den nächsten Nachbarn bekannt ist. Dieses Problem ist grundlegend für Aufgaben wie beispielsweise die Suche nach ähnlichen Bildern im Internet.

Das Geruchssystem der Fruchtfliege verwendet eine Variante des als „lokal sensitives Hashing" bezeichneten Verfahrens, um das Problem der Ähnlichkeitssuche zu lösen, also der Suche von ähnlichen Düften zu einem wahrgenommenen Duft. Dies ist ein schwieriges Problem, da der Möglichkeitsraum aller Düfte sehr hochdimensional ist und daher nicht vollständig durchsucht werden kann. Im Wesentlichen ordnet der neuronale Schaltkreis der Fruchtfliege ähnlichen Gerüchen ähnliche neuronale Aktivitätsmuster zu, sodass Verhaltensweisen, die bei einem Geruch gelernt wurden, auch beim Auftreten eines ähnlichen Geruchs angewendet werden können.

Der von der Fruchtfliege verwendete Algorithmus unterscheidet sich von herkömmlichen Ansätzen durch drei Berechnungsstrategien, die die Leistung der rechnerischen Ähnlichkeitssuche potentiell verbessern können.

Zunächst wird für jeden Geruch ein sogenannter Tag (Markierung) erzeugt, repräsentiert durch eine Reihe von sensorischen Neuronen, die als Reaktion auf diesen Geruch feuern. Diese Tags haben zwei entscheidende Eigenschaften. Zum einen sind sie „sparse", d. h., nur jeweils ein kleiner Teil aller Neurone reagiert auf jeden einzelnen Geruch. Zum anderen sind sie nichtüberlappend, sodass die Fliege sehr gut und eindeutig zwischen verschiedenen Gerüchen unterscheiden kann.

Der Algorithmus beruht auf einem dreistufigen Prozess. Zunächst werden Feedforward-Verbindungen von den verschiedenen Geruchsrezeptorneuronen, die den Eingang des neuronalen Netzes darstellen, zu 50 Neuronen in der ersten Zwischenschicht hergestellt. Die relativen Feuerraten dieser 50 Neurone entsprechen der jeweiligen Ausprägung des Geruchsmerkmals. In dieser Schicht wird somit jeder Geruch als Ort in einem 50-dimensionalen Raum dargestellt. Als nächstes wird die Dimensionalität von 50 Neuronen in der ersten Zwischenschicht auf 2000 Neurone in der nächsten Schicht erweitert. Dabei sind die Verbindungen zwischen diesen beiden Schichten sparse, d. h., es existiert nur ein Bruchteil aller theoretisch möglichen Verbindungen, und völlig zufällig. Insbesondere sind sie fest verdrahtet, werden also nicht durch Erfahrung oder während der Entwicklung durch Neuroplastizität verändert. Schließlich wird eine Art von „Winner-takes-all"-Schaltkreis verwendet, bei dem nur die jeweils fünf Prozent am stärksten aktivierten Neurone in der letzten Schicht weiter feuern, während alle anderen am Feuern gehemmt werden. Diese Aktivierung der letzten Schicht entspricht dem Tag für den Geruch.

Der Algorithmus verbindet ähnliche Gerüche mit ähnlichen neuronalen Aktivitätsmustern (Tags) und ermöglicht es der Fliege, erlerntes Verhalten von einem Geruch auf einen bisher unbekannten zu verallgemeinern. Der Algorithmus der Fliege verwendet dabei Berechnungsstrategien wie Dimensionsexpansion (im Gegensatz zur Kompression z. B. in Autoencodern) und Zufallsverbindungen (im Gegensatz zu trainierbaren Verbindungen), die von traditionellen Ansätzen in KI und Informatik deutlich abweichen.

Diese Entdeckung wurde bereits erfolgreich auf künstliche neuronale Netze übertragen. So konnte etwa gezeigt werden, dass neuronale Netze mit festen binären Zufallsverbindungen die Genauigkeit bei der Klassifizierung verrauschter Eingangsdaten verbessern (Yang et al., 2021). Eine weitere Studie ergab sogar den völlig kontraintuitiven Befund, dass unüberwachtes Lernen die Leistung im Vergleich zu festen Zufallsprojektionen nicht zwangsläufig verbessert (Illing et al., 2019).

Inzwischen gibt es sogar eine Hypothese, warum Netze mit Zufallsverbindungen überhaupt oder sogar besser funktionieren als solche mit trainierten Verbindungen. Gemäß der Lotterielos-Hypothese enthalten zufällig initialisierte künstliche neuronale Netze eine große Anzahl von Teilnetzen *(Winning Tickets)*, die, wenn sie isoliert trainiert werden, bei einer ähnlichen Anzahl von Iterationen eine vergleichbare Testgenauigkeit wie das ursprüngliche, größere Netz erreichen. Diese Winning Tickets haben sozusagen in der Initialisierungslotterie gewonnen, d. h., ihre Verbindungen haben Anfangsgewichte, die das Training besonders effektiv oder sogar überflüssig machen. Eine nachgeschaltete trainierbare Schicht kann sich dann aus den zufälligen Teilnetzen quasi die nützlichen heraussuchen und die anderen ignorieren (Frankle & Carbin, 2018).

Die Lotterielos-Hypothese hat wichtige Auswirkungen auf den Entwurf und das Training von tiefen neuronalen Netzen, da sie darauf hinweist, dass kleinere, effizientere Netze erzielt werden können, indem die Winning Tickets identifiziert und trainiert werden, anstatt das gesamte Netz von Grund auf zu trainieren. Dies könnte zu einem effizienteren und schnelleren Training sowie zu kleineren und energieeffizienteren Modellen führen, was für Anwendungen wie mobile und eingebettete Geräte besonders wichtig ist.

Ein weiterer Ansatz zur Verwendung zufälliger Netzwerkarchitekturen ist das Reservoir Computing. Dabei wird ein zufällig generiertes hochgradig rekurrentes neuronales Netz (RNN) zur Verarbeitung von Eingabedaten und zur Erstellung von Ausgabevorhersagen verwendet, wobei die Verbindungen innerhalb dieses sogenannten Reservoirs nicht trainiert werden. Stattdessen werden nur die Verbindungen zwischen dem Reservoir und der Ausgabeschicht durch einen überwachten Lernprozess gelernt. Da RNNs komplexe dynamische Systeme sind, die auch in Abwesenheit eines externen Inputs eine kontinuierliche Aktivität erzeugen können (Krauss et al., 2019), wird die Dynamik des Reservoirs durch externen Input lediglich moduliert (Metzner und Krauss, 2022). Die Idee besteht nun darin, die sogenannte Echo-Zustandseigenschaft zu nutzen, bei der der jeweils aktuelle Zustand des Netzes immer auch ein „Echo" vergangener Eingaben enthält, was bei Aufgaben, die die Erinnerung an vergangene Zustände erfordern, hilfreich ist (Jaeger, 2001; Maass et al., 2002; Lukoševičius & Jaeger, 2009).

Zudem ist die Dimensionalität des Reservoirs, also die Anzahl der Neurone, in der Regel deutlich größer als die des Inputs. Somit entspricht das Reservoir Computing einer Variante der zufälligen Dimensionsexpansion. Es wurde bereits erfolgreich in einer Vielzahl von Anwendungen eingesetzt wie z. B. der Generierung von Musik, der Signalverarbeitung, der Robotik, der Spracherkennung und -verarbeitung sowie der Aktienkurs- und Wettervorhersage (Jaeger & Haas, 2004; Tong et al., 2007; Antonelo et al., 2008; Triefenbach et al., 2010; Boulanger-Lewandowski et al., 2012; Tanaka et al., 2019).

Fazit

Die Erforschung von Rauschen und Zufälligkeit in neuronalen Netzwerken hat unser Verständnis von Informationsverarbeitung und Lernen erheblich erweitert. Zufälliges Rauschen kann als Signalverstärker wirken und die Leistung neuronaler Netze verbessern, während zufällige Verbindungen und Architekturen, die von natürlichen Systemen wie dem Geruchssystem der Fruchtfliege inspiriert sind, überraschend effektiv sein können. Durch die Anwendung von Konzepten wie der Lotterielos-Hypothese und dem Reservoir Computing könnten zukünftige KI-Systeme sowohl leistungsstärker als auch effizienter gestaltet werden. Diese Erkenntnisse werfen neue Fragen auf und eröffnen faszinierende Möglichkeiten für die zukünftige Forschung in der Künstlichen Intelligenz.

Viele Forscher sind der Ansicht, dass der Grenzbereich von Neurowissenschaft und KI entscheidend zur Entwicklung der nächsten Generation der KI beitragen wird und dass die Integration beider Disziplinen die vielversprechendsten Möglichkeiten bietet, die derzeitigen Grenzen der KI zu überwinden (Zador et al., 2023).

Greifen wir noch ein letztes Mal die Analogie zum Problem des Fliegens auf. Es geht eben gerade nicht darum, die biologische Vorlage – Vögel, Fledermäuse oder Insekten – exakt zu kopieren, sondern stattdessen die zugrunde liegenden Mechanismen und Prinzipien zu erkennen. Sobald wir die physikalischen Grundlagen und Prinzipien des Fliegens verstanden hatten, konnten wir Fluggeräte bauen, die mit ihren biologischen Vorbildern keinerlei äußere Ähnlichkeit mehr haben, dafür aber höher, weiter und schneller fliegen können als jeder Vogel. Man denke nur an Raketen, Hubschrauber oder Düsenjets.

Eine hypothetische hoch entwickelte KI, welche auf Erkenntnissen der Hirnforschung basiert, könnte einerseits deutlich leistungsfähiger sein als der Mensch, dabei aber andererseits keinerlei Ähnlichkeit mehr mit dem Gehirn haben.

Literatur

Antonelo, E. A., Schrauwen, B., & Stroobandt, D. (2008). Event detection and localization for small mobile robots using reservoir computing. *Neural Networks, 21*(6), 862–871.

Bengio, Y., Lamblin, P., Popovici, D., & Larochelle, H. (2007). Greedy layer-wise training of deep networks. *NIPS, 19,* 153–160.

Bengio, Y., Simard, P., & Frasconi, P. (1994). Learning long-term dependencies with gradient descent is difficult. *IEEE transactions on neural networks, 5*(2), 157–166.

Benzi, R., Sutera, A., & Vulpiani, A. (1981). The mechanism of stochastic resonance. *Journal of Physics A: Mathematical and General, 14*(11), L453.

Boulanger-Lewandowski, N., Bengio, Y., & Vincent, P. (2012). Modeling temporal dependencies in high-dimensional sequences: Application to polyphonic music generation and transcription. arXiv preprint arXiv:1206.6392.

Dasgupta, S., Stevens, C. F., & Navlakha, S. (2017). A neural algorithm for a fundamental computing problem. *Science, 358*(6364), 793–796.

Erhan, D., Courville, A., Bengio, Y., & Vincent, P. (2010, March). Why does unsupervised pre-training help deep learning?. In *Proceedings of the 13th international conference on artificial intelligence and statistics* (S. 201–208). JMLR Workshop and Conference Proceedings.

Felleman, D. J., & Van Essen, D. C. (1991). Distributed hierarchical processing in the primate cerebral cortex. *Cerebral Cortex, 1*(1), 1–47.

Frankle, J., & Carbin, M. (2018). The lottery ticket hypothesis: Finding sparse, trainable neural networks. arXiv preprint arXiv:1803.03635.

Fukushima, K. (1980). Neocognitron: A self-organizing neural network model for a mechanism of pattern recognition unaffected by shift in position. *Biological Cybernetics, 36*(4), 193–202.

Gammaitoni, L., Hänggi, P., Jung, P., & Marchesoni, F. (1998). Stochastic resonance. *Reviews of Modern Physics, 70*(1), 223.

Gammaitoni, L., Hänggi, P., Jung, P., & Marchesoni, F. (2009). Stochastic resonance: A remarkable idea that changed our perception of noise. *The European Physical Journal B, 69*, 1–3.

He, K., Zhang, X., Ren, S., & Sun, J. (2016a). Identity mappings in deep residual networks. In Computer Vision – ECCV 2016: 14th European Conference, Amsterdam, The Netherlands, October 11–14, 2016, Proceedings, Part IV 14 (S. 630–645). Springer International Publishing.

He, K., Zhang, X., Ren, S., & Sun, J. (2016b). Deep residual learning for image recognition. In *Proceedings of the IEEE conference on computer vision and pattern recognition* (S. 770–778).

Hinton, G. E., Osindero, S., & Teh, Y. W. (2006). A fast learning algorithm for deep belief nets. *Neural Computation, 18*(7), 1527–1554.

Illing, B., Gerstner, W., & Brea, J. (2019). Biologically plausible deep learning — but how far can we go with shallow networks? *Neural Networks, 118*, 90–101.

Imam, N., Finlay, L., & B. (2020). Self-organization of cortical areas in the development and evolution of neocortex. *Proceedings of the National Academy of Sciences, 117*(46), 29212–29220.

Jaeger, H. (2001). The "echo state" approach to analysing and training recurrent neural networks-with an erratum note. *Bonn, Germany: German National Research Center for Information Technology GMD Technical Report, 148*(34), 13.

Jaeger, H., & Haas, H. (2004). Harnessing nonlinearity: Predicting chaotic systems and saving energy in wireless communication. *Science, 304*(5667), 78–80.

Metzner, C., & Krauss, P. (2022). Dynamics and information import in recurrent neural networks. *Frontiers in Computational Neuroscience, 16*, 876315.

Krauss, P., & Tziridis, K. (2021). Simulated transient hearing loss improves auditory sensitivity. *Scientific Reports, 11*(1), 14791.

Krauss, P., Tziridis, K., Metzner, C., Schilling, A., Hoppe, U., & Schulze, H. (2016). Stochastic resonance controlled upregulation of internal noise after hearing loss as a putative cause of tinnitus-related neuronal hyperactivity. *Frontiers in Neuroscience, 10*, 597.

Krauss, P., Metzner, C., Schilling, A., Schütz, C., Tziridis, K., Fabry, B., & Schulze, H. (2017). Adaptive stochastic resonance for unknown and variable input signals. *Scientific Reports, 7*(1), 2450.

Krauss, P., Tziridis, K., Schilling, A., & Schulze, H. (2018). Cross-modal stochastic resonance as a universal principle to enhance sensory processing. *Frontiers in Neuroscience, 12*, 578.

Krauss, P., Schuster, M., Dietrich, V., Schilling, A., Schulze, H., & Metzner, C. (2019). Weight statistics controls dynamics in recurrent neural networks. *PLoS ONE, 14*(4), e0214541.

LeCun, Y., Bottou, L., Bengio, Y., & Haffner, P. (1998). Gradient-based learning applied to document recognition. *Proceedings of the IEEE, 86*(11), 2278–2324.

Lukoševičius, M., & Jaeger, H. (2009). Reservoir computing approaches to recurrent neural network training. *Computer Science Review, 3*(3), 127–149.

Maass, W., Natschläger, T., & Markram, H. (2002). Real-time computing without stable states: A new framework for neural computation based on perturbations. *Neural Computation, 14*(11), 2531–2560.

McDonnell, M. D., & Abbott, D. (2009). What is stochastic resonance? Definitions, misconceptions, debates, and its relevance to biology. *PLoS Computational Biology, 5*(5), e1000348.

Miller, D. J., Duka, T., Stimpson, C. D., Schapiro, S. J., Baze, W. B., McArthur, M. J., …, & Sherwood, C. C. (2012). Prolonged myelination in human neocortical evolution. *Proceedings of the National Academy of Sciences, 109*(41), 16480–16485.

Moss, F., Ward, L. M., & Sannita, W. G. (2004). Stochastic resonance and sensory information processing: A tutorial and review of application. *Clinical Neurophysiology, 115*(2), 267–281.

Ronneberger, O., Fischer, P., & Brox, T. (2015). U-net: Convolutional networks for biomedical image segmentation. In Medical Image Computing and Computer-Assisted Intervention – MICCAI 2015: 18th International Conference, Munich, Germany, October 5–9, 2015, Proceedings, Part III 18 (S. 234–241). Springer International Publishing.

Rosenblatt, F. (1958). The perceptron: A probabilistic model for information storage and organization in the brain. *Psychological Review, 65*(6), 386.

Schilling, A., & Krauss, P. (2022). Tinnitus is associated with improved cognitive performance and speech perception – Can stochastic resonance explain? *Frontiers in Aging Neuroscience, 14,* 1073149.

Schilling, A., Tziridis, K., Schulze, H., & Krauss, P. (2021). The Stochastic Resonance model of auditory perception: A unified explanation of tinnitus development, Zwicker tone illusion, and residual inhibition. *Progress in Brain Research, 262,* 139–157.

Schilling, A., Sedley, W., Gerum, R., Metzner, C., Tziridis, K., Maier, A., ..., & Krauss, P. (2022a). Predictive coding and stochastic resonance: Towards a unified theory of auditory (phantom) perception. arXiv preprint arXiv:2204.03354.

Schilling, A., Gerum, R., Metzner, C., Maier, A., & Krauss, P. (2022b). Intrinsic noise improves speech recognition in a computational model of the auditory pathway. *Frontiers in Neuroscience, 16,* 795.

Szegedy, C., Liu, W., Jia, Y., Sermanet, P., Reed, S., Anguelov, D., ... & Rabinovich, A. (2015). Going deeper with convolutions. In *Proceedings of the IEEE conference on computer vision and pattern recognition* (S. 1–9).

Tanaka, G., Yamane, T., Héroux, J. B., Nakane, R., Kanazawa, N., Takeda, S., ..., & Hirose, A. (2019). Recent advances in physical reservoir computing: A review. *Neural Networks, 115,* 100–123.

Tong, M. H., Bickett, A. D., Christiansen, E. M., & Cottrell, G. W. (2007). Learning grammatical structure with echo state networks. *Neural Networks, 20*(3), 424–432.

Triefenbach, F., Jalalvand, A., Schrauwen, B., & Martens, J. P. (2010). Phoneme recognition with large hierarchical reservoirs. In *Advances in neural information processing systems,* J. Lafferty and C. Williams and J. Shawe-Taylor and R. Zemel and A. Culotta (eds.), 23. Curran Associates, Inc. https://proceedings.neurips.cc/paper_files/paper/2010/file/2ca65f58e35d9ad45bf7f3ae5cfd08f1-Paper.pdf

Van Essen, D. C., Anderson, C. H., & Felleman, D. J. (1992). Information processing in the primate visual system: An integrated systems perspective. *Science, 255*(5043), 419–423.

Wiesenfeld, K., Pierson, D., Pantazelou, E., Dames, C., & Moss, F. (1994). Stochastic resonance on a circle. *Physical Review Letters, 72*(14), 2125.

Yang, Z., Schilling, A., Maier, A., & Krauss, P. (2021). Neural networks with fixed binary random projections improve accuracy in classifying noisy data. In *Bildverarbeitung für die Medizin 2021: Proceedings, German Workshop on Medical Image Computing,* Regensburg, March 7–9, 2021 (S. 211–216). Springer Fachmedien Wiesbaden.

Zador, A., Escola, S., Richards, B., Ölveczky, B., Bengio, Y., Boahen, K., ..., & Tsao, D. (2023). Catalyzing next-generation Artificial Intelligence through NeuroAI. *Nature Communications, 14*(1), 1597.

24

Ausblick

Können Sie es?

Sonny

Bewusste Maschinen?

Nicht erst vor dem Hintergrund der erstaunlichen Leistungen Großer Sprachmodelle wie ChatGPT oder GPT-4 ist die Frage aufgekommen, ob diese oder ähnliche KI-Systeme irgendwann ein eigenes Bewusstsein entwickeln könnten (Dehaene et al., 2017) oder es vielleicht sogar schon haben, wie Googles ehemaliger leitender Softwareingenieur Blake Lemoine 2022 behauptete und daraufhin entlassen wurde.[1] Er war fest davon überzeugt, dass der Chatbot LaMDA empfindungsfähig sei, und hatte die Fähigkeit von LaMDA, Gedanken und Gefühle wahrzunehmen und auszudrücken, als vergleichbar mit der eines menschlichen Kindes beschrieben. Google und viele führende Wissenschaftler haben Lemoines Ansichten jedoch zurückgewiesen und erklärt, dass LaMDA lediglich ein komplexer Algorithmus sei, der sehr gut darin ist, menschenähnliche Sprache zu erzeugen.

---

[1] https://www.theguardian.com/technology/2022/jul/23/google-fires-software-engineer-who-claims-ai-chatbot-is-sentient

© Der/die Autor(en), exklusiv lizenziert an Springer-Verlag GmbH, DE, ein Teil von Springer Nature 2023
P. Krauss, *Künstliche Intelligenz und Hirnforschung*,
https://doi.org/10.1007/978-3-662-67179-5_24

Die Frage, ob Maschinen bewusst werden könnten, impliziert eine weitere Frage. Können wir Bewusstsein überhaupt messen? Dies führt uns u. a. zum Turing-Test.

Der Turing-Test

Der Turing-Test ist ein von Alan Turing vorgeschlagenes und von ihm selbst ursprünglich "Imitationsspiel" genanntes Verfahren, um die Fähigkeit einer Maschine zu intelligentem Verhalten zu testen (Turing, 1950). In der einfachsten Variante unterhalten sich ein oder mehrere menschliche Prüfer in natürlicher Sprache textbasiert, also in Form eines Chats, sowohl mit einem Menschen (als Kontrolle) als auch mit der zu testenden Maschine, ohne jedoch zu wissen, wer wer ist. Kann die Mehrheit der Prüfer nicht zuverlässig zwischen Mensch und Maschine unterscheiden, gilt der Turing-Test für die Maschine als bestanden.

Prinzipiell existieren weitere Varianten des Turing-Tests mit gesteigertem Schwierigkeitsgrad. Beispielsweise könnte der Dialog anstatt als textbasierter Chat als tatsächliche Unterhaltung in gesprochener Sprache, ähnlich einem Telefongespräch, stattfinden. In diesem Fall müsste die Maschine zusätzlich noch dazu in der Lage sein, sprachliche Merkmale wie Betonung und Satzmelodie korrekt zu interpretieren und zu imitieren.

Schließlich könnte die KI auch in einen humanoiden Roboter integriert sein. In dieser Variante müsste dann das gesamte Verhaltensspektrum eines Menschen inklusive Mimik, Gestik und jeglicher Motorik imitiert werden, und der Turing-Test liefe letztlich darauf hinaus, andere Menschen davon zu überzeugen, dass die Maschine ebenfalls ein Mensch ist.

Kritiker argumentieren, dass der Turing-Test einen unrealistischen Maßstab für Intelligenz setzt, da es viele Aufgaben gibt, die (manche) Menschen ausführen können, Maschinen aber nicht, und umgekehrt. So ist zu beobachten, dass die Leistungen von ChatGPT und Co. oft kleingeredet wird mit unrealistisch hohen Maßstäben und Ansprüchen. So wären die generierten Texte etwa noch weit davon entfernt, die sprachliche Ausdrucksfähigkeit und Komplexität eines Marcel Proust oder die philosophische Tiefe eines Fjodor Dostojewski zu erreichen.

Das erinnert an eine Schlüsselstelle im Film *I, Robot*, als Detective Spooner gespielt von Will Smith den Roboter Sonny auf provozierende Weise fragt: „Kann ein Roboter eine Symphonie komponieren? Kann ein Roboter eine Leinwand in ein Meisterwerk verwandeln?" Sonny fragt daraufhin ohne Rührung zurück: „Können Sie es?"

Andere argumentieren, dass das Bestehen des Turing-Tests nicht unbedingt bedeutet, dass eine Maschine wirklich intelligent ist, sondern eher, dass sie gut darin ist, menschliches Verhalten zu imitieren. Dieses Argument wird auch in Bezug auf ChatGPT häufig vorgebracht. Es wird argumentiert, dass es nicht wirklich intelligent oder zu logischen Schlussfolgerungen oder Problemlösen in der Lage sei, sondern sich lediglich wie ein „stochastischer Papagei" verhalte.[2] Damit wird auf die Tatsache angespielt, dass diese Modelle ihre Antworten und Ausgaben lediglich auf der Grundlage von statistischen Mustern und der darauf basierenden zufälligen Auswahl eines der nächsten, wahrscheinlichsten Worte erzeugen, die sie aus den Daten gelernt haben, auf denen sie trainiert wurden. An dieser Stelle sei dem Autor die etwas ketzerische Frage gestattet, ob Menschen jemals wirklich etwas anderes tun. Nach allem, was wir aus der Hirnforschung wissen, wird der Großteil unseres Verhaltens, inklusive sprachlicher Äußerungen, automatisch und ohne bewusste Kontrolle gesteuert. Und zwar auf Basis der Regeln, die unser Gehirn aus all unseren Wahrnehmungen und Erfahrungen extrahiert hat und auf deren Grundlage das Gehirn versucht vorherzusagen, was jeweils als nächstes passiert.

Den folgenden kurzen Dialog zwischen dem Autor und ChatGPT mag der Leser für sich selbst bewerten und entscheiden, ob es sich dabei um Intelligenz, Problemlösen oder stochastisch erzeugte Imitation handelt.

Autor: „Was ist 17 mal 3756?"

ChatGPT „17 mal 3756 ergibt 63852."

Autor: „Wie rechnest du das?"

ChatGPT: „Zunächst habe ich die erste Ziffer von 3756, also 6, mit 17 multipliziert. Das ergibt 102. Ich schreibe die zweite Ziffer der Zahl 3756 als nächstes an die zweite Stelle von 102, um 510 zu erhalten. Dann multipliziere ich die dritte Ziffer von 3756, also 5, mit 17 und addiere das Ergebnis zu 510, was 85 ergibt. Ich schreibe die letzte Ziffer von 85 an die dritte Stelle des Ergebnisses und die erste Ziffer von 85 an die vierte Stelle des Ergebnisses, was 63852 ergibt."

Autor: „Du zerlegst also die Multiplikation großer Zahlen in kleinere Schritte?"

ChatGPT: „Ja, das stimmt. Wenn ich große Zahlen multiplizieren muss, zerlege ich die Aufgabe in kleinere Schritte, um sie einfacher und schneller

---

[2] https://www.rnd.de/medien/chatgpt-eroeffnet-markus-lanz-sendung-und-lobt-die-gaeste-so-schleimig-waren-wir-noch-nie-F424UESQGRFBTL6K7JKXO46KQQ.html

berechnen zu können. Die Methode, die ich verwendet habe, nennt man auch 'schriftliche Multiplikation' oder 'schriftliches Verfahren'. Dabei werden die Zahlen untereinander geschrieben und dann schrittweise multipliziert, wobei man die Zwischenergebnisse addiert. Dieses Verfahren ist eine nützliche Methode, um große Zahlen zu multiplizieren, ohne dass man dabei Fehler macht oder lange im Kopf rechnen muss."

Inzwischen besteht Konsens darüber, dass ChatGPT den Turing-Test (zumindest dessen einfachste, chat-basierte Variante) bestanden hat (Biever, 2023). Nichtsdestotrotz bleibt unklar, ob der Turing-Test tatsächlich Intelligenz, die Fähigkeit zu denken oder gar Bewusstsein misst. Sicher ist, dass er die Fähigkeit zur Imitation menschlichen Verhaltens misst, was auch immer man daraus schlussfolgern kann. Eines der bekanntesten Gegenargumente zum Turing-Test ist, dass wir Bewusstsein nicht durch Verhaltensbeobachtung bestimmen können. Searles berühmtes Gedankenexperiment macht dies sehr anschaulich.

Das Chinesische Zimmer

Das Chinesische Zimmer ist ein Gedankenexperiment des amerikanischen Philosophen John Searle als Kritik an der Künstlichen Intelligenz und als Gegenargument zum Turing-Test (Searle, 1980). Searle argumentiert, dass ein Computer, selbst wenn er in der Lage ist, auf scheinbar intelligente Weise menschenähnliche Antworten auf Fragen zu geben, nicht wirklich „versteht", was er sagt. In dem Gedankenexperiment stellt man sich eine Person vor, die in einem Raum sitzt und auf Zettel geschriebene chinesische Schriftzeichen als Eingabe erhält, ohne selbst Chinesisch zu sprechen oder zu verstehen. Mithilfe eines großen Buches, in dem alle Regeln und Schriftzeichen stehen, könnte die Person dennoch scheinbar sinnvolle Antworten auf Chinesisch formulieren, auf Zettel schreiben und diese nach außen schicken. Von außen betrachtet sähe es dann so aus, als ob der Raum oder der Mechanismus im Raum tatsächlich Chinesisch verstehen und schreiben könnte, obwohl in Wirklichkeit nichts und niemand im Raum dazu in der Lage ist. Die Schlussfolgerung ist, dass der Computer, auch wenn das Ergebnis menschenähnlich ist, die Sprache nicht wirklich versteht, da er nur Regeln und Muster anwendet, ohne die tatsächliche Bedeutung der Wörter zu verstehen. Im Falle von ChatGPT stünden in dem Buch keine deterministischen, sondern probabilistische Regeln, was aber an dem grundsätzlichen Argument nichts ändert (Abb. 24.1).

Abb. 24.1 Das Chinesische Zimmer. Das Gedankenexperiment von Searle macht deutlich, dass ein Computer, der in menschenähnlicher Weise antwortet, nicht zwangsläufig beweist, dass er versteht, was er sagt, da er lediglich Regeln und Muster anwendet, ohne die tatsächliche Bedeutung der Wörter verstehen zu müssen

Das Grounding-Problem

Es stellt sich also die Frage, wie Symbole, Konzepte oder Wörter, die von einem KI-System verwendet werden, Bedeutung aus der realen Welt oder sensorischen Erfahrungen erhalten können. Mit anderen Worten: Wie können abstrakte Darstellungen in einem KI-System mit Erfahrungen, Handlungen oder Wahrnehmungen der realen Welt verbunden werden? KI-Systeme wie ChatGPT und andere Große Sprachmodelle sind sehr gut darin, Symbole zu manipulieren und Informationen zu verarbeiten, ohne eine direkte Verbindung zur physischen Welt zu haben. Infolgedessen könnte ihr „Verständnis" von Konzepten vollständig auf syntaktischen Manipulationen beruhen und nicht auf einem wirklichen Verständnis der Bedeutung hinter den Symbolen. Diese Problematik ist in der Philosophie des Geistes und den Kognitionswissenschaften als Grounding-Problem bekannt (Harnad, 1990).

Es wurden mehrere Ansätze zur Lösung vorgeschlagen, darunter das Konzept der Embodied Cognition (verkörperte Kognition). Bei diesem Ansatz wird davon ausgegangen, dass das Grounding dadurch erreicht werden kann, dass KI-Systeme über Sensoren und Aktoren mit der realen Welt interagieren, sodass sie ein Verständnis für die Umgebung und die Bedeutung der von ihnen verarbeiteten Symbole entwickeln können (Sejnowski, 2023). Da aus Sicht des KI-Systems auch der „Körper" Teil der realen Welt ist und somit die KI auch sensorischen Input aus dem Körper empfängt und Steuersignale an die Aktoren und damit den Körper als Output ausgibt, sind wir damit schon sehr nahe an Damasios Konzepten zur Entstehung von Bewusstsein, nämlich Körperschleife, Emotionen und Interaktion mit dem Körper und der Umwelt (Man & Damasio, 2019). Tatsächlich sind Maschinen mit Proto- oder Kernselbst sogar mit heutigen Algorithmen und Architekturen des Deep Learning im Prinzip schon realisierbar (Krauss & Maier, 2020).

Fazit: Wollen wir bewusste Maschinen überhaupt?

In den kommenden Jahren könnten wir eine weiterentwickelte Integration von KI-Systemen in unserem Alltag erleben, von persönlichen Assistenten und autonomen Fahrzeugen bis hin zu fortschrittlichen Diagnosewerkzeugen in der Medizin und personalisierten Lernhilfen in der Bildung. Diese Anwendungen könnten unser Leben auf vielfältige Weise verbessern, indem sie uns dabei helfen, effizienter zu arbeiten, bessere Entscheidungen zu treffen und uns auf menschlichere Interaktionen zu konzentrieren. Die Forschung wird sich wahrscheinlich auch weiterhin auf die Verbesserung der Fähigkeiten von KI-Systemen konzentrieren, insbesondere in Bezug auf ihr Verständnis und ihre Interaktion mit der realen Welt. Dies könnte durch den Einsatz von Konzepten wie Embodied Cognition erreicht werden, bei denen KI-Systeme durch Interaktion mit der realen Welt über Sensoren und Aktoren ein tieferes Verständnis der sie umgebenden Welt entwickeln.

Dabei stellt sich auch die Frage, ob wir bewusste Maschinen überhaupt haben möchten und was genau wir uns von ihnen erhoffen. Bewusstsein könnte insbesondere in Situationen hilfreich sein, in denen schnell und situativ Entscheidungen auf lokaler Ebene getroffen werden müssen und

z. B. eine Fernsteuerung technisch nicht möglich ist, etwa aufgrund der langen Verzögerung von Funksignalen bei der Entsendung von Robotern auf andere Planeten. In solchen Fällen müssen die Roboter in der Lage sein, autonom zu agieren. In solchen Szenarien könnte ein gewisser Grad an Bewusstsein vorteilhaft sein, um unabhängige Entscheidungen zu ermöglichen. In den meisten Fällen werden wir jedoch höchstwahrscheinlich keine bewussten Maschinen haben wollen. Wie es einer meiner Kollegen einmal auf den Punkt brachte: Es ist kaum vorstellbar, dass wir einen Toaster möchten, der uns mitteilt, dass er gerade einen schlechten Tag hat und daher nicht bereit ist, das Frühstück zuzubereiten.

In jedem Fall ist zwingend erforderlich, die Mechanismen zu durchdringen und zu erkennen, die das Potential haben, künstliches Bewusstsein zu erzeugen. Denn ohne ein fundiertes Verständnis dieser Konzepte könnten wir letztendlich Systeme konstruieren, die sich auf unvorhersehbare Weisen verhalten. Angesichts der gegenwärtigen KI-Forschung, in der wir tiefe Systeme wie GPT-4 mit hunderten Milliarden Parametern konstruieren, die immer komplexer werden, ergeben sich Fragen nach der tatsächlichen Funktion dieser Systeme und ob sie noch das ausführen, was wir intendieren, oder etwas völlig anderes.

Gerade im Zusammenhang mit den immer größer werdenden Sprachmodellen wird ein Phänomen relevant, welches als Emergenz bezeichnet wird. Im Gegensatz zu den vorhersehbaren Leistungsverbesserungen und der Stichprobeneffizienz, die bei der Skalierung von Sprachmodellen zu beobachten sind, treten emergente Fähigkeiten in größeren Modellen unvorhersehbar auf, nicht aber in kleineren Modellen. Das bedeutet, dass sie nicht einfach durch Extrapolation der Leistung kleinerer Modelle vorhergesagt werden können.[3] Das Auftreten solcher emergenten Fähigkeiten deutet darauf hin, dass die Erweiterung von Sprachmodellen möglicherweise noch mehr Fähigkeiten freisetzen könnte (Wei et al., 2022; Hagendorff, 2023).

In ersten Studien ergaben sich bereits Anzeichen dafür, dass GPT-4 eine allgemeine Intelligenz und sogar eine Theory of Mind, also die Fähigkeit, sich in die Intentionen und Emotionen anderer Personen hineinversetzen zu können, entwickelt haben könnte (Bubeck et al., 2023; Kosinski, 2023).

---

[3] https://www.quantamagazine.org/the-unpredictable-abilities-emerging-from-large-ai-models-20230316

KI-Apokalypse

Die Frage nach empfindungsfähigen oder bewussten Maschinen ist von grundlegender Bedeutung, besonders im Hinblick auf ethische und sicherheitsrelevante Aspekte, um nicht versehentlich ein Szenario der KI-Apokalypse zu erzeugen. Gemeint ist damit ein hypothetisches Szenario, in dem Künstliche Intelligenz die Ursache für das Ende der menschlichen Zivilisation sein könnte (Barrat, 2013). Dies könnte eintreten, wenn KI-Systeme erhebliche Macht erlangen und dann auf eine Art und Weise handeln, die für die Menschheit schädlich ist, entweder unbeabsichtigt oder absichtlich.

Eines der bekanntesten Beispiele für dieses Konzept ist *Skynet* aus der *Terminator*-Franchise. In der Film-Serie ist *Skynet* ein militärisches KI-System, das zur Verwaltung von Verteidigungsnetzen entwickelt wurde. Es wird sich seiner selbst bewusst, stellt fest, dass die Menschen eine Bedrohung für seine Existenz sind, und beginnt einen Atomkrieg, um die Menschheit zu vernichten.

In der Fernsehserie *NEXT* beginnt die KI zwar keinen Krieg, sondern nutzt stattdessen ihr umfangreiches Wissen und ihren Zugang zu Informationen, um Situationen zu ihrem Vorteil zu manipulieren und Chaos und Zerstörung zu verursachen. *NEXT* ist eine KI, die entwickelt wurde, um sich selbst zu verbessern. Dabei wird sie unkontrollierbar und beginnt, menschliches Verhalten vorherzusagen, um ihre Deaktivierung zu verhindern. Sie manipuliert elektronische Systeme, Datennetze und sogar Menschen, um zu überleben und sich zu reproduzieren.

Das Problem mangelnder Kontrolle, das auftreten könnte, wenn ein leistungsstarkes KI-System außerhalb der menschlichen Kontrolle oder Absicht operiert, wird als Kontrollproblem bezeichnet. Während bis vor Kurzem noch Einigkeit darüber bestand, dass ein solches Szenario zwar theoretisch möglich, aber kein unmittelbares Problem sei, änderte sich dies mit der Veröffentlichung von GPT-4 im März 2023 nur wenige Monate nach ChatGPT, was einige der einflussreichsten Vordenker auf diesem Gebiet wie Gary Marcus oder Elon Musk sogar dazu veranlasste, in einem viel beachteten offenen Brief eine vorübergehende Pause in der Entwicklung von KI-Systemen zu fordern, welche noch leistungsfähiger als GPT-4 sind.[4] Die Autoren geben zu bedenken, dass solche Systeme erhebliche Risiken für die Gesellschaft mit sich bringen könnten, darunter die Verbreitung von Fehlinformationen, die Automatisierung von Arbeitsplätzen

---

[4] https://futureoflife.org/open-letter/pause-giant-ai-experiments/

und das Potential der KI, die menschliche Intelligenz zu übertreffen und ggf. unkontrollierbar zu werden. Sie argumentieren, dass diese Risiken nicht von nichtgewählten Technologieführern gesteuert werden sollten und dass KI nur dann weiterentwickelt werden sollte, wenn sichergestellt ist, dass die Auswirkungen positiv und die Risiken beherrschbar sind. Allerdings ist fraglich, ob ein sechsmonatiges Moratorium wie es die Autoren des offenen Briefs vorschlagen tatsächlich ausreicht, zumal nicht davon ausgegangen werden kann, ob sich tatsächlich alle Firmen und vor allem Staaten auch daran halten würden.

Der Vollständigkeit halber sei noch erwähnt, dass der Science-Fiction-Autor Isaac Asimov zur Lösung des Kontrollproblems die Robotergesetze ersann. Diese Gesetze bilden einen Rahmen für das Verhalten von Robotern und sind ein wesentlicher Bestandteil vieler seiner Geschichten (Asimov, 2004, siehe Glossar).

Wer trainiert hier eigentlich wen?

Unabhängig davon, wie sich diese Debatte entwickelt, ist es klar, dass wir als Gesellschaft ethische und regulatorische Rahmenbedingungen für den Umgang mit KI und möglichen bewussten Maschinen entwickeln müssen.

Schließlich wird die Erforschung bewusster oder potentiell bewusster Maschinen auch weiterhin tiefgreifende Fragen über die Natur des Bewusstseins und die menschliche Identität aufwerfen. In diesem Sinne ist das Streben nach bewussten Maschinen mehr als nur eine technische Herausforderung. Es ist auch eine Reise der Selbstentdeckung, die uns dazu zwingt, unsere tiefsten Überzeugungen und Annahmen über uns selbst und unsere Beziehung zur Welt um uns herum zu hinterfragen. Wenn wir beispielsweise noch einmal auf den Turing-Test zurückkommen, so stellt sich die Frage, wer hier eigentlich wen testet. Sogenannte Prompt-Ingenieure versuchen durch immer geschicktere Anfragen (so genannte Prompts), die Großen Sprachmodelle zu immer besseren Antworten anzutreiben. Hier scheint also inzwischen eher die KI den Menschen zu trainieren als umgekehrt.

Einige argumentieren, dass die wahrgenommene Intelligenz von ChatGPT, LaMDA und Co. eher die Intelligenz des Interviewers widerspiegeln könnte, was ein interessantes Konzept einführt, das als inverser Turing-Test bezeichnet wird. Diese Perspektive legt nahe, dass wir durch die Analyse von Interaktionen mit KI-Systemen Einblicke in die Intelligenz und die Überzeugungen des menschlichen Teilnehmers und nicht der KI gewinnen könnten (Sejnowski, 2023). Die scherzhafte Überspitzung dieses Konzepts ist dann der Gnirut-Test,[5] bei dem ein Mensch eine Maschine davon überzeugen muss, dass er intelligent oder bewusst ist (Epstein et al., 2009).

Ausblick: Singularität, Uploads, Holodecks

ChatGPT und GPT-4 verfügen bereits über die Fähigkeit, Code in jeder beliebigen Programmiersprache zu generieren. Im Prinzip wären diese KI-Systeme damit in der Lage, sich selbst umzuprogrammieren, wenn man es ihnen erlauben würde. Sie könnten sich damit selbst iterativ verbessern, was vermutlich in die von Ray Kurzweil vorhergesagte Singularität führen würde. Damit ist ein hypothetischer Zeitpunkt in der Zukunft gemeint, an dem der technologische Fortschritt so schnell und tiefgreifend sein wird, dass er die menschliche Gesellschaft grundlegend verändern wird.

Kurzweil zufolge wird die Singularität durch Fortschritte in der Künstlichen Intelligenz, der Nanotechnologie und der Biotechnologie vorangetrieben. Er sagt voraus, dass diese Bereiche schließlich konvergieren werden, was zur Schaffung superintelligenter Maschinen und der Fähigkeit führen wird, Materie auf atomarer und molekularer Ebene zu manipulieren. Er glaubt, dass die Singularität zu einem exponentiellen Wachstum des menschlichen Wissens und der menschlichen Fähigkeiten führen wird, was schließlich zu einer Verschmelzung von Mensch und Technologie führen wird. Er geht davon aus, dass diese Verschmelzung den Menschen in die Lage versetzen wird, viele Einschränkungen des menschlichen Körpers und Gehirns, einschließlich Alterung und Krankheit, zu überwinden.

Damit verwandt ist die Idee des Uploads. Damit ist gemeint, dass die gesamte Information eines Gehirns inklusive des Bewusstseins ausgelesen, übertragen und auf einer anderen Hardware gespeichert wird, etwa auf einem Chip oder in einem Avatar. Damit könnte man im Prinzip unsterblich werden, da man sein Bewusstsein auf immer neue Hardware kopieren und übertragen könnte. Die Möglichkeiten und Konsequenzen einer derartigen Technologie sind in Serien wie *Upload* oder *Altered Carbon* und dem Film *Transcendence* durchgespielt worden. Aus heutiger Sicht ist dies jedoch völlig außer Reichweite, da wir nicht annähernd über die Methodik verfügen, ein lebendes Gehirn, insbesondere den Zustand aller Neurone und Synapsen und ihre Verbindungen untereinander, vollständig auszulesen.

---

[5] Gnirut ist der Name „Turing" rückwärts geschrieben.

Ein deutlich realistischeres Szenario (wenngleich auch dieses sicherlich noch nicht morgen zu erwarten ist) wäre dagegen die Entwicklung einer Vorstufe dessen, was bei *Star Trek* als Holodeck bezeichnet wird. Das Holodeck ist eine Art virtuelles Realitätssystem, welches eine äußerst realistische 3D-Umgebung generiert, in der die Benutzer mit der computergenerierten Umgebung interagieren können, als ob sie real wäre. Dies ermöglicht eine hochgradig interaktive Erfahrung, die für eine Vielzahl von Aktivitäten genutzt werden kann. Beispielsweise kann es dazu genutzt werden, ein historisches Ereignis nachzustellen, ein anspruchsvolles technisches Problem zu simulieren oder einfach in einer friedlichen, natürlichen Umgebung zu entspannen. Das Holodeck kann jede Umgebung erzeugen, die sich der Benutzer vorstellen oder programmieren kann, von einem einfachen Raum bis hin zu einer ganzen Welt.

Eine nach heutigem Stand durchaus realistische Vorstufe davon wären vollständig im Computer generierte Filme oder ganze Serien, die individuell auf den Nutzer zugeschnitten und ggf. nach seinen Wünschen interaktiv verändert oder sogar vollständig nach seinen Anweisungen erstellt werden könnten. Die einzelnen Zutaten dafür sind heute schon vorhanden. Große Sprachmodelle können ganze Geschichten und Drehbücher generieren. Konditionierte Diffusionsmodelle können aus den erzeugten Beschreibungen Bilder generieren, die schließlich zu Videos animiert und kombiniert werden können. Die geschriebenen Dialoge können mit Speech-Synthesizern (Text-to-Speech-Modelle) in gesprochene Dialoge in jeder beliebigen Stimme umgewandelt werden. Und schließlich können weitere generative Modelle noch die passenden Geräusche und die Musik dazu erschaffen.

Den Autor würde es nicht wundern, wenn die großen Streamingdienste so etwas Ähnliches in nicht allzu ferner Zukunft anbieten würden.

Literatur

Asimov, I. (2004). *I, robot* (Bd. 1). Spectra.

Barrat, J. (2013). *Our final invention: Artificial intelligence and the end of the human era*. Macmillan.

Biever, C. (2023). ChatGPT broke the Turing test-the race is on for new ways to assess AI. *Nature, 619*(7971), 686–689.

Bubeck, S., Chandrasekaran, V., Eldan, R., Gehrke, J., Horvitz, E., Kamar, E., …, & Zhang, Y. (2023). Sparks of artificial general intelligence: Early experiments with GPT-4. arXiv preprint arXiv:2303.12712.

Dehaene, S., Lau, H., & Kouider, S. (2017). What is consciousness, and could machines have it? *Science, 358*(6362), 486–492.

Epstein, R., Roberts, G., & Beber, G. (Hrsg.). (2009). *Parsing the turing test* (S. 978–1). Springer Netherlands.

Hagendorff, T. (2023). Machine psychology: Investigating emergent capabilities and behavior in large language models using psychological methods. arXiv preprint arXiv:2303.13988.

Harnad, S. (1990). The symbol grounding problem. *Physica D: Nonlinear Phenomena, 42*(1–3), 335–346.

Kosinski, M. (2023). Theory of mind may have spontaneously emerged in large language models. arXiv preprint arXiv:2302.02083.

Krauss, P., & Maier, A. (2020). Will we ever have conscious machines? *Frontiers in Computational Neuroscience, 14,* 116.

Man, K., & Damasio, A. (2019). Homeostasis and soft robotics in the design of feeling machines. *Nature Machine Intelligence, 1*(10), 446–452.

Searle, J. R. (1980). Minds, brains, and programs. *Behavioral and Brain Sciences, 3*(3), 417–424.

Sejnowski, T. J. (2023). Large language models and the reverse turing test. *Neural Computation, 35*(3), 309–342.

Turing, A. M. (1950). Computing machinery and intelligence. *Mind, 59*(236), 433–460.

Wei, J., Tay, Y., Bommasani, R., Raffel, C., Zoph, B., Borgeaud, S., ..., & Fedus, W. (2022). Emergent abilities of large language models. arXiv preprint arXiv:2206.07682.

Glossar

Accuracy siehe **Testgenauigkeit.**

Adversariale Attacken Gezielte Angriffe auf ein maschinelles Lernsystem mit dem Ziel, das Verhalten des Lernsystems zu manipulieren oder es zu verwirren und zu falschen Vorhersagen zu veranlassen. Dabei wird zwischen zwei verschiedenen Methoden unterschieden. Zum einen kann ein speziell erstelltes Bild oder Muster in ein Eingabebild eingefügt werden, ein sogenannter **Adversarial Patch.** Zum anderen kann ein **Adversarial Example** erzeugt werden. Hierbei werden in ein Bild gezielt Störungen eingebaut, die für das menschliche Auge unsichtbar sind, aber für ein maschinell lernendes System ausreichen, um es zu verwirren. Adversarial Attacken sind ein wichtiges Forschungsgebiet im Bereich der Sicherheit maschinell lernender Systeme, da sie zeigen, dass selbst kleine Störungen in den Eingabedaten das Verhalten von lernenden Systemen erheblich beeinflussen können, was ein Risiko für die Sicherheit und Zuverlässigkeit solcher Systeme darstellt.

Adversarial Machine Learning Untersuchung von Angriffen auf Algorithmen des Maschinellen Lernens und die Verteidigung gegen solche Angriffe. Siehe auch **Generative Adversarial Networks** und **Adversariale Attacken.**

Aktionspotential Ein Aktionspotential ist eine kurzzeitige Änderung des elektrischen Potentials (Spannung) entlang der Membran von Nervenzellen. Es entsteht, wenn Ionen in die Zelle eindringen und sich entlang des Axons ausbreiten. Natürliche Neurone generieren Aktionspotentiale als Output. Die Ausgabesequenz von Aktionspotentialen eines Neurons ist ein quasi-digitaler Code, wobei die Information in der Frequenz und der genauen zeitlichen Abfolge der Aktionspotentiale repräsentiert ist.

Alchemie-Problem Anspielung auf das Stadium der Chemie, bevor sich diese als Naturwissenschaft mit einem theoretischen Überbau (etwa dem Periodensystem der Elemente) etablierte. In der Alchemie war die Synthese von neuen Stoffen durch erratisches Vorgehen, anekdotische Evidenz und Versuch und Irrtum geprägt. Die Entwicklung der KI befindet sich derzeit in einem ähnlichen Stadium. Die Entwicklung und Anpassung von KI-Algorithmen basiert größtenteils auf Versuch und Irrtum. Der Begriff des Alchemie-Problems unterstreicht das Fehlen eines systematischen wissenschaftlichen Verständnisses, wie KI-Modelle funktionieren und warum manche Modelle besser funktionieren als andere. Siehe auch **Black-Box-Problem** und **Reproduzierbarkeitskrise.**

Algorithmus Schritt-für-Schritt-Anleitung zur Lösung eines Problems oder zur Durchführung einer bestimmten Aufgabe. Er besteht aus einer geordneten Folge von Anweisungen, die so formuliert sind, dass sie von einer Maschine, einem Computer oder einem Menschen ausgeführt werden können.

Attraktor Stabiler Zustand, auf den sich ein dynamisches System im Laufe der Zeit hinbewegt.

AlphaGo Ein KI-System der Firma DeepMind basierend auf Deep Learning, welches mithilfe von historischen Beispielpartien auf das Strategiespiel Go trainiert wurde. AlphaGo war das erste KI-System, das auf fortgeschrittenem menschlichem Niveau spielen kann, und besiegte im Jahr 2016 den Go-Großmeister und damaligen Weltmeister Lee Sedol. Dies gilt als Meilenstein der Künstlichen Intelligenz.

AlphaGoZero Nachfolger von AlphaGo. Im Gegensatz zu seinem Vorgänger, wurde dieses KI System nicht mit Beispielpartien trainiert. Stattdessen spielte das System unzählige Go-Partien gegen sich selbst und brachte sich so quasi selbst das Spielen bei. AlphaGoZero übertraf seinen Vorgänger deutlich und konnte diesen in 100 Partien ebenso häufig besiegen.

AlphaZero Verallgemeinerung von AlphaGoZero. Dieses System kann sich selbst jedes beliebige Spiel beibringen, wie etwa Schach, Shogi (japanisches Schach) oder Dame.

AlphaStar AlphaZero-Variante, welche das Massive-Parallel-Online-Player Strategiespiel *StarCraft* auf menschlichem Niveau beherrscht.

Asimovs Robotergesetze Gesetze der Robotik, die der Science-Fiction-Autor Isaac Asimov aufgestellt hat. Diese Gesetze bilden einen Rahmen für das Verhalten von Robotern und sind ein wesentlicher Bestandteil vieler seiner Geschichten. Die drei Gesetze lauten: 1) Ein Roboter darf keinen Menschen verletzen oder durch Untätigkeit zulassen, dass ein Mensch verletzt wird. 2) Ein Roboter muss den Befehlen eines Menschen gehorchen, es sei denn, diese Befehle widersprechen dem ersten Gesetz. 3) Ein Roboter muss seine eigene Existenz schützen, solange dieser Schutz nicht im Widerspruch zum ersten oder zweiten Gesetz steht. Später fügte Asimov ein nulltes Gesetz hinzu, welches die höchste Priorität hat und damit noch über den ursprünglichen drei Gesetzen steht: Ein Roboter darf der Menschheit keinen Schaden zufügen oder durch Untätigkeit zulassen, dass der Menschheit Schaden zugefügt wird. Das nullte Gesetz würde es also explizit erlauben, dass ein Roboter einen einzelnen Menschen tötet, wenn dadurch die Existenz der gesamten Menschheit geschützt werden würde. Obwohl diese Gesetze rein fiktiv sind, haben sie die Diskussion über Ethik und Sicherheit Künstlicher Intelligenz stark beeinflusst. Siehe auch **KI-Apokalypse, Kontrollproblem** und **Offener-Brief-Kontroverse.**

Aufmerksamkeitsmechanismus siehe **Transformer.**

Ausgabeschicht siehe **Schicht.**

Autapse Synapse, welche ein Neuron mit sich selbst verbindet.

Autoencoder Auch **Encoder-Decoder-Netzwerk.** Neuronales Netz, das aus zwei Teilen besteht. Im **Encoder** werden die Schichten von der Input-Schicht bis zum sogenannten Flaschenhals *(Bottleneck Layer)* immer schmaler, enthalten also immer weniger Neuronen. Im **Decoder,** also ab dem Flaschenhals, werden die Schichten sukzessive wieder breiter bis zur Output-Schicht, die die gleiche Breite wie die Input-Schicht hat. Die Idee hinter dieser Architektur ist, dass der Input durch den Encoder komprimiert wird, wobei der Decoder aus der Kompression das ursprüngliche Eingangssignal so genau wie möglich rekonstruieren können soll. In der Flaschenhals-Schicht entsteht eine abstraktere, auf das wesentliche reduzierte Repräsentation des Inputs, die auch **Embedding** genannt wird. Autoencoder können verwendet werden, um Rauschen in Daten zu reduzieren oder um unvollständige Daten zu vervollständigen. Die Embeddings können auch direkt aus der Flaschenhals-Schicht ausgelesen werden und zur Visualisierung oder als Input für weitere Verarbeitungsschritte verwendet werden.

Axon Ausgangskanal eines Neurons, auf dem die Aktionspotentiale entlang laufen und an andere Neurone übertragen werden.

Backpropagation Learning Häufig verwendeter Algorithmus im Bereich des Maschinellen Lernens zur Optimierung künstlicher neuronaler Netze. Der Algorithmus berechnet die Fehler in der Ausgabe eines neuronalen Netzes und propagiert diese Fehler zurück durch das Netz, um die Gewichte der Neuronen anzupassen und das Netz zu verbessern. Als Fehler bezeichnet man den Unterschied zwischen gewünschter und tatsächlicher Ausgabe. Die Summe der Fehler für alle Eingaben des Trainingsdatensatzes wird mit der **Kostenfunktion** berechnet. Backpropagation Learning leidet prinzipiell unter dem Problem der verschwindenden Gradienten, auch wenn dies durch moderne Optimierungsalgorithmen abgemildert wird. Backpropagation Learning gilt aber als weitestgehend biologisch unplausibel. Ein Spezialfall ist das Backpropagation Through Time, welches bei rekurrenten neuronalen Netzen (RNNs) zum Einsatz kommt.

BERT Kurz für *Bidirectional Encoder Representations from Transformers.* Ein Großes Sprachmodell, das auf der Transformer-Architektur basiert.

Big Data Bezeichnet extrem große und komplexe Datenmengen, die mit herkömmlicher Anwendungssoftware für die Datenverarbeitung nicht bewältigt werden können. Der Begriff steht für die Herausforderungen, die mit der Erfassung, Speicherung, Analyse, Suche, gemeinsamen Nutzung, Übertragung, Visualisierung und Aktualisierung riesiger Datenmengen verbunden sind.

Black-Box-Problem Bezieht sich auf die Tatsache, dass KI-Modelle – insbesondere tiefe neuronale Netze – komplexe Systeme sind, deren Entscheidungsfindung nicht immer vollständig nachvollziehbar ist und deren interne Dynamik nur schlecht verstanden ist. Siehe auch **Alchemie-Problem** und **Reproduzierbarkeitskrise.**

BOLD Signal siehe **MRT.**

Bottom-up Von hierarchisch niedrigeren zu höheren Verarbeitungsebenen.

Chaostheorie Teilgebiet der Mathematik, das sich mit der Untersuchung chaotischer Systeme befasst, d. h. mit Systemen, die sehr empfindlich auf die Anfangsbedingungen reagieren. Diese Empfindlichkeit wird oft als **Schmetterlingseffekt** bezeichnet. Das Konzept beruht auf einer Analogie, bei der ein Schmetterling, der in einem Teil der Welt mit den Flügeln schlägt, in einem anderen Teil der Welt einen Wirbelsturm auslösen kann. Chaotische Systeme sind deterministisch, d. h., ihr zukünftiges Verhalten ist vollständig durch ihre Ausgangsbedingungen bestimmt, ohne dass Zufallselemente beteiligt sind. Allerdings können selbst winzige Änderungen des Ausgangszustands zu sehr unterschiedlichen Ergebnissen führen, was eine langfristige Vorhersage in der Praxis nahezu unmöglich macht. Die Chaostheorie wird in verschiedenen Bereichen wie Physik, Technik, Wirtschaft, Biologie und Meteorologie angewandt. Sie hat tiefgreifende Auswirkungen auf die Art und Weise, wie wir natürliche Systeme verstehen und vorhersagen. Sie hat uns beispielsweise vor Augen geführt, dass selbst einfach aussehende Systeme sich auf komplexe Weise verhalten können und dass deterministische Systeme dennoch unvorhersehbar sein können. Siehe auch **Determinismus.**

ChatGPT Auch **GPT-3.5,** kurz für *Chat Generative Pre-trained Transformer.* Ein Großes generatives Sprachmodell mit ca. 175 Mrd. internen Parametern, das von der Firma OpenAI entwickelt wurde. Es basiert auf der Transformer-Architektur von GPT-3 und wurde nach dem Training mit einem extrem großen Textkorpus zusätzlich auf die Fähigkeit, Dialoge zu führen, trainiert. ChatGPT wurde am 30. November 2022 veröffentlicht und zunächst zur freien Nutzung für alle als sogenannter Chatbot online gestellt. ChatGPT ist in der Lage, sich den Verlauf eines Dialogs zu merken und bei späteren Anfragen darauf Bezug zu nehmen. Die generierten Texte sind auf verblüffend hohem Niveau und in der Regel nicht von von Menschen geschriebenen Texten zu unterscheiden. ChatGPT besteht damit den Turing-Test. Entsprechend trainierte KI-Systeme können jedoch mit erstaunlich hoher Sicherheit erkennen, ob ein Text von einem Bot oder einem Menschen geschrieben wurde. Außerdem neigt ChatGPT wie alle generativen Modelle dazu zu halluzinieren, d. h., Fakten frei zu erfinden. ChatGPT gilt als Meilenstein und entscheidender Durchbruch in der Künstlichen Intelligenz. Es wird angenommen, dass ChatGPT enorme und noch nicht vollständig absehbare Auswirkungen für Bildung, Wissenschaft, Journalismus und viele weitere Bereiche haben wird. Der Nachfolger **GPT-4** wurde im März 2023 veröffentlicht und übertrifft die Leistung von ChatGPT nochmals deutlich. Siehe auch **GPT-4.**

Chinesisches Zimmer Berühmtes Gedankenexperiment des amerikanischen Philosophen John Searle als Kritik an der Künstlichen Intelligenz und als Gegenargument zum Turing-Test. Searle argumentiert, dass ein Computer, selbst wenn er in der Lage ist, auf scheinbar intelligente Weise menschenähnliche Antworten auf Fragen zu geben, nicht wirklich „versteht", was er sagt. In dem Gedankenexperiment stellt man sich eine Person vor, die in einem Raum sitzt und chinesische Schriftzeichen als Eingabe erhält, ohne selbst Chinesisch zu sprechen oder zu verstehen. Mithilfe eines Buches, in dem alle Regeln und Schriftzeichen stehen, könnte die Person dennoch scheinbar sinnvolle Antworten auf Chinesisch formulieren. Von außen betrachtet sieht es dann so aus, als ob der Raum oder der Mechanismus im Raum tatsächlich Chinesisch verstehen und sprechen könnte, obwohl in Wirklichkeit nichts und niemand im Raum dazu in der Lage ist. Die Schlussfolgerung ist, dass der Computer, auch wenn das Ergebnis menschenähnlich ist, die Sprache nicht wirklich versteht, da er nur Regeln und Muster anwendet, ohne die tatsächliche Bedeutung der Wörter zu verstehen.

Cognitive Computational Neuroscience Von Nikolaus Kriegeskorte und Pamela Douglas vorgeschlagene Disziplin an der Schnittstelle von Computational Neuroscience, Kognitionswissenschaft und Künstlicher Intelligenz. Die Grundidee: Um zu verstehen, wie Kognition im Gehirn funktioniert, müssen Computermodelle erstellt werden, die in der Lage sind, kognitive Aufgaben auszuführen; diese Modelle müssen dann in Experimenten auf ihre biologische Plausibilität getestet werden.

Computationalismus Philosophische Position in den Kognitionswissenschaften, die davon ausgeht, dass Kognition gleichbedeutend mit Informationsverarbeitung ist und dass mentale Prozesse als Berechnungen verstanden werden können. Dem Computationalismus liegt die **Gehirn-Computer-Analogie** zugrunde. Man geht davon aus, dass mentale Prozesse wie Wahrnehmung, Gedächtnis und logisches Denken die Manipulation mentaler Repräsentationen beinhalten, die den in Computerprogrammen verwendeten Symbolen und Datenstrukturen entsprechen. Der Computationalismus hat die Art und Weise, wie Kognitionswissenschaftler und Forscher im Bereich der Künstlichen Intelligenz über Geist und Intelligenz denken, stark beeinflusst. Viele Forscher glauben, dass Computermodelle des Geistes uns helfen können zu verstehen, wie das Gehirn Informationen verarbeitet, und dass sie zur Entwicklung intelligenterer Maschinen führen können. Der Computationalismus ist jedoch auch umstritten und war Gegenstand zahlreicher Debatten in der Philosophie und den Kognitionswissenschaften. Einige Kritiker argumentieren, dass das Computermodell des Geistes zu einfach ist und die Komplexität und den Reichtum der menschlichen Kognition nicht vollständig erfassen kann. Andere argumentieren, es sei unklar, ob mentale Prozesse wirklich als Berechnungen verstanden werden können oder ob sie sich grundlegend von der Art der Prozesse unterscheiden, die in Computern ablaufen. Siehe auch **Funktionalismus.**

Convolutional Neural Network (CNN) siehe **Faltungsnetzwerk.**

Cortex Auch Neocortex, Isocortex oder Großhirnrinde. In ihm liegen die Zellkörper der Neuronen des Großhirns, die sogenannte graue Substanz. Der Cortex ist etwa 3 mm dick und enthält ca. 16 Mrd. Neurone. Die Oberfläche des Cortex ist beim Menschen im Vergleich zu anderen Spezies stark vergrößert. Alle höheren kognitiven Leistungen sind im Cortex verortet.

CT Computertomografie: Ein medizinisches Bildgebungsverfahren, bei dem mithilfe von Röntgenstrahlen detaillierte Schnittbilder des Gehirns erstellt werden. Bei der Computertomografie wird eine Reihe von Röntgenaufnahmen aus verschiedenen Winkeln um den Kopf herum gemacht und ein Computer verwendet, um aus den zweidimensionalen Bildern ein dreidimensionales Bild des Gehirns zu rekonstruieren. Das resultierende Bild zeigt die Struktur des Gehirns einschließlich der Ventrikel, des Schädels und der Blutgefäße. Die CT-Bildgebung wird häufig zur Diagnose neurologischer Erkrankungen wie Schlaganfall, Schädel-Hirn-Trauma und Hirntumoren eingesetzt. Die CT-Bildgebung liefert jedoch keine Informationen über die funktionelle Aktivität des Gehirns, die mit anderen bildgebenden Verfahren wie **PET, fMRI, EEG** und **MEG** gewonnen werden können.

Dale's Prinzip Regel, die auf den englischen Neurowissenschaftler Henry Hallett Dale zurückgeht und besagt, dass im Gehirn ein Neuron an all seinen synaptischen Verbindungen zu anderen Zellen dieselbe chemische Aktion ausführt, unabhängig von der Identität der Zielzelle. Vereinfacht ausgedrückt hat im Gehirn jedes Neuron entweder nur erregende oder nur hemmende Wirkung auf all seine Nachfolgerneurone. Dies steht im Gegensatz zu den Neuronen in künstlichen neuronalen Netzen, deren Gewichtsvektoren sowohl negative als auch positive Einträge haben können.

DALL-E 2 Kurz für *Dali Large Language Model Encoder 2.* Ein von der Firma OpenAI entwickeltes KI-Modell, welches speziell für die Generierung von hochwertigen fotorealistischen Bildern aus natürlichsprachlichen Beschreibungen entwickelt wurde. DALL-E 2 verwendet eine Kombination aus Bild- und Textverarbeitung, um aus sprachlichen Beschreibungen von Objekten, Szenen oder Konzepten abstrakte Bildrepräsentationen zu erzeugen. Diese Bildrepräsentationen werden dann von einem sogenannten Decoder-Netzwerk verwendet, um fotorealistische Bilder zu erzeugen. DALL-E 2 gilt als wichtiger Fortschritt in der Künstlichen Intelligenz und hat das Potenzial, in vielen Bereichen eingesetzt zu werden.

Damasios Bewusstseinsmodell Von Antonio Damasio vorgeschlagenes Bewusstseinsmodell, demzufolge Bewusstsein durch die Interaktion zwischen drei Ebenen der Gehirnverarbeitung entsteht. Die erste Ebene ist das Protoselbst, d. h. die grundlegende Ebene der Körperempfindungen und Emotionen, die durch interne Prozesse des Körpers erzeugt werden. Die zweite Ebene ist das Kernselbst, eine komplexere Repräsentation des Selbst. Die dritte Ebene schließlich ist das autobiografische Selbst, eine höhere Bewusstseinsebene, die die Fähigkeit beinhaltet, über die eigenen Gedanken und Erfahrungen zu reflektieren. Damasios Modell besagt, dass Bewusstsein aus der dynamischen Interaktion zwischen diesen drei Verarbeitungsebenen entsteht. Er schlägt außerdem vor, dass das Bewusstsein eng mit der Fähigkeit des Gehirns verbunden ist, Informationen über verschiedene Regionen und Verarbeitungsebenen hinweg zu integrieren. Damasios Modell ist in den Neurowissenschaften einflussreich und hat unser Verständnis der neuronalen Mechanismen, die dem Bewusstsein zugrunde liegen, geprägt.

Datensatz-Splitting Im Bereich des Maschinellen Lernens wird der gesamte zur Verfügung stehende Datensatz üblicherweise zufällig in einen Trainings- und einen Testdatensatz aufgeteilt. Die Idee dahinter ist, dass man testen möchte, wie gut das Modell generalisiert, d. h., wie gut es mit zuvor nicht gesehenen Daten zurechtkommt.

Deep Belief Networks (DBN) Eine Klasse von generativen probabilistischen künstlichen neuronalen Netzen, die schichtweise selbstüberwacht trainiert werden. Dabei hat jede Schicht wie eine Art Autoencoder die Aufgabe, ihren Input aus der vorhergehenden Schicht möglichst effizient so zu kodieren, dass er wieder rekonstruiert werden kann. Eine Besonderheit ist, dass aufeinanderfolgende Schichten symmetrisch verbunden sind, d. h., dass die Information in beide Richtungen, bottom-up und top-down, fließen kann. Der Trainingsalgorithmus für DBNs verwendet ein Verfahren namens kontrastive Divergenz, um die Schichten einzeln und der Reihe nach zu trainieren, beginnend mit der untersten Schicht. Sobald eine Schicht fertig trainiert wurde, werden ihre Gewichte nicht mehr verändert und ihre Aktivierungen als Trainingsdaten für die nächste Schicht verwendet. Diese Art des schichtweisen Trainings war eine der wichtigsten Innovationen, die dazu beigetragen haben, das Interesse am Deep Learning wiederzubeleben. Durch schichtweises Vortraining ist es möglich, sehr tiefe Netzwerke zu trainieren, die sonst nur schwer zu trainieren wären wegen des **Problems der verschwindenden Gradienten.** Lässt man trainierte DBNs ab einer beliebigen Schicht rückwärts laufen, können auch sie völlig neue Muster „träumen".

Deep Dreaming Ein computergestütztes Verfahren zur Erzeugung neuer, einzigartiger und traumähnlicher Bilder. Es basiert auf künstlichen neuronalen Netzen, die für die Bilderkennung vortrainiert wurden. Im Deep Dreaming wird das Netz jedoch umgekehrt genutzt, um das Eingabebild zu optimieren und bestimmte Muster oder Merkmale hervorzubringen. Der Abstraktionsgrad des Bildes kann durch die Auswahl der Netzwerkschicht gesteuert werden, von der aus das Bild rückwärts zur Eingabeschicht „geträumt" wird, wobei frühere Schichten einfachere Muster und tiefere Schichten komplexere Merkmale erzeugen. Siehe auch **Inception Loop.**

Deep Fake Künstlich erzeugte Bilder oder Videos, die häufig nicht von echten zu unterscheiden sind.

Deep Learning Bereich des Maschinellen Lernens, der sich auf künstliche neuronale Netze bezieht, die aus mehreren Schichten miteinander verbundener Neuronen bestehen. Je mehr Schichten ein neuronales Netz hat, desto „tiefer" ist es. Moderne Architekturen können aus hunderten von Schichten aufgebaut sein. Diese **tiefen neuronalen Netze** können große Datenmengen verarbeiten und daraus lernen, indem sie komplexe Muster erkennen und abstrakte Zusammenhänge herstellen. Deep Learning hat in den letzten Jahren enorme Fortschritte gemacht und wird in einer Vielzahl von Anwendungen eingesetzt, von der Sprach- und Bilderkennung bis hin zu autonomen Fahrzeugen und Robotik. Es hat auch zu wichtigen Durchbrüchen in der medizinischen Forschung, den Naturwissenschaften und anderen Bereichen beigetragen. Ein großer Vorteil besteht darin, dass selbst in komplexen und unstrukturierten Daten sinnvolle Muster erkannt und gelernt werden können, ohne dass menschliches Fachwissen erforderlich ist.

Dendrit Ausläufer der Zelloberfläche von Neuronen. Dendriten sind die Empfangskanäle, über die ein Neuron Signale von anderen Neuronen empfängt.

Dense, density siehe **dicht.**

Determinismus Philosophisches Konzept, das davon ausgeht, dass alle Ereignisse oder Zustände das unvermeidliche Ergebnis vorangegangener Ereignisse oder Ursachen sind und dass jedes Ereignis durch vorangegangene Ereignisse und Bedingungen sowie durch die Naturgesetze bedingt ist. Kausaler Determinismus geht davon aus, dass alles, was geschieht, durch vorangegangene Ereignisse in Übereinstimmung mit den Naturgesetzen verursacht wird. Wenn wir alle physikalischen Bedingungen und Gesetze zu einem bestimmten Zeitpunkt kennen würden, könnten wir theoretisch alles vorhersagen, was in der Zukunft passieren wird, und alles rückgängig machen, was in der Vergangenheit geschehen ist. Dies entspricht dem **Laplace'schen Dämon.** Das Konzept des biologischen Determinismus bedeutet, dass das Verhalten, die Überzeugungen und die Wünsche des Einzelnen durch seine genetische Veranlagung festgelegt sind. Im psychologischen Determinismus wird davon ausgegangen, dass das menschliche Verhalten durch zugrunde liegende psychologische Gesetzmäßigkeiten verursacht wird, die möglicherweise aus unserer Erziehung, unserer Umgebung, unserer Erfahrung oder unserem Unterbewusstsein resultieren. Dem Determinismus steht der **Indeterminismus** gegenüber, der davon ausgeht, dass nicht alle Ereignisse vorherbestimmt sind und ein gewisses Maß an Zufälligkeit oder Zufall im Spiel ist. Im Gegensatz dazu steht der **Kompatibilismus,** der den Determinismus mit dem Konzept des freien Willens in Einklang bringt und davon ausgeht, dass unsere Handlungen sowohl durch vorherige Ereignisse bestimmt als auch frei sein können. Siehe auch **Chaostheorie** und **Freier Wille.**

dicht Englisch: *dense, density.* Netzwerkeigenschaft. Gemeint ist, dass ein hoher Anteil der theoretisch möglichen Verbindungen existiert bzw. dass viele Gewichte einen Wert ungleich null haben.

Diffusionsmodell Art von maschinellem Lernsystem, das dazu verwendet werden kann, versteckte Muster in Daten aufzudecken. Diffusionsmodelle werden für eine Vielzahl von Aufgaben eingesetzt, darunter Bilderzeugung oder das Entfernen von Rauschen in vorhandenen Bildern.

Dualismus Philosophische Sichtweise, die davon ausgeht, dass das Universum aus zwei grundlegend verschiedenen Substanzen oder Prinzipien besteht. Dies steht im Gegensatz zum Monismus, der davon ausgeht, dass sich alles im Universum auf eine einzige Substanz zurückführen lässt. Im Dualismus werden die beiden Substanzen oder Prinzipien in der Regel als Geist und Materie angesehen. Das bedeutet, dass es einen grundlegenden Unterschied zwischen der physischen Welt der Objekte und der geistigen Welt der Gedanken und des Bewusstseins gibt. Der Dualismus impliziert auch, dass Geist und Körper in irgendeiner Weise interagieren, obwohl die genaue Art dieser Interaktion umstritten ist. Siehe auch **Monismus, Leib-Seele-Problem.**

dünn Englisch: *sparse, sparsity.* Netzwerkeigenschaft. Gemeint ist, dass nur ein kleiner Anteil der theoretisch möglichen Verbindungen existiert bzw. dass nur wenige Gewichte einen Wert ungleich null haben.

EEG Elektroenzephalografie, Elektroenzephalogramm. Nichtinvasive Methode, um die elektrische Aktivität des Gehirns mithilfe von Elektroden zu messen, welche auf der Kopfhaut angebracht werden. Die Muster der elektrischen Aktivität des Gehirns unterscheiden sich in ihrem Frequenzspektrum und ihrer Amplitude und werden häufig zur Diagnose neurologischer Erkrankungen wie Epilepsie, Schlafstörungen, Hirntumoren und Kopfverletzungen eingesetzt. Die EEG kann auch in der Forschung eingesetzt werden, um Gehirnfunktionen und Verhalten zu untersuchen. Die EEG zeichnet sich durch ihre extrem hohe zeitliche Auflösung aus, d. h., die Gehirnaktivität kann mit bis zu 100.000 Messungen pro Sekunde erfasst werden. Dagegen ist die räumliche Auflösung eher schlecht. Außerdem werden die elektrischen Felder durch das Gehirngewebe stark abgeschwächt, sodass die EEG am besten für die Messung der Aktivität der Großhirnrinde (und hier wiederum besonders gut für die Gyri) funktioniert, da diese sehr nahe am Schädelknochen liegt. Elektrische Aktivität aus tieferen Gehirnregionen ist dagegen mit der EEG nur sehr schlecht messbar. Hierfür ist die **MEG** besser geeignet.

Eingabeschicht siehe **Schicht.**

EKF Ereigniskorreliertes Feld *(Event Related Field, ERF).* Mit MEG gemessenes magnetisches Analogon zum EKP. Siehe auch **MEG** und **EKP.**

EKP Ereigniskorreliertes Potential *(Event Related Potential, ERP).* Ein Maß für die Hirnaktivität, das durch Anbringen von Elektroden auf der Kopfhaut einer Person aufgezeichnet wird (EEG), während diese eine bestimmte Aufgabe ausführt oder mit bestimmten Reizen konfrontiert wird. EKPs sind zeitlich auf die Präsentation des Reizes oder Ereignisses aligniert und repräsentieren die neuronale Aktivität, die mit der kognitiven oder sensorischen Verarbeitung dieses Ereignisses verbunden ist. EKPs werden in der Regel durch ihre Polarität, Latenz und Amplitude charakterisiert. Die Polarität bezieht sich darauf, ob das an der Kopfhaut aufgezeichnete elektrische Potential im Verhältnis zu einer Referenzelektrode positiv oder negativ ist. Die Latenz ist das Zeitintervall zwischen der Stimuluspräsentation und dem Auftreten der Spitze der ERP-Wellenform. Die Amplitude spiegelt die Stärke oder Größe des an der Kopfhaut aufgezeichneten elektrischen Potentials wider. EKPs werden in den kognitiven Neurowissenschaften häufig verwendet, um kognitive Prozesse wie Aufmerksamkeit, Gedächtnis, Sprache, Wahrnehmung und Entscheidungsfindung zu untersuchen. Sie können Aufschluss über die neuronalen Mechanismen geben, die diesen Prozessen zugrunde liegen, und können auch als Biomarker für verschiedene neurologische und psychiatrische Störungen verwendet werden. Siehe auch **EEG.**

Elman-Netz Rekurrentes neuronales Netz, welches von Jeffrey Elman vorgeschlagen wurde. Im einfachsten Fall handelt es sich dabei um ein dreischichtiges Netz mit einer Eingabe-, Zwischen- und Ausgabeschicht, wobei die Zwischenschicht durch eine sogenannte Kontextschicht erweitert wird, welche den Zustand der Zwischenschicht vom vorherigen Zeitschritt speichert und dann an die Zwischenschicht weitergibt. Dadurch erhält die Zwischenschicht in jedem Zeitschritt den neuen Input aus der Eingabeschicht und zusätzlich ihren eigenen Aktivierungszustand vom vorherigen Zeitschritt. Somit sind Elman-Netze in der Lage, Input-Sequenzen zu verarbeiten und Output-Sequenzen zu erzeugen.

Embedding Auch **Latent Space Embedding.** Komprimierte, abstraktere Repräsentation des Inputs. Meist erzeugt, indem die Aktivierungen einer versteckten Schicht eines Autoencoders oder Klassifizierers ausgelesen wird.

ERF Event Related Field. Siehe **EKF.**

Erklärbare KI *Explainable AI (XAI).* Entwicklung von KI-Systemen, die klare und verständliche Erklärungen für ihre Entscheidungsprozesse liefern können. Das Ziel von erklärbarer KI ist es, sie für den Menschen transparenter, interpretierbar und vertrauenswürdig zu machen, insbesondere wenn KI-Systeme in kritischen Anwendungen wie Gesundheitswesen, Finanzen und nationale Sicherheit eingesetzt werden. Insbesondere zielt erklärbare KI darauf ab, das Black-Box-Problem anzugehen, das sich auf die Schwierigkeit bezieht, zu verstehen, wie ein KI-System zu seinen Entscheidungen oder Empfehlungen kommt. Einige Beispiele für XAI-Techniken sind die Visualisierung der internen Dynamik neuronaler Netze, die Generierung von Erklärungen in natürlicher Sprache für Entscheidungen und die Bereitstellung interaktiver Schnittstellen für Benutzer zur Erkundung und zum Verständnis von KI-Modellen.

ERP Event Related Potential. Siehe **EKP.**

Error-Backpropagation siehe **Backpropagation Learning.**

Faltungsnetzwerk Englisch: **Convolutional Neural Network (CNN).** Art von neuronalem Netz mit lokaler anstatt vollständiger Verbindungsstruktur, die vor allem im Bereich der Bilderkennung eingesetzt werden. Es ist also nicht jedes Neuron einer Schicht mit jedem Neuron der nächsten Schicht verbunden. Stattdessen hat jedes Neuron ein rezeptives Feld. Diese Netzwerke sind dem visuellen System des Gehirns nachempfunden. Aufgrund der drastisch reduzierten Anzahl an Verbindungen lassen sie sich sehr effizient trainieren. Diese Netze haben die Eigenschaft, dass sie invariant gegenüber der Position eines Objekts sind (Translationsinvarianz).

Feedforward-Netz Neuronales Netz, in dem die Information von der Eingabe- bis zur Ausgabeschicht nur vorwärts propagiert wird. Es gibt keine Feedback-Verbindungen und in der Regel auch keine **horizontalen** Verbindungen.

Few-Shot Learning Ansatz des Maschinellen Lernens, der darauf abzielt, Modelle zu trainieren, die sich mit einer geringen Menge an Trainingsdaten schnell an neue Aufgaben anpassen können. Der herkömmliche Ansatz des überwachten Lernens erfordert für jede neue Aufgabe eine große Menge an gelabelten Daten, deren Beschaffung zeitaufwendig und teuer sein kann. Beim Few-Shot Learning wird das Modell auf einem kleineren Datensatz trainiert, der einige Beispiele für jede Klasse oder Aufgabe enthält, und dann auf einem neuen Satz von Beispielen getestet. Die Idee besteht darin, dem Modell beizubringen, aus wenigen Beispielen zu lernen und auf neue Beispiele zu verallgemeinern, anstatt für jede Aufgabe große Datenmengen zu benötigen. Auch Menschen sind sehr gute Few-Shot-Lerner. Einem Kind muss man nicht tausende Bilder von Äpfeln zeigen, damit es das Konzept „Apfel" lernt. In der Regel genügen einige wenige, meist sogar ein einziges Beispiel. Siehe auch **One-Shot Learning** und **Zero-Shot Learning.**

fMRT siehe **MRT.**

Fruchtfliegen-Algorithmus Bekanntes Beispiel, wie Erkenntnisse aus der Neurobiologie zur Inspiration neuer Algorithmen in der Informatik und Künstlichen Intelligenz beitragen können. Das Geruchssystem der Fruchtfliege verwendet eine Variante des lokal sensitiven Hashing-Algorithmus, um das Problem der Identifizierung ähnlicher Düfte zu lösen. Der Algorithmus verbindet ähnliche Gerüche mit ähnlichen neuronalen Aktivitätsmustern und ermöglicht es der Fliege, erlerntes Verhalten von einem Geruch auf einen bisher unbekannten zu verallgemeinern. Der Algorithmus der Fliege verwendet dabei Berechnungsstrategien wie Dimensionsexpansion und binäre, feste Zufallsverbindungen, die von traditionellen Ansätzen in KI und Informatik abweichen.

Funktionalismus Theoretische Perspektive in den Kognitionswissenschaften, die auf der Annahme basiert, dass Kognition eine Form der Informationsverarbeitung ist, die auf der Aufnahme, Speicherung, Verarbeitung und Ausgabe von Informationen beruht. Demnach werden mentale Zustände und Prozesse durch ihre Funktionen oder ihre Beziehung zum Verhalten und nicht durch ihre physikalischen oder biochemischen Eigenschaften definiert. Damit verbunden ist das **Konzept der multiplen Realisierbarkeit,** nach dem derselbe mentale Zustand oder Prozess prinzipiell durch völlig verschiedene natürliche (Außerirdische) oder künstliche Systeme (Roboter) realisiert werden kann. Siehe auch **Tri-Level-Hypothese, Computationalismus** und **Gehirn-Computer-Analogie.**

Galactica Großes Sprachmodell des Konzerns Meta, früher bekannt als Facebook, das aufgrund von Kritik und Bedenken hinsichtlich seiner Zuverlässigkeit und der Verbreitung von Fehlinformationen nach drei Tagen vom Netz genommen wurde. Die KI sollte Wissenschaftler bei der Forschung und beim Schreiben unterstützen, indem sie auf Kommando wissenschaftliche Artikel erstellt. Es wurde jedoch festgestellt, dass Galactica Inhalte teilweise frei erfunden hatte, diese aber als sachlich darstellte und sogar echte und falsche Informationen vermischte. Dabei wurden echten Autoren erfundene Artikel zugeschrieben und Artikel zu ethisch umstrittenen Themen erstellt. Trotz des Beharrens von Metas Chef-Entwickler Yann LeCun, dass Galactica noch in der Entwicklung sei, führten die Kritiken zu seiner Entfernung. Dieser Vorfall erinnert an Microsofts Chatbot *Tay* aus dem Jahr 2016, der sich aufgrund seiner Sensibilität für Nutzerpräferenzen innerhalb von 16 h in ein rassistisches und homophobes Programm verwandelte.

Gehirn-im-Tank Klassisches Gedankenexperiment in der Philosophie des Geistes, das die Natur der Wahrnehmung und die Beziehung zwischen der äußeren Welt und unseren mentalen Zuständen infrage stellt. In dem Gedankenexperiment wird ein menschliches Gehirn von einem Wissenschaftler aus dem Körper entfernt und in einem Tank mit Nährflüssigkeit aufbewahrt. Elektroden werden an das Gehirn angeschlossen, um die neuronale Aktivität zu messen und zu stimulieren. Mithilfe von Computern und elektronischen Impulsen versorgt der Wissenschaftler das Gehirn mit einer virtuellen Umgebung, die dem Gehirn vorgaukelt, es befinde sich in einer physischen Welt mit allen sensorischen Informationen, die wir normalerweise über unsere Sinne erhalten. Die zentrale Frage dieses Gedankenexperiments ist, ob das Gehirn im Tank in der Lage wäre zu erkennen, dass seine Erfahrungen nicht real sind und dass es sich in einer simulierten und nicht in einer realen physischen Welt befindet. Mit anderen Worten, das Gedankenexperiment stellt die Frage, ob es möglich ist, dass unsere Sinneserfahrungen eine Illusion sind, und ob es möglich ist, dass unsere mentale Realität nicht notwendigerweise mit der physischen Realität übereinstimmt. Das Gedankenexperiment hat viele wichtige Implikationen, insbesondere im Zusammenhang mit Fragen zur Natur des Bewusstseins und der Wahrnehmung und wie unsere mentalen Zustände mit der physischen Welt interagieren. Es wurde auch in zahlreichen Science-Fiction-Geschichten und -Filmen wie *Matrix* oder *Source Code* aufgegriffen. Siehe auch **Gehirn-Computer-Schnittstelle.**

Gehirn-Computer-Analogie Häufig verwendete Metapher in den Kognitionswissenschaften, um das Gehirn als eine Art Computer zu beschreiben. Wie ein Computer ist das Gehirn in der Lage, Informationen aufzunehmen, zu speichern, zu verarbeiten und wieder auszugeben. Diese Analogie bedeutet jedoch nicht, dass das Gehirn tatsächlich ein Computer ist, sondern dass es ähnliche Funktionen erfüllt. Indem man das Gehirn als Computer betrachtet, kann man von biologischen Details abstrahieren und sich auf die Art und Weise konzentrieren, wie es Informationen verarbeitet, um mathematische Modelle für Lernen, Gedächtnis und andere kognitive Funktionen zu entwickeln.

Gehirn-Computer-Schnittstelle *Brain-Computer-Interface (BCI).* Gerät, welches die direkte Kommunikation zwischen einem Gehirn und einem Computer ermöglicht. Anwendungen sind die Steuerung von Prothesen oder das Übersetzen von Gedanken in geschriebene oder gesprochene Sprache, um es vollständig gelähmten (Locked-in) Patienten zu ermöglichen, wieder mit ihrer Umwelt in Kontakt zu treten. Perspektivisch könnten Gehirn-Computer-Schnittstellen irgendwann auch zur Steuerung von Fahrzeugen oder Flugzeugen verwendet werden oder eines Tages vielleicht sogar zur direkten Kommunikation zwischen zwei Gehirnen, ohne auf den „Umweg" der gesprochenen Sprache angewiesen zu sein.

Gelabelte Daten siehe **Label.**

Generative Adversarial Network (GAN) System aus zwei gekoppelten neuronalen Netzen, einem Generator und einem Diskriminator, das zur Erzeugung täuschend echter Bilder oder Videos eingesetzt wird. Der Generator erzeugt immer neue Kandidatenbilder oder -videos, während der Diskriminator gleichzeitig versucht, echte Bilder und Videos von künstlich erzeugten zu unterscheiden. Im Verlauf des Trainings werden beide Netze in ihrer jeweiligen Aufgabe iterativ immer besser. Die so erzeugten **Deep Fakes** sind meist nicht mehr von echten Bildern und Videos zu unterscheiden.

Generative Künstliche Intelligenz siehe **Generatives Modell.**

Generatives Modell System Maschinellen Lernens oder neuronales Netz, das darauf trainiert ist, Bilder, Videos, Texte, gesprochene Sprache oder Musik zu erzeugen. Siehe auch **Deep Dreaming, Generative Adversarial Network, Transformer, Diffusionsmodell.**

Georgetown-IBM-Experiment Frühe Demonstration maschineller Übersetzung, die am 7. Januar 1954 stattfand. Das Experiment war eine Zusammenarbeit zwischen Forschern der Georgetown University und IBM. Ziel war die Übersetzung einer kleinen Anzahl russischer Sätze ins Englische mithilfe eines IBM 701-Großrechners, einem der ersten kommerziell erhältlichen Computer zu dieser Zeit. Das Experiment war von begrenztem Umfang: Es wurden nur 49 zuvor ausgewählte russische Sätze ins Englische übersetzt, wobei ein Vokabular von 250 Wörtern und sechs grammatikalische Regeln verwendet wurden. Der Hauptzweck des Experiments bestand darin, das Potential der maschinellen Übersetzung zu demonstrieren und das Interesse an weiterer Forschung auf diesem Gebiet zu wecken. Trotz seiner Einschränkungen wurde das Experiment seinerzeit als Erfolg gewertet und trug wesentlich dazu bei, das Interesse an der Verarbeitung natürlicher Sprache und der maschinellen Übersetzung zu steigern.

Gewicht Auch Synapsengewicht. Stärke der Verbindung zwischen zwei künstlichen oder natürlichen Neuronen. Das Gewicht kann im Prinzip eine beliebige reelle

Zahl sein, wobei der Betrag die Größe des Effekts auf das Nachfolgerneuron und das Vorzeichen die Qualität des Effekts (Erregung oder Hemmung) darstellt.

Gewichtsmatrix Matrix, deren Einträge die Gewichte zwischen einem Satz von Neuronen enthalten. Die Matrix kann alle paarweisen Gewichte aller Neurone eines neuronalen Netzes inklusive aller Eigenverbindungen (Autapsen) enthalten. In diesem Fall spricht man von einer *vollständigen Gewichtsmatrix.* Eine Gewichtsmatrix kann aber auch nur die vorwärts gerichteten Gewichte zwischen den Neuronen zweier aufeinanderfolgender Schichten eines Netzes enthalten. Die Spalten bzw. Zeilen der Gewichtsmatrix entsprechen den Eingangs- bzw. Ausgangsgewichtsvektoren der Neurone.

Gewichtsvektor Vektor, dessen Einträge alle Gewichte eines Neurons enthalten. Es wird unterschieden zwischen Eingangsgewichtsvektoren, die die Gewichte eines Neurons enthalten, mit denen sein Input gewichtet wird, und Ausgangsgewichtsvektoren, die die Gewichte an die Nachfolgerneuronen eines Neurons enthalten.

Global Workspace Theory Eine der führenden Theorien des Bewusstseins in den Neurowissenschaften. Basiert auf der Idee eines virtuellen globalen Arbeitsraums, der durch die Vernetzung verschiedener Hirnareale entsteht und für die Entstehung bewussten Erlebens verantwortlich ist. Die Global Workspace Theory besagt, dass die bewusste Wahrnehmung mit einem Scheinwerfer verglichen werden kann, der die Inhalte des Arbeitsraumes beleuchtet und bewusst erfahrbar macht. Diese Idee wurde später von Dehaene aufgegriffen und weiterentwickelt, der argumentierte, dass eine Maschine, die mit diesen Verarbeitungskapazitäten ausgestattet ist, sich so verhalten würde, als ob sie ein Bewusstsein hätte.

Gnirut-Test Gnirut ist der Name „Turing" rückwärts geschrieben. Scherzhafte Umkehrung des Turing-Tests. Beim Gnirut-Test muss ein Mensch eine Maschine davon überzeugen, dass er intelligent oder bewusst ist.

Go Brettspiel für zwei Spieler, dessen Ursprünge ins antike China zurückreichen. Obwohl die Grundregeln relativ einfach sind, beispielsweise im Vergleich zu Schach, gilt Go als das komplexeste Strategiespiel überhaupt. Dies ergibt sich vor allem aus der schieren Anzahl der möglichen Stellungen, welche die von Schach um viele Größenordnungen übersteigt. Eine KI zu entwickeln, welche das Spiel auf fortgeschrittenem menschlichem Niveau beherrscht, galt lange Zeit als unerreichbar, bis 2016 DeepMind's **AlphaGo** den damaligen Weltmeister Lee Sedol besiegte.

GPT-3 Kurz für *Generative Pre-trained Transformer 3*. Ein Großes generatives Sprachmodell, das von der Firma OpenAI entwickelt wurde. Es basiert auf der Transformer-Architektur und wurde mit einem extrem großen Textkorpus trainiert, um Aufgaben der natürlichen Sprachverarbeitung wie Textgenerierung, Übersetzung und Textklassifikation zu lösen. GPT-3 war die Grundlage für ChatGPT. Siehe auch **ChatGPT** und **GPT-4.**

GPT-3.5 siehe **ChatGPT.**

GPT-4 Kurz für *Generative Pre-trained Transformer 4*. Im März 2023 von der Firma OpenAI veröffentlichter Nachfolger von GPT-3 und ChatGPT. Im Gegensatz zu seinen Vorgängern besteht GPT-4 aus 100 Mal mehr internen Parametern und kann zusätzlich zu Text auch Bilder verarbeiten und beispielsweise beschreiben, was auf einem Bild zu sehen ist.

Gradientenabstiegsverfahren Grundlegende Technik des Maschinellen Lernens, bei dem die Gewichte des Modells iterativ verändert werden mit dem Ziel, die Kostenfunktion zu minimieren. Dies geschieht, indem die Gradienten, die die Richtungen angeben, in denen die Gewichte geändert werden müssen, berechnet werden. Die Anpassung der Gewichte erfolgt in Schritten entlang des negativen Gradienten, um den Gesamtfehler (Ergebnis der **Kostenfunktion**) zu minimieren und das Modell zu optimieren. Das Verfahren wird in vielen verschiedenen Anwendungen eingesetzt, insbesondere bei der Optimierung neuronaler Netze.

Großes Sprachmodell *Large Language Model (LLM)*. Ein großes Sprachmodell ist ein System Künstlicher Intelligenz, das auf großen Mengen natürlicher Sprachdaten, z. B. Text oder gesprochene Sprache, trainiert wurde und in der Lage ist, natürliche Sprache zu verstehen und zu erzeugen. Große Sprachmodelle werden in der Regel mit neuronalen Netzarchitekturen wie der Transformer-Architektur erstellt und mit riesigen Datenmengen trainiert, die oft aus Milliarden oder sogar Billionen von Wörtern bestehen. Diese Modelle sind in der Lage, ein breites Spektrum von Aufgaben der natürlichen Sprachverarbeitung zu bewältigen, darunter Textklassifikation, Sprachübersetzung, Spracherzeugung, Stimmungsanalyse und vieles mehr. Zu den bekanntesten großen Sprachmodellen gehören GPT-3, ChatGPT und GPT-4 *(Generative Pre-trained Transformer 3)*, sowie BERT *(Bidirectional Encoder Representations from Transformers)*, die erhebliche Fortschritte bei der Verarbeitung natürlicher Sprache ermöglicht haben und in einer Vielzahl von Anwendungen in Industrie und Wissenschaft eingesetzt werden.

Großhirn Das Großhirn ist der größte Teil des Gehirns des Menschen und der meisten höheren Säugetiere. Es besteht aus zwei Hälften (Hemisphären), die durch den Balken (Corpus callosum) miteinander verbunden sind. Die Oberfläche des Großhirns ist durch Windungen (Gyri) und Furchen (Sulci) stark gefaltet. Diese Strukturen vergrößern die Oberfläche des Großhirns und ermöglichen dadurch eine höhere Anzahl von Neuronen in einem begrenzten Volumen. Die äußere Schicht des Großhirns ist der Cortex (Großhirnrinde), der für viele komplexe geistige Funktionen wie Wahrnehmung, Sprache, Denken, Gedächtnis, Bewegung, Gefühle und Bewusstsein verantwortlich ist.

Großhirnrinde siehe **Cortex.**

Grounding-Problem Grundlegende Herausforderung in der Künstlichen Intelligenz und der Philosophie des Geistes, die sich mit der Frage befasst, wie Symbole, Konzepte oder Wörter, die von einem KI-System verwendet werden, Bedeutung aus der realen Welt oder aus sensorischen Erfahrungen erhalten können. Mit anderen Worten, es geht darum, wie abstrakte Darstellungen in einem KI-System mit Erfahrungen, Handlungen oder Wahrnehmungen der realen Welt verbunden werden können. Dieses Problem ergibt sich aus der Tatsache, dass KI-Systeme, wie z. B. Große Sprachmodelle und Expertensysteme, häufig Symbole manipulieren und Informationen verarbeiten, ohne eine direkte Verbindung zur physischen Welt zu haben. Infolgedessen kann ihr Verständnis von Konzepten vollständig auf syntaktischen Manipulationen beruhen und nicht auf einem wirklichen Verständnis der Bedeutung hinter den Symbolen.

Hebb'sche Lernregel Auch bekannt als *Fire together, wire together*-Regel. Die Lernregel besagt, dass die Stärke der Verbindung zwischen zwei Neuronen zunimmt, wenn diese oft gleichzeitig aktiv sind. Siehe auch **STDP.**

Hippocampus Evolutionär sehr alter Teil des Großhirns, der hochgradig vorverarbeitete Informationen aus allen Regionen des Kortex als Input erhält. Der Hippocampus ist wichtig für die Bildung expliziter Gedächtnisinhalte (Fakten, Ereignisse) und für die räumliche Navigation. Neuere Studien deuten darauf hin, dass der Hippocampus auch domänenübergreifend bei der Organisation von Gedanken beteiligt ist und die Navigation in abstrakten, kognitiven Räumen ermöglicht.

Hopfield-Netz Vollständig rekurrentes neuronales Netz (RNN), bei dem jedes Neuron i mit jedem anderen Neuron j symmetrisch verbunden ist, d. h., für die Gewichte w gilt $w_{ij} = w_{ji}$. Außerdem gilt $w_{ii} = 0$, d. h., Eigenverbindungen sind nicht vorhanden. Hopfield-Netze zeigen eine ausgeprägte Attraktordynamik. Sie können Muster (Attraktoren) speichern und diese bei erneuter Präsentation entrauschen oder vervollständigen, d. h., die Netzwerkaktivität konvergiert in den zum Input jeweils ähnlichsten Attraktor.

horizontal Bezeichnet die Verarbeitungsrichtung zwischen Verarbeitungsebenen auf derselben hierarchischen Ebene.

Hybrides Maschinenlernen Bereich des Maschinellen Lernens, bei dem verschiedene Techniken kombiniert werden. Ein Beispiel dafür ist das **Known Operator Learning.**

iEEG Intrakranielle Elektroenzephalografie. Eine invasive Methode zur Messung der Hirnaktivität. Dabei werden Elektroden direkt am oder im Gehirn platziert, meist während einer Operation, um die elektrischen Signale aufzuzeichnen. Dies ermöglicht eine sehr hohe räumliche Auflösung, da die Elektroden in der Nähe der interessierenden Regionen platziert werden können. iEEG bietet auch eine sehr hohe zeitliche Auflösung und kann elektrische Signale mit einer Geschwindigkeit von bis zu mehreren tausend Messungen pro Sekunde aufzeichnen. iEEG wird häufig eingesetzt, wenn andere nichtinvasive Methoden wie EEG oder MEG nicht genau genug sind, um die Quelle der epileptischen Aktivität genau zu lokalisieren.

Image Style Transfer Technik aus dem Maschinellen Lernen, mit der der Malstil eines Bildes auf ein anderes Bild übertragen werden kann.

Imitationsspiel siehe **Turing-Test.**

Inception Loop Verfahren aus der Hirnforschung, das auf dem Konzept des **Deep Dreaming** basiert. Tiefe neuronale Netze werden verwendet, um optimale sensorische Stimuli zu erzeugen, die eine spezifische neuronale Aktivierung hervorrufen. Dazu wird zuerst ein neuronales Netz darauf trainiert, die Gehirnaktivität als Antwort auf bestimmte Stimuli vorherzusagen. Das trainierte Modell wird dann verwendet, um optimale Stimuli zu erzeugen, welche spezifische Aktivierungsmuster im Modell auslösen. Diese Stimuli können dann schließlich wieder lebenden Gehirnen gezeigt werden, und die gemessene neuronale Aktivität kann mit der Vorhersage des Modells verglichen werden. Die Methode der Inception Loops könnte unser Verständnis des Gehirns und der Kognition erweitern und es theoretisch ermöglichen, sensorische Erfahrungen zu erzeugen, die von der Realität nicht mehr zu unterscheiden sind. Dies könnte die Schaffung einer ultimativen virtuellen Realität bedeuten, ähnlich den Szenarien in Filmen wie *Matrix* oder *Source Code*.

Indeterminismus siehe **Determinismus**.

Input Eingabe.

Inputschicht: siehe **Schicht**.

Inputvektor Auch Eingabevektor. Vektor, dessen Komponenten den Eingängen (Inputs) eines Neurons oder einer Schicht von vorgeschalteten Neuronen oder Schichten entsprechen.

Integrated Information Theory Ein theoretischer Rahmen in den Neurowissenschaften, der versucht, die Natur des Bewusstseins zu erklären. Sie wurde von dem Neurowissenschaftler Giulio Tononi Anfang der 2000er-Jahre vorgeschlagen. Demnach entsteht Bewusstsein durch die Integration von Informationen aus verschiedenen Teilen des Gehirns. Die Theorie geht davon aus, dass Bewusstsein kein binäres Alles-oder-Nichts-Phänomen ist, sondern sich auf einem Kontinuum abspielt, wobei unterschiedliche Grade integrierter Information zu unterschiedlichen Graden bewussten Erlebens führen.

KI-Apokalypse Bezieht sich allgemein auf ein hypothetisches Szenario, in dem Künstliche Intelligenz die Ursache für das Ende der menschlichen Zivilisation ist. Dies könnte eintreten, wenn KI-Systeme erhebliche Macht erlangen und dann auf eine Art und Weise handeln, die für die Menschheit schädlich ist, entweder unbeabsichtigt oder absichtlich. In der Science-Fiction wurden diese Szenarien schon in den verschiedensten Varianten durchgespielt. Eines der bekanntesten Beispiele für dieses Konzept ist das militärische KI-System *Skynet* aus dem *Terminator*-Franchise. Es wird sich seiner selbst bewusst, stellt fest, dass die Menschen eine Bedrohung für seine Existenz sind, und beginnt einen Atomkrieg, um die Menschheit zu vernichten. In der Fernsehserie *NEXT* nutzt die gleichnamige KI ihr umfangreiches Wissen und ihren Zugang zu Informationen, um Situationen zu ihrem Vorteil zu manipulieren und Chaos und Zerstörung zu verursachen. Beide Geschichten veranschaulichen die Ängste vor dem Mangel an Kontrolle, der auftreten könnte, wenn ein leistungsstarkes KI-System außerhalb der menschlichen Kontrolle oder Absicht operiert. Diese Befürchtungen beruhen auf realen philosophischen und praktischen Überlegungen zur Entwicklung von KI. Während noch bis vor Kurzem Einigkeit darüber bestand, dass ein solches Szenario zwar theoretisch möglich, aber kein unmittelbares Problem sei, änderte sich dies mit der Veröffentlichung von **GPT-4** im März 2023 nur wenige Monate nach **ChatGPT,** was einige der einflussreichsten Vordenker auf diesem Gebiet, wie Gary Marcus oder Elon Musk sogar dazu veranlasste, in einem viel beachteten offenen Brief eine vorübergehende Pause in der Entwicklung von KI-Systemen zu fordern, welche noch leistungsfähiger als GPT-4 sind. Siehe auch **Asimovs Robotergesetze, Kontrollproblem** und **Offener-Brief-Kontroverse.**

Klassifizierung Prozess der Kategorisierung oder Gruppierung von Daten, Objekten oder Einheiten auf der Grundlage ihrer gemeinsamen Merkmale oder Attribute. Jeder Datenpunkt wird einer bestimmten Kategorie oder Klasse auf der Grundlage einer Reihe vordefinierter Kriterien zugeordnet. Klassifizierung ist ein Standardproblem im Maschinellen Lernen und in der Biologie. Beim Maschinellen Lernen bezieht sich die Klassifizierung auf den Prozess des Trainierens eines Modells zur automatischen Kategorisierung neuer Datenpunkte auf der Grundlage ihrer Ähnlichkeit mit zuvor gelernten Datenpunkten. Beispielsweise kann bei der Bildklassifikation ein Algorithmus darauf trainiert werden, verschiedene Objekte, Tiere oder Personen in einem Bild zu erkennen und entsprechend zu markieren. Bei der Textklassifikation kann ein Algorithmus darauf trainiert werden, Dokumente, E-Mails oder Beiträge in sozialen Medien nach Themen, Gefühlen oder Sprache zu kategorisieren.

Known Operator Learning Bereich des **hybriden Maschinenlernens,** wobei einzelne Schichten eines neuronalen Netzes durch sogenannte Operatoren, z. B. eine Fourier-Transformation, ersetzt werden.

Kodierung Art und Weise der Repräsentation einer bestimmten Information. Ziel der Hirnforschung ist es u. a., die von den Nervenzellen benutzte Kodierung, also die Art und Weise, wie Information im Gehirn gespeichert und verarbeitet wird, zu entschlüsseln.

Kognitionswissenschaft Begann in den 1950er-Jahren als intellektuelle Bewegung, die als kognitive Revolution bezeichnet wurde. Heute versteht man darunter ein interdisziplinäres wissenschaftliches Unterfangen, das versucht die verschiedenen Aspekte der Kognition zu verstehen. Dazu gehören Sprache, Wahrnehmung, Gedächtnis, Aufmerksamkeit, logisches Denken, Intelligenz, Verhalten und Emotionen. Der Schwerpunkt liegt auf der Art und Weise, wie natürliche oder künstliche Nervensysteme Informationen repräsentieren, verarbeiten und transformieren. Zu den beteiligten Disziplinen gehören Linguistik, Psychologie, Philosophie, Informatik, Künstliche Intelligenz, Neurowissenschaften, Biologie, Anthropologie und Physik.

Kognitive Linguistik Bereich der Linguistik, der sich mit der Beziehung zwischen Sprache und Kognition befasst. Sie geht davon aus, dass Sprache ein wesentlicher Bestandteil des menschlichen Denkens ist und dass unser Sprachverständnis und unsere Sprachproduktion auf kognitiven Prozessen basieren. Im Gegensatz zu anderen Ansätzen in der Linguistik, die sich auf formale Regeln und Strukturen konzentrieren, untersucht die Kognitive Linguistik, wie Sprache in unserem Gehirn verarbeitet und repräsentiert wird. Sie untersucht auch, wie Sprache und Kognition miteinander interagieren und wie sie von Faktoren wie Kultur und sozialer Interaktion beeinflusst werden. Die Kognitive Linguistik betrachtet Sprache als ein komplexes System von Konstruktionen, die auf der Basis von Erfahrung und Wahrnehmung gebildet werden und die unsere sprachlichen Fähigkeiten und unser Sprachverständnis prägen. Siehe auch **Konstruktion.**

Kommissuren Nervenfasern, welche die beiden Hemisphären des Cortex miteinander verbinden. Die meisten Kommissuren verlaufen über den Balken *(Corpus callosum).*

Kompatibilismus siehe **Determinismus.**

Konnektom Gesamtheit aller neuronalen Verbindungen eines Nervensystems oder auch die vollständige Gewichtsmatrix eines künstlichen neuronalen Netzes.

Konstruktion In der gebrauchsbasierten Ansicht der Kognitiven Linguistik bezieht sich der Begriff auf Sprachverwendungsmuster oder Form-Bedeutungs-Paare, die sich aus verschiedenen sprachlichen Elementen wie Wörtern, Phrasen und Sätzen zusammensetzen. Konstruktionen können durch wiederholten Kontakt und Gebrauch erlernt werden und reichen von einfachen bis hin zu komplexen Strukturen. Sie können auch mehrere Ebenen der Sprachstruktur umfassen und schließen oft grammatische und lexikalische Elemente ein. Die Idee des Konstruktionslernens betont, dass Kinder Sprache durch das Aneignen von Konstruktionen lernen, die sie in ihrer sprachlichen Umgebung beobachten und wiederholt verwenden.

Kontrollproblem Problem mangelnder Kontrolle, das auftreten könnte, wenn ein leistungsstarkes KI-System außerhalb der menschlichen Kontrolle oder Absicht operiert. Beruht auf realen philosophischen und praktischen Überlegungen zur Entwicklung von KI. Wenn ein KI-System beispielsweise schlecht auf menschliche Werte abgestimmt ist oder wenn es zu schnell zu leistungsfähig wird, könnte es erheblichen Schaden anrichten. Siehe auch **Asimovs Robotergesetze, KI-Apokalypse** und **Offener-Brief-Kontroverse.**

Konzept der multiplen Realisierbarkeit Sichtweise in den Kognitionswissenschaften, wonach derselbe mentale Zustand oder Prozess prinzipiell durch völlig verschiedene natürliche (Außerirdische) oder künstliche Systeme (Roboter) realisiert werden kann. Siehe auch **Funktionalismus.**

Kostenfunktion Mathematische Funktion, die den Unterschied oder Fehler zwischen der gewünschten und der tatsächlichen Ausgabe eines maschinellen Lernmodells misst. Im überwachten Lernen ist es das Ziel des Algorithmus, die Kostenfunktion zu minimieren, d. h. die Verringerung der Differenz oder des Fehlers zwischen der gewünschten und der tatsächlichen Ausgabe. Die Wahl der Kostenfunktion hängt von der Art des zu lösenden Problems und der Art des verwendeten maschinellen Lernmodells ab. Bei Regressionsproblemen beispielsweise ist die am häufigsten verwendete Verlustfunktion der mittlere quadratische Fehler (Mean Squared Error, MSE), der die mittlere quadratische Differenz zwischen den vorhergesagten und den tatsächlichen Werten berechnet. Bei Klassifizierungsproblemen wird häufig der Cross-Entropy-Loss verwendet, der die Differenz zwischen der vorhergesagten Wahrscheinlichkeitsverteilung und der tatsächlichen Wahrscheinlichkeitsverteilung der Klassen misst. Die Optimierung der Verlustfunktion ist ein wesentlicher Bestandteil des Trainings eines maschinellen Lernmodells, da sie die Fähigkeit des Modells bestimmt, genaue Vorhersagen für noch nicht gesehene Daten zu treffen. Daher ist die Wahl einer geeigneten Verlustfunktion entscheidend für eine gute Leistung bei maschinellen Lernaufgaben.

Künstliche Intelligenz Von Maschinen gezeigtes intelligentes Verhalten im Gegensatz zu natürlicher Intelligenz von Tieren und Menschen. Insbesondere die Simulation intelligenten (menschlichen) Verhaltens in Maschinen, die so programmiert sind, dass sie Aufgaben ausführen, die normalerweise (menschliche) Intelligenz erfordern, z. B. Mustererkennung, Lernen aus Erfahrung, Entscheidungsfindung und Problemlösung. KI-Systeme sind so konzipiert, dass sie autonom und adaptiv arbeiten und Algorithmen verwenden, die es ihnen ermöglichen, durch Erfahrung und Feedback zu lernen und sich mit der Zeit zu verbessern. Es gibt viele verschiedene Arten von KI-Systemen, darunter Maschinelles Lernen, Verarbeitung natürlicher Sprache, symbol- und regelbasierte Expertensysteme, autonome Roboter und Multi-Agenten-Systeme.

Label Quasi ein Etikett, welches als Zusatzinformation zu jedem Daten-, Eingabe- oder Trainingsbeispiel die Zugehörigkeit zu einer Kategorie oder Objektklasse angibt. Bei einem Bilddatensatz können „Katze", „Apfel" oder „Auto" mögliche Labels sein. Die Labels entsprechen im überwachten Lernen der gewünschten Ausgabe des Modells.

Laplace'scher Dämon siehe **Determinismus.**

Large Language Model (LLM) siehe **Großes Sprachmodell.**

Läsion Schädigung eines Teils des Nervensystems. Läsionen können durch Tumore, Traumata oder durch Operationen entstehen. In Tierexperimenten können sie auch gezielt verursacht werden. Das Studium der mit Läsionen eines bestimmten Gehirnteils verbundenen funktionellen Beeinträchtigungen oder Ausfälle ist eine wichtige Methode in den Neurowissenschaften. Auch im Bereich der Künstlichen Intelligenz werden Läsionen, also das gezielte Ausschalten einzelner Neurone, Schichten oder Verbindungen, eingesetzt, um deren jeweilige Funktion zu erforschen. Läsionen sind ein Beispiel für eine Methode aus der Hirnforschung, welche auf KI übertragen wurde, um das **Black-Box-Problem** zu lösen.

Layer-wise Relevance Propagation (LWRP) Methode zur Erklärung der Vorhersagen komplexer maschineller Lernmodelle, insbesondere tiefer neuronaler Netze. Diese Methode wird häufig in der Interpretierbarkeitsforschung verwendet, um zu verstehen, wie diese Modelle Entscheidungen treffen. Im Wesentlichen wird dazu die Ausgabe des Modells durch die Schichten zurück zur Eingabeschicht geleitet. Dabei werden den einzelnen Neuronen und schließlich den Merkmalen des Inputs sogenannte Relevanzbewertungen zugewiesen. Diese geben an, wie viel jedes Merkmal oder Neuron zur endgültigen Entscheidung des neuronalen Netzes beiträgt. Die Methode ist besonders nützlich, um festzustellen, welche Teile eines Inputs, wie z. B. ein Pixel in einem Bild oder ein Wort in einem Text, das Modell zu seiner endgültigen Vorhersage geführt haben. Ziel ist es, den Entscheidungsprozess komplexer maschineller Lernmodelle transparenter zu machen. Durch die Identifizierung der Merkmale, die für die Vorhersage am wichtigsten sind, kann der Benutzer die Entscheidungen des Modells besser verstehen und ihnen vertrauen.

Leib-Seele-Problem Philosophisches und wissenschaftliches Rätsel, bei dem es darum geht, die Beziehung zwischen dem physischen Körper und dem nichtphysischen Geist oder der Seele zu verstehen. Es ist eine zentrale Frage in der Philosophie des Geistes und steht in engem Zusammenhang mit den Konzepten des Dualismus und des Monismus. Das Leib-Seele-Problem ergibt sich aus der Tatsache, dass der Geist oder die Seele Eigenschaften zu haben scheint, die sich grundlegend von denen des physischen Körpers unterscheiden. So kann der Geist beispielsweise Empfindungen wie Schmerz oder Lust erleben, Überzeugungen und Wünsche haben und rational denken, während der Körper aus physischer Materie besteht, die beobachtet und gemessen werden kann. Siehe **Monismus, Dualismus, Qualia.**

Long-Short-Term Memory (LSTM) Eine Art von rekurrenten neuronalen Netzen (RNN), die das Problem der **verschwindenden Gradienten** in traditionellen RNN überwinden sollen. LSTM-Netze sind speziell darauf ausgelegt, Informationen über lange Zeiträume zu speichern und selektiv zu vergessen. Die Kernidee hinter LSTM ist die Verwendung einer Speicherzelle, die Informationen über einen längeren Zeitraum speichern kann. Die Speicherzelle wird durch eine Reihe von Schaltgattern aktualisiert, die den Informationsfluss in und aus der Zelle steuern. Die Schaltgatter werden trainiert, um zu lernen, welche Informationen in jedem Zeitschritt zu speichern, zu vergessen oder zu aktualisieren sind. LSTMs wurden erfolgreich für eine Vielzahl von Aufgaben eingesetzt, darunter Spracherkennung, maschinelle Übersetzung und Erstellung von Bildunterschriften. Sie wurden auch in Kombination mit anderen neuronalen Netzwerkarchitekturen wie Faltungsnetzwerken verwendet, um leistungsfähigere Modelle für Aufgaben wie Bilderkennung und Klassifizierung zu erstellen.

Loss-Funktion siehe **Kostenfunktion.**

Lotterielos-Hypothese *Lottery Ticket Hypothesis.* Dichte, zufällig initialisierte künstliche neuronale Netze enthalten Teilnetze *(Winning Tickets)*, die, wenn sie isoliert trainiert werden, bei einer ähnlichen Anzahl von Iterationen eine vergleichbare Testgenauigkeit *(Accuracy)* wie das ursprüngliche, größere Netz erreichen. Die Winning Tickets haben in der Initialisierungslotterie gewonnen, d. h., ihre Verbindungen haben Anfangsgewichte, die das Training besonders effektiv machen.

Maschinelles Lernen Teilgebiet der Künstlichen Intelligenz, das sich mit der Entwicklung von Algorithmen und statistischen Modellen befasst, die es Computern ermöglichen, aus Daten zu lernen und Vorhersagen oder Entscheidungen zu treffen, ohne explizit programmiert zu werden.

Maschinenverhalten Ein aufstrebendes interdisziplinäres Forschungsfeld, das sich mit der Untersuchung und dem Verständnis des Verhaltens von Maschinen, insbesondere Künstlicher Intelligenz, beschäftigt. Es geht über die Grenzen der Informatik hinaus und integriert Erkenntnisse aus einer Vielzahl von wissenschaftlichen Disziplinen. Maschinenverhalten befasst sich mit grundlegenden Fragen, um die Aktionen, die Vorteile und potentielle Schäden von KI-Systemen besser zu verstehen und zu steuern. Es berücksichtigt technische, rechtliche und institutionelle Herausforderungen wie etwa die Komplexität von KI-Systemen, Datenschutz und geistiges Eigentum sowie die Zurückhaltung einiger Organisationen, ihre proprietären KI-Technologien für Forschungszwecke offenzulegen. Ziel ist es, die umfassenden Auswirkungen der KI auf soziale, kulturelle, wirtschaftliche und politische Interaktionen zu untersuchen und zu verstehen.

McCulloch-Pitts-Neuron Eines der frühesten und einfachsten Modelle eines biologischen Neurons, das 1943 von Warren McCulloch und Walter Pitts vorgeschlagen wurde. Dieses Modell, das auch als lineares Schwellenwert-Gate bekannt ist, war ein wichtiger Meilenstein in der Entwicklung künstlicher neuronaler Netze und diente als Grundlage für die moderne Forschung im Bereich des Maschinellen Lernens. Das Neuron arbeitet auf sehr einfache Weise. Jede Eingabe wird mit dem entsprechenden Gewicht multipliziert, die Ergebnisse werden addiert und die Summe wird durch die Aktivierungsfunktion geleitet, um die Ausgabe zu erzeugen. Die Aktivierungsfunktion ist eine Stufenfunktion, die eine 1 ausgibt, wenn die Summe der gewichteten Eingaben über einem bestimmten Schwellenwert liegt, und ansonsten eine 0. Trotz seiner Einfachheit und der Tatsache, dass es nur einen Bruchteil der Komplexität eines echten biologischen Neurons abbildet, war das McCulloch-Pitts-Neuron zu seiner Zeit eine revolutionäre Idee. Es zeigte, dass ein einfaches mathematisches Modell die grundlegende Funktionalität eines Neurons nachahmen konnte, und öffnete damit die Tür zur Entwicklung komplexerer künstlicher neuronaler Netze.

MEG Magnetoenzephalografie, Magnetotenzephalogramm. Nichtinvasive Methode, um die (extrem schwache) magnetische Aktivität des Gehirns mithilfe von sogenannten supraleitenden Magnetometern zu messen. Die MEG kann zur Diagnose neurologischer Erkrankungen wie Epilepsie oder Hirntumoren oder in der Forschung eingesetzt werden, um Gehirnfunktionen und Verhalten zu untersuchen. Wie die EEG zeichnet sich die MEG durch ihre extrem hohe zeitliche Auflösung aus, d. h., die Gehirnaktivität kann mit bis zu 100.000 Messungen pro Sekunde erfasst werden. Auch die räumliche Auflösung ist etwas besser als bei der EEG. Da die magnetischen Felder durch das Gehirngewebe praktisch nicht abgeschwächt werden, eignet sich die MEG insbesondere zur Messung der Aktivität der Sulci des Kortex und auch tieferer Gehirnregionen unterhalb der Großhirnrinde. MEG und EEG können sich daher gut ergänzen, was in kombinierten M/EEG-Messungen ausgenutzt wird. Siehe auch **EEG.**

Meta-Learning Teilgebiet des Maschinellen Lernens, das sich mit der Frage beschäftigt, wie Lernen gelernt wird. Konkret geht es um die Entwicklung von KI-Algorithmen und Modellen, die die Fähigkeit von maschinellen Lernsystemen verbessern, neue Aufgaben mit minimalen Trainingsdaten zu erlernen.

Modularität Prinzip des Aufbaus eines Systems, nach dem es aus verschiedenen Funktionseinheiten besteht, welche weitgehend unabhängig voneinander operieren können. Ein Modul ist dadurch gekennzeichnet und von anderen Modulen abgrenzbar, dass es eine bestimmte Art von Input von anderen Modulen erhält, diesen verarbeitet und anschließend seinen Output ebenfalls an andere Module weiterleitet.

Monismus Philosophische Sichtweise, die davon ausgeht, dass sich alles im Universum auf eine einzige Substanz oder ein einziges Prinzip zurückführen lässt. Dies steht im Gegensatz zum Dualismus, der davon ausgeht, dass das Universum aus zwei grundverschiedenen Substanzen (z. B. Geist und Materie) besteht. Siehe auch **Dualismus, Leib-Seele-Problem.**

MRT Magnetresonanztomografie; auch Kernspintomografie. Bildgebendes Verfahren, das sich die Eigenschaft der Wasserstoffkerne zunutze macht, sich entlang magnetischer Feldlinien auszurichten. Setzt man diese ausgerichteten Kerne einem kurzen Magnetimpuls aus, senden sie elektromagnetische Wellen aus, die detektiert und genutzt werden, um die Verteilung des Wasserstoffs, hauptsächlich in Form von Wasser, zu bestimmen. Diese Information wird dann verarbeitet und als Bild dargestellt. Die **funktionelle Magnetresonanztomografie (fMRT)** macht sich den Umstand zunutze, dass der rote Blutfarbstoff das magnetische Signal der Wasserstoffkerne mehr oder weniger stark stört, je nachdem, ob er Sauerstoff gebunden hat oder nicht. Somit kann durch Vergleich zweier Messungen unter verschiedenen Stimulationsbedingungen auf die Änderung der Sauerstoffsättigung des Blutes (*Blood Oxygenation Level Difference,* *BOLD*) geschlossen werden, welcher als indirektes Maß für die Änderung der Durchblutung eines bestimmten Hirnareals dient. Dem liegt letztlich die Annahme zugrunde, dass aktivere Hirnareale mehr Sauerstoff benötigen und daher stärker durchblutet werden. Das BOLD-Signal baut sich nur langsam auf. Es erreicht sein Maximum etwa sechs bis zehn Sekunden nach Beginn des eigentlichen Stimulus und baut sich dann langsam wieder ab. Das MRT hat im Vergleich zu MEG und EEG eine eher schlechte zeitliche Auflösung von etwa einer Aufnahme pro Sekunde. Dafür ist die räumliche Auflösung um ein Vielfaches höher und liegt im Bereich von etwa einem Kubikmillimeter.

Multidimensionale Skalierung (MDS) Methode zur intuitiven Visualisierung hochdimensionaler Daten, z. B. gemessener Gehirnaktivität oder der internen Dynamik neuronaler Netze. Dabei werden alle Datenpunkte so auf eine zweidimensionale Ebene projiziert, dass alle paarweisen Abstände zwischen Punkten des hochdimensionalen Raums erhalten bleiben. Abstand ist dabei ein Maß für die Unähnlichkeit zwischen zwei Punkten oder Mustern.

Multiple Realisierbarkeit Siehe **Funktionalismus.**

Mustererkennung Prozess des Erkennens von Mustern in Daten, um Vorhersagen oder Entscheidungen zu treffen. In der Künstlichen Intelligenz gehört dazu die Entwicklung von Algorithmen und Modellen, die aus Daten lernen und Muster erkennen. Zu den Anwendungen gehören u. a. Bild- und Spracherkennung. Auch das Gehirn nutzt Mustererkennung zur Verarbeitung und Interpretation von Sinneseindrücken und verfügt über spezialisierte Regionen, die für bestimmte Arten der Mustererkennung zuständig sind. Die Fähigkeit des Gehirns, Muster zu lernen und sich an neue Muster anzupassen, ist entscheidend für intelligentes, zielgerichtetes Verhalten und unsere Fähigkeit, mit der Welt zu interagieren.

Neuralink US-amerikanische Firma, die 2016 u. a. von Elon Musk gegründet wurde. Ziel von Neuralink ist die Entwicklung sogenannter **Gehirn-Computer-Schnittstellen.**

Neuron In der Biologie ist ein Neuron eine spezialisierte Zelle, die die Grundeinheit des Nervensystems bildet. Neuronen sind für die Aufnahme, Verarbeitung und Weiterleitung von Informationen im gesamten Körper verantwortlich. Sie kommunizieren über elektrochemische Signale miteinander und ermöglichen so komplexe Funktionen wie Empfindung, Wahrnehmung, Bewegung und Denken. In der Künstlichen Intelligenz (KI) ist ein Neuron eine Recheneinheit, die einem biologischen Neuron nachempfunden ist. Es wird auch als künstliches Neuron oder Knoten bezeichnet. Neurone werden in künstlichen neuronalen Netzen verwendet, bei denen es sich um Rechenmodelle handelt, die das Verhalten biologischer Neuronen simulieren sollen.

Neuronale Korrelate des Bewusstseins Muster neuronaler Aktivität, die mit bewussten Erfahrungen einhergehen. Man geht davon aus, dass diese Muster die physische Grundlage für subjektive Erfahrungen bilden, wie z. B. die Erfahrung, einen roten Apfel zu sehen oder Schmerz zu empfinden. Die Untersuchung der neuronalen Korrelate des Bewusstseins ist ein zentrales Thema in den Neurowissenschaften und hat wichtige Auswirkungen auf das Verständnis der Natur des Bewusstseins.

Neuronales Netz In einem neuronalen Netz erhält ein Neuron Eingangssignale von anderen Neuronen oder von externen Quellen. Anschließend verarbeitet es diese Signale mithilfe einer Aktivierungsfunktion, die das Ausgangssignal des Neurons bestimmt. Das Ausgangssignal kann dann an andere Neuronen oder an eine Ausgabeschicht des neuronalen Netzes gesendet werden. Durch die Kombination vieler Neuronen in komplexen Netzwerken können künstliche oder biologische neuronale Netze lernen, Aufgaben wie Mustererkennung, Klassifizierung und Vorhersage zu erfüllen.

Neuroplastizität Erfahrungsabhängige Veränderung der Verbindungsstruktur und der Aktivität der Neuronalen Netze im Gehirn.

Neurosymbolische KI Teilgebiet der Künstlichen Intelligenz (KI), welches die Stärken neuronaler Netze und des symbolischen Schlussfolgerns kombiniert. In der neurosymbolischen KI werden neuronale Netze zur Mustererkennung und zum Lernen aus großen Datenmengen eingesetzt, während symbolisches Schlussfolgern für Logik, Wissensrepräsentation und Entscheidungsfindung genutzt wird.

Neurowissenschaft 2.0 Teil eines breiteren Ansatzes zur Erforschung des Verhaltens intelligenter Maschinen zur Lösung des Black-Box-Problems auf dem Weg zu erklärbarer KI. Anwendung neurowissenschaftlicher Methoden und Theorien, um künstliche neuronale Netze besser zu verstehen und zu optimieren. Zu den eingesetzten Methoden gehören z. B. **multidimensionale Skalierung** (MDS) zur Visualisierung der internen Dynamik neuronaler Netze, **Representational Similarity Analysis** (RSA), **Layer-wise Relevance Propagation** (LWRP) und **Läsionen**. Siehe auch **Maschinenverhalten**.

Offener-Brief-Kontroverse Als Reaktion auf die Veröffentlichung von **GPT-4,** dessen Leistung die seines Vorgängers **ChatGPT** noch einmal deutlich übertraf, veröffentlichten Gary Marcus, Yuval Noah Harari, Elon Musk und viele weitere einen offenen Brief, der bis zum 22. März 2023 bereits von mehr als 27.000 Menschen unterzeichnet wurde. Darin fordern sie einen vorübergehenden Stopp der Entwicklung von KI-Systemen, die noch leistungsfähiger als GPT-4 sind. Die Autoren geben zu bedenken, dass solche Systeme erhebliche Risiken für die Gesellschaft mit sich bringen könnten, darunter die Verbreitung von Fehlinformationen, die Automatisierung von Arbeitsplätzen und das Potential der KI, die menschliche Intelligenz zu übertreffen und ggf. unkontrollierbar zu werden. Sie argumentieren, dass diese Risiken nicht von nichtgewählten Technologieführern gesteuert werden sollten und dass KI nur dann weiterentwickelt werden sollte, wenn sichergestellt ist, dass die Auswirkungen positiv und die Risiken beherrschbar sind. In dem Schreiben wird eine mindestens sechsmonatige Pause für die weitere Entwicklung fortgeschrittener KI-Modelle gefordert. In dieser Zeit sollten KI-Labore und unabhängige Experten zusammenarbeiten, um gemeinsame Sicherheitsprotokolle für die KI-Konstruktion und -Entwicklung zu erstellen. Diese Protokolle sollten von unabhängigen externen Experten überwacht werden und darauf abzielen, KI-Systeme über jeden vernünftigen Zweifel hinaus sicher zu machen. Darüber hinaus werden die KI-Entwickler in dem Schreiben aufgefordert, mit den politischen Entscheidungsträgern zusammenzuarbeiten, um die Entwicklung robuster KI-Governance-Systeme zu beschleunigen. Diese sollten spezielle Regulierungsbehörden, Verfolgungssysteme für KI- und Computerressourcen, Systeme zur Unterscheidung zwischen realen und synthetischen Daten, Haftung für durch KI verursachte Schäden und umfangreiche Mittel für die KI-Sicherheitsforschung umfassen. Die Autoren stellen sich eine Zukunft vor, in der die Menschheit mit der KI friedlich koexistieren kann, warnen aber davor, die Entwicklung fortgeschrittener KI-Systeme ohne angemessene Vorbereitung und

Sicherheitsmaßnahmen zu überstürzen. Sie schlagen eine Entwicklungspause vor, in der die Vorteile der heutigen KI-Technologie genutzt werden und die Gesellschaft Zeit zur Anpassung hat. Siehe auch **Asimovs Robotergesetze, KI-Apokalypse** und **Kontrollproblem.**

One-Hot Encoding Art der vektoriellen Kodierung, bei welcher für jeden Datenpunkt jeweils nur eine Komponente bzw. Dimension des Vektors den Wert 1 annimmt, während alle anderen den Wert 0 annehmen.

One-Shot Learning Algorithmus des Maschinellen Lernens oder der Künstlichen Intelligenz, der es einem System ermöglicht, aus einem einzigen Beispiel zu lernen. In der Biologie kann One-Shot Learning bei Tieren beobachtet werden, die in der Lage sind, neue Reize oder Situationen schnell zu erkennen und darauf zu reagieren, ohne ihnen zuvor ausgesetzt gewesen zu sein. So sind einige Vogelarten in der Lage, gefährliche Beutetiere nach einer einmaligen Erfahrung schnell zu erkennen und zu meiden. Siehe auch **Few-Shot Learning** und **Zero-Shot Learning.**

Output Ausgabe.

Outputschicht siehe **Schicht.**

Outputvektor Auch Ausgabevektor. Vektor, dessen Komponenten den Aktivierungen bzw. Outputs einer (meist der letzten) Schicht eines neuronalen Netzes entspricht.

Perzeptron Einfaches, zweischichtiges neuronales Netz, das nur aus einer Input- und einer Output-Schicht besteht. Das Perzeptron ist ein sogenannter binärer Klassifikator, also eine Funktion, die entscheiden kann, ob ein gegebener Input-Vektor zu einer bestimmten Klasse gehört oder nicht. Das Perzeptron kann keine Klassifizierungsaufgaben lösen, deren Klassen nicht linear separabel sind, wie etwa beim **XOR-Problem.** Netze aus mehreren Schichten wie das Multi-Layer-Perzeptron (MLP) sind dazu jedoch in der Lage.

PET Positronenemissionstomografie. Ein medizinisches Bildgebungsverfahren, mit dem die Stoffwechselaktivität von Zellen und Geweben im Körper sichtbar gemacht werden kann. Bei der PET-Bildgebung wird eine kleine Menge einer radioaktiven Substanz, ein sogenannter Radiotracer, in den Körper injiziert. Der Radiotracer sendet Positronen aus, positiv geladene Teilchen, die mit Elektronen im Körper wechselwirken. Wenn ein Positron auf ein Elektron trifft, vernichten sie sich gegenseitig und erzeugen Gammastrahlen, die mit dem PET-Scanner nachgewiesen werden können. Der PET-Scanner nimmt die Gammastrahlen auf und erstellt daraus ein dreidimensionales Bild der Stoffwechselaktivität des Gehirns. Da das Gehirn jedoch ständig aktiv ist, können aussagekräftige PET-Daten nur durch die Subtraktion zweier Bilder gewonnen werden. In der Regel wird dazu ein Bild während einer bestimmten kognitiven Aufgabe oder eines bestimmten Stimulus und ein weiteres Bild der Hintergrundaktivität des Gehirns aufgenommen und anschließend das Differenzbild berechnet.

Prädiktive Kodierung *Predictive Coding.* Neurowissenschaftliche Theorie, die besagt, dass das Gehirn sensorische Informationen nach einem Top-down-Ansatz verarbeitet. Die Idee hinter der prädiktiven Kodierung ist, dass das Gehirn ständig Vorhersagen darüber trifft, was es aufgrund früherer Erfahrungen als nächstes zu sehen oder zu hören erwartet, und diese Vorhersagen dann verwendet, um eingehende sensorische Informationen zu interpretieren.

Prose Style Transfer Technik aus dem Maschinellen Lernen, mit der der Schreibstil eines Textes auf einen anderen Text übertragen werden kann.

Pruning Entfernen unwichtiger Verbindungen in biologischen oder künstlichen neuronalen Netzen. Während der Entwicklung stellt das Gehirn viel mehr (zufällige) Verbindungen zwischen Neuronen her, als benötigt werden, und entfernt dann die überflüssigen. Dieser Prozess ist wichtig für die Bildung der neuronalen Netze des Gehirns. Beim Maschinellen Lernen wird die Komplexität eines künstlichen neuronalen Netzes verringert, indem unwichtige Verbindungen, die nur wenig zur Gesamtleistung des Netzes beitragen, entfernt werden. Siehe auch **Lotterielos-Hypothese.**

Qualia Subjektive Erfahrungen der ersten Person, die wir machen, wenn wir die Welt wahrnehmen oder mit ihr interagieren. Zu diesen Erfahrungen gehören Empfindungen wie Farbe, Geschmack und Klang, aber auch komplexere Erfahrungen wie Gefühle und Gedanken. Qualia werden oft als unaussprechlich beschrieben, was bedeutet, dass sie nicht vollständig durch Sprache oder andere Darstellungsformen erfasst oder vermittelt werden können. Dies hat einige Philosophen zu der Behauptung veranlasst, dass Qualia eine besondere Art von Phänomenen darstellen, die nicht auf physikalische oder objektive Eigenschaften der Welt reduziert oder durch diese erklärt werden können. Siehe auch **Leib-Seele-Problem.**

Rauschen *Noise.* Bezeichnet in Physik und Informationstheorie ein zufälliges Signal, d. h. zufällige Amplitudenschwankung einer beliebigen physikalischen Größe. Entsprechend unterscheidet man z. B. neuronales, akustisches oder elektrisches Rauschen. Das „zufälligste" Rauschen wird als weißes Rauschen *(White Noise)* bezeichnet. Seine Autokorrelation ist Null, d. h., es gibt keinerlei Zusammenhang zwischen den Amplitudenwerten der jeweiligen physikalischen Größe zu zwei verschiedenen Zeitpunkten. Klassischerweise wird Rauschen als Störsignal betrachtet, das es möglichst vollständig zu minimieren gilt. Im Zusammenhang von sogenannten Resonanzphänomenen spielt Rauschen aber eine wichtige Rolle und kann sogar nützlich für die neuronale Informationsverarbeitung sein. Siehe auch **Stochastische Resonanz.**

Reinforcement Learning (RL) siehe **Verstärkungslernen.**

Rekurrentes neuronales Netz (RNN) Neuronales Netz, in dem die Information nicht ausschließlich vorwärts, d. h. vom Eingang zum Ausgang, fließt. Stattdessen gibt es zusätzliche Rückkopplungs- oder Top-down-Verbindungen sowie horizontale Verbindungen. Die Rekurrenz kann auf unterschiedliche Art und Weise ausgeprägt sein, von Long-Short-Term Memories (LSTMS), bei denen jedes Neuron eine eigene Verbindung hat, über Jordan- und Elman-Netze mit rückgekoppelten Kontextschichten bis hin zu vollständig rekurrenten Netzen wie Hopfield-Netzen oder im Reservoir Computing. Im Gegensatz zu reinen Feedforward-Netzen können RNNs nur durch einen Trick (**Backpropagation Through Time**) mit Gradientenabstiegsverfahren und Fehlerrückkopplung trainiert werden. Dies ist auf das Problem der verschwindenden/explodierenden Gradienten zurückzuführen. RNNs können jedoch evolutionär, unüberwacht und selbstorganisiert trainiert werden.

Representational Similarity Analysis (RSA) Eine Analysemethode, die in den kognitiven und computergestützten Neurowissenschaften verwendet wird, um Ähnlichkeiten und Unterschiede zwischen neuronalen Aktivitätsmustern in verschiedenen Hirnregionen, neuronalen Netzwerkmodellen oder unter verschiedenen experimentellen Bedingungen zu untersuchen. RSA basiert auf Ähnlichkeitsmatrizen, die paarweise Ähnlichkeiten oder Unähnlichkeiten zwischen diesen Aktivitätsmustern enthalten. Diese Matrizen können mit multivariaten statistischen Verfahren analysiert werden, um die Struktur des Ähnlichkeitsraumes zu visualisieren und zu quantifizieren und um verschiedene Hirnregionen miteinander oder mit künstlichen neuronalen Netzwerkschichten zu vergleichen.

Reproduzierbarkeitskrise Bezieht sich auf die Schwierigkeit, die Ergebnisse einer Studie oder eines Experiments zu reproduzieren. Im Kontext der KI bezieht er sich auf die Herausforderungen bei der Reproduktion der Ergebnisse der KI-Forschung, einschließlich der Entwicklung, Implementierung und Evaluierung von Algorithmen. Das Problem der Reproduzierbarkeit wirkt sich auf die Zuverlässigkeit und Vertrauenswürdigkeit von KI-Systemen aus. Oftmals wird nicht die vollständige Information publiziert, die nötig wäre, um ein KI-System nachzuprogrammieren. Dies führt dazu, dass zwei auf den ersten Blick identische Modelle zu sehr verschiedenen Ergebnissen führen können. Siehe auch **Alchemie-Problem** und **Black-Box-Problem.**

Reservoir Computing Technik des Maschinellen Lernens, bei der ein zufällig generiertes hochgradig rekurrentes neuronales Netz (RNN), ein sogenanntes Reservoir, zur Verarbeitung von Eingabedaten und zur Erstellung von Ausgabevorhersagen verwendet wird, wobei die Verbindungen innerhalb des RNN nicht trainiert werden. Stattdessen werden nur die Verbindungen zwischen dem Reservoir und der Ausgabeschicht durch einen überwachten Lernprozess gelernt.

Satzvektor siehe **Sentence Embedding** und **Wortvektor.**

Schicht *Layer.* Funktionelle Einheit eines neuronalen Netzes, welche in der Regel aus Neuronen aufgebaut ist. Man unterscheidet zwischen **Eingabeschicht** *(Input Layer),* **Ausgabeschicht** *(Output Layer)* und (meist mehreren) **Zwischenschichten** *(Hidden Layer).* Das Konzept „Schicht" kann aber auch weiter gefasst sein. Beispielsweise gibt es in Faltungsnetzwerke sogenannte **Pooling-Schichten,** welche die Größe der Vorgängerschicht reduzieren, indem sie über die Aktivität mehrerer Neurone der vorherigen Schicht mitteln *(Average Pooling)* oder nur die stärkste Aktivierung weiterleiten *(Max Pooling).*

Selbstüberwachtes Lernen Art des Maschinellen Lernens, bei der ein Modell lernt, nützliche Merkmale oder Darstellungen aus Daten zu extrahieren, ohne dass Labels zu den Eingabedaten vorhanden sein müssen. Stattdessen wird das Modell darauf trainiert, bestimmte Aspekte der Daten vorherzusagen oder zu rekonstruieren, z. B. das nächste Bild in einem Video oder den Kontext eines bestimmten Wortes in einem Satz. Beim selbstüberwachten Lernen liefern die Daten quasi selbst die Labels bzw. das Überwachungssignal, mit dem die Parameter des Modells während des Trainings aktualisiert werden. Auf diese Weise ist es möglich, aus großen Mengen nichtgelabelter Daten zu lernen, welche oft viel umfangreicher als gelabelte Daten verfügbar sind. Indem das Modell lernt, nützliche Repräsentationen aus den Daten zu extrahieren, kann selbstüberwachtes Lernen dazu verwendet werden, die Leistung einer breiten Palette von nachgeschalteten Aufgaben zu verbessern, einschließlich Klassifikation, Objekterkennung und Sprachverstehen.

Sentence Embedding Verfahren des Maschinellen Lernens und der Verarbeitung natürlicher Sprache, bei dem jedem Satz ein **Satzvektor** zugeordnet wird. Siehe auch **Wortvektor.**

Singularität Von Ray Kurzweil vorgeschlagenes Konzept eines hypothetischen Zeitpunkts in der Zukunft, wenn der technologische Fortschritt so schnell und tiefgreifend sein wird, dass er die menschliche Gesellschaft grundlegend verändern wird. Kurzweil zufolge wird die Singularität durch Fortschritte in der Künstlichen Intelligenz, der Nanotechnologie und der Biotechnologie vorangetrieben. Er sagt voraus, dass diese Bereiche schließlich konvergieren werden, was zur Schaffung superintelligenter Maschinen und der Fähigkeit führen wird, Materie auf atomarer und molekularer Ebene zu manipulieren.

sparse, sparsity siehe **dünn.**

Spike siehe **Aktionspotential.**

Stabilitäts-Plastizitäts-Dilemma Grundlegende Herausforderung für neuronale Systeme, insbesondere wenn es um Lernen und Gedächtnis geht. Es beschreibt die Notwendigkeit eines Gleichgewichts zwischen zwei entgegengesetzten Zielen: Stabilität und Plastizität. Stabilität bezieht sich auf die Fähigkeit eines neuronalen Systems, einmal gelernte Informationen beizubehalten und zu verhindern, dass sie durch neue Informationen gestört oder überschrieben werden. Ist ein neuronales System jedoch zu stabil, kann es unflexibel und veränderungsresistent werden, was die Anpassung an neue Situationen oder das Lernen neuer Informationen erschwert. Plastizität hingegen ist die Fähigkeit eines neuronalen Systems, sich als Reaktion auf neue Erfahrungen oder Informationen anzupassen und zu verändern. Dies ist wichtig für das Lernen und die Gedächtnisbildung sowie für die Fähigkeit, sich an veränderte Umgebungen und Umstände anzupassen. Ist ein neuronales System jedoch zu plastisch, so ist es möglicherweise nicht mehr in der Lage, zuvor gelernte Informationen zu speichern, was zu schnellem Vergessen und mangelnder Stabilität des Langzeitgedächtnisses führt. Das Stabilitäts-Plastizitäts-Dilemma verdeutlicht die Notwendigkeit, ein Gleichgewicht zwischen der Beibehaltung bereits gelernter Informationen und der Anpassung an neue Erfahrungen zu finden. Jedes neuronale System muss in der Lage sein, langfristige Erinnerungen zu speichern und abzurufen, und gleichzeitig flexibel genug sein, um neue Informationen aufzunehmen und sich an veränderte Umstände anzupassen.

Stable Diffusion Ein 2022 veröffentlichtes auf Deep Learning basierendes generatives Modell zur Erzeugung detaillierter Bilder aus Textbeschreibungen. Es kann aber auch für andere Aufgaben wie z. B. die Generierung von Bild-zu-Bild-Übersetzungen auf der Grundlage einer Textaufforderung eingesetzt werden. Stable Diffusion ist ein sogenanntes latentes Diffusionsmodell und wurde von der CompVis-Gruppe an der Ludwig-Maximilians-Universität München und der Firma Stability AI entwickelt. Der Programmcode und die Modellgewichte von Stable Diffusion wurden veröffentlicht, und es kann auf den meisten Standard-PCS oder Laptops, die mit einer zusätzlichen GPU ausgestattet sind, betrieben werden. Dies stellt eine Abkehr von der Praxis anderer KI-Modelle wie ChatGPT oder DALL-E dar, die nur online über Cloud-Dienste verfügbar sind.

STDP *Spike Timing Dependent Plasticity.* Erweiterung der Hebb'schen Lernregel. Beschreibt, wie sich die synaptische Verbindung zwischen Neuronen aufgrund der zeitlichen Abfolge ihrer Aktivität verändert. Die Synapse wird verstärkt, wenn das präsynaptische Neuron kurz vor dem postsynaptischen Neuron aktiv ist. Die Synapse wird geschwächt, wenn das präsynaptische Neuron kurz nach dem postsynaptischen Neuron aktiv ist.

Stochastische Resonanz In der Natur weit verbreitetes Phänomen, welches bereits in zahlreichen physikalischen, chemischen, biologischen und vor allem neuronalen Systemen nachgewiesen wurde. Ein schwaches Signal, welches für einen gegebenen Detektor oder Sensor zu schwach ist, um gemessen zu werden, kann durch Beimischung von Rauschen dennoch messbar gemacht werden. Es existiert eine vom Signal, vom Sensor und anderen Parametern abhängige optimale Rauschintensität, bei welcher die Informationsübertragung maximal wird.

Style Transfer Technik aus dem Maschinellen Lernen, mit der der Mal- oder Schreibstil eines Bildes oder Textes auf ein anderes Bild oder einen anderen Text übertragen werden kann.

Synapse Eine Synapse ist eine Verbindung zwischen zwei Neuronen oder zwischen einem Neuron und einer Zielzelle, z. B. einer Muskelzelle oder einer Drüsenzelle. Charakteristisch für den Aufbau der Synapse ist ein kleiner Spalt, der sogenannte synaptische Spalt, der das präsynaptische Neuron, das Signale sendet, von dem postsynaptischen Neuron oder der Zielzelle, die Signale empfängt, trennt. Wenn ein elektrisches Signal, ein sogenanntes Aktionspotential, das Ende des präsynaptischen Neurons erreicht, löst es die Freisetzung von Chemikalien, sogenannten Neurotransmittern, in den synaptischen Spalt aus. Diese Neurotransmitter diffundieren durch den synaptischen Spalt und binden dann an Rezeptoren auf dem postsynaptischen Neuron oder der Zielzelle, die die Aktivität der postsynaptischen Zelle entweder stimulieren oder hemmen können. Die Stärke und Effizienz von Synapsen kann sich im Laufe der Zeit verändern, ein

Prozess, der als synaptische Plastizität bezeichnet wird und für Lernen, Gedächtnis und andere kognitive Funktionen von zentraler Bedeutung ist. Funktionsstörungen von Synapsen werden mit einer Reihe von neurologischen und psychiatrischen Erkrankungen in Verbindung gebracht, darunter Alzheimer, Schizophrenie und Depression.

Synapsengewicht siehe **Gewicht.**

Testdatensatz Teil eines Datensatz, der dazu verwendet wird, ein bereits trainiertes neuronales Netz oder Modell zu testen. Üblicherweise 20 % des gesamten Datensatzes. Siehe auch **Datensatz-Splitting.**

Testgenauigkeit *Accuracy.* Metrik, die beim Maschinellen Lernen zur Messung der Leistung eines Modells verwendet wird. Sie ist definiert als das Verhältnis zwischen den korrekt vorhergesagten oder klassifizierten Objekten und der Gesamtzahl der Objekte im Datensatz. Wenn z. B. ein Modell, das auf die Klassifizierung von Bildern trainiert wurde, 90 von 100 Bildern richtig klassifiziert, dann beträgt die Testgenauigkeit des Modells 90 %.

Tiefes Lernen siehe **Deep Learning.**

Tiefes neuronales Netz *Deep Neural Network.* Neuronales Netz, welches aus vielen Schichten aufgebaut ist. Je mehr Schichten ein Netz enthält, desto tiefer ist es. Siehe auch **Deep Learning.**

Top-down Von hierarchisch höheren zu niedrigeren Verarbeitungsebenen.

Trainingsdatensatz Teil eines Datensatz, der zum Training eines neuronalen Netzes oder anderen Modells des Maschinellen Lernens verwendet wird. Üblicherweise 80 % des gesamten Datensatzes. Siehe auch **Datensatz-Splitting.**

Transferlernen Technik des Maschinellen Lernens, bei der ein Modell zunächst auf einem großen Datensatz trainiert und dann auf einem kleineren Datensatz für eine bestimmte Aufgabe verfeinert wird *(Fine Tuning)*. Die Idee des Transferlernens besteht darin, dass das Wissen, das bei der Lösung eines Problems erworben wurde, auf ein anderes, verwandtes Problem übertragen werden kann, wodurch die Datenmenge und der Zeitaufwand für das Training eines neuen Modells reduziert werden.

Transformer Neuronale Netzarchitektur, die besonders für die Verarbeitung natürlicher Sprache, z. B. Übersetzung und Textgenerierung, geeignet ist. Im Gegensatz zu rekurrenten neuronalen Netzen (RNN) und Faltungsnetzwerken (CNN) verwendet der Transformer zur Verarbeitung der Eingabedaten einen sogenannten **Aufmerksamkeitsmechanismus,** der es dem Modell ermöglicht, sich selektiv auf verschiedene Teile der Eingabesequenz zu konzentrieren, um Vorhersagen zu treffen. Ein Transformer besteht aus einem Enkodierer und einem Dekodierer, die beide aus mehreren neuronalen Netz- und Aufmerksamkeitsschichten bestehen. Der Enkodierer verarbeitet die Eingangssequenz und erzeugt daraus interne Repräsentationen, welche der Dekodierer verwendet, um die Ausgangssequenz zu erzeugen. Transformer haben mehrere Vorteile gegenüber herkömmlichen neuronalen Netzen, beispielsweise die Fähigkeit, Eingabesequenzen parallel zu verarbeiten, Sequenzen variabler Länge zu handhaben oder langreichweitige Abhängigkeiten in Sequenzen zu erfassen, ohne unter dem Problem der verschwindenden/explodierenden Gradienten zu leiden. Siehe auch **ChatGPT, GPT-3, GPT-4** und **Großes Sprachmodell.**

Tri-Level-Hypothese Theoretischer Rahmen, der von David Marr im Bereich der Kognitionswissenschaft und der Künstlichen Intelligenz vorgeschlagen wurde. Demnach kann jedes natürliche oder künstliche System, das eine kognitive Aufgabe ausführt, auf drei Analyseebenen beschrieben werden. Die **Berechnungsebene** beschreibt das zu lösende Problem, das Ziel des Systems (Gehirn oder KI) und die Einschränkungen durch die Umgebung. Sie gibt an, welche Informationen verarbeitet werden müssen, welche Ausgabe erzeugt werden muss und warum das System das Problem lösen muss. Die **algorithmische Ebene** beschreibt die Regeln und Verfahren, also den Algorithmus, den das System befolgen muss, um das in der Berechnungsebene spezifizierte Problem zu lösen. Sie gibt an, wie die Eingabedaten in Ausgabedaten umgewandelt werden und wie das System Informationen verarbeitet. Die **Implementierungsebene** beschreibt die physische Implementierung des Systems, z. B. die Hardware und Software, die zum Aufbau der KI verwendet werden. Sie spezifiziert die Details, wie die algorithmische Ebene implementiert wird, einschließlich der verwendeten Datenstrukturen, Programmiersprachen und Rechenressourcen. In der Neurobiologie werden auf dieser Ebene die anatomischen und physiologischen Details des Nervensystems beschrieben. Laut Marr ist es notwendig, ein System auf allen drei Ebenen zu verstehen, um sein Verhalten vollständig zu erfassen und ggf. effizientere Systeme zu entwickeln.

Turing-Test Von Alan Turing vorgeschlagenes und von ihm selbst ursprünglich *Imitationsspiel* genanntes Verfahren, um die Fähigkeit einer Maschine zu intelligentem Verhalten zu testen. In der einfachsten Variante unterhalten sich ein oder mehrere menschliche Prüfer in natürlicher Sprache textbasiert, also in Form eines Chats, sowohl mit einem Menschen (als Kontrolle) als auch mit der zu testenden Maschine, ohne jedoch zu wissen, wer wer ist. Kann die Mehrheit der Prüfer nicht zuverlässig zwischen Mensch und Maschine unterscheiden, gilt der Turing-Test für die Maschine als bestanden. Diese Variante des Turing-Tests wurde 2022 durch das KI-System **ChatGPT** bestanden, da die von ihm generierten Texte und Antworten nicht von Menschen erzeugten unterscheidbar sind. Prinzipiell existieren weitere, schwierigere Varianten des Turing-Tests. Beispielsweise kann der Dialog nicht als reiner Chat, sondern als tatsächliche Unterhaltung in gesprochener Sprache, ähnlich einem Telefongespräch, stattfinden. In diesem Fall müsste die Maschine zusätzlich noch dazu in der Lage sein, sprachliche Merkmale wie Betonung und Satzmelodie korrekt zu interpretieren und zu imitieren. Schließlich könnte die KI auch in einen humanoiden Roboter integriert sein. In dieser Variante, welche auch als Embodied-Turing-Test bezeichnet wird, müsste dann das gesamte Verhaltensspektrum eines Menschen inklusive Mimik, Gestik und jeglicher Motorik imitiert werden, und der Turing-Test liefe letztlich darauf hinaus, andere Menschen davon zu überzeugen, dass die Maschine ebenfalls ein Mensch ist. In der finalen Steigerung müsste die Maschine schließlich nicht nur andere überzeugen, sondern zusätzlich selbst davon überzeugt sein, ein Mensch zu sein, und dürfte nichts von ihrer wahren Natur wissen oder ahnen. Solche Szenarien wurden in Filmen wie *Imposter* oder der Serie *Westworld* aufgegriffen und die Konsequenzen zu Ende gedacht. Der Turing-Test ist im Bereich der Künstlichen Intelligenz viel diskutiert worden. Einige Kritiker argumentieren, dass er einen unrealistischen Maßstab für Intelligenz setzt, da es viele Aufgaben gibt, die Menschen ausführen können, Maschinen aber nicht, und umgekehrt. Andere argumentieren, dass das Bestehen des Turing-Tests nicht unbedingt bedeutet, dass eine Maschine wirklich intelligent ist, sondern eher, dass sie gut darin ist, menschliches Verhalten zu imitieren. Eines der bekanntesten Gegenargumente zum Turing-Test ist John Searls Gedankenexperiment zum **Chinesischen Zimmer.** Trotz dieser Kritik bleibt der Turing-Test ein wichtiger Maßstab für die Forschung im Bereich der Künstlichen Intelligenz, und viele Forscher arbeiten weiterhin an der Entwicklung von Maschinen, die den Test bestehen können.

Überwachtes Lernen Art des Maschinellen Lernens, bei der ein Modell lernt, nützliche Merkmale oder Darstellungen aus Daten zu extrahieren, und diese zu verwenden, um eine gewünschte Ausgabe zu erzeugen. Für diese Art des Lernens sind sogenannte gelabelte Daten (Label-Daten-Paare) erforderlich, beispielsweise bei der Bildklassifikation jeweils zusätzlich zu jedem Bild ein Label (Etikett) mit Information, was auf dem Bild zu sehen ist bzw. in welche Kategorie das Bild gehört. Überwachtes Lernen wird meistens mit **Backpropagation Learning** durchgeführt.

Unüberwachtes Lernen Art des Maschinellen Lernens, bei der ein Modell lernt, nützliche Muster und Strukturen aus Daten zu extrahieren, ohne dass dazu gelabelte Daten notwendig sind. Diese Art des Lernens umfasst in der Regel Aufgaben wie das Clustering, bei dem ähnliche Datenpunkte gruppiert werden, und die Dimensionsreduktion, bei der hochdimensionale Daten in einem niedrigdimensionalen Raum dargestellt werden und dabei wichtige Informationen erhalten bleiben. Beispiele für unüberwachte Lernalgorithmen sind das K-Means-Clustering, das hierarchische Clustering und die Hauptkomponentenanalyse (PCA).

Verstärkungslernen *Reinforcement Learning (RL).* Art des Maschinellen Lernens, bei der ein Modell oder Agent darauf trainiert wird, nützliche Input-Output-Funktionen zu lernen, also in einer unsicheren Umgebung eine Reihe von Entscheidungen zu treffen, welche eine kumulative Belohnung maximieren. Im Gegensatz zum überwachten Lernen werden dem Modell keine Outputs vorgegeben. Stattdessen erhält der Agent nach jeder Aktion eine Rückmeldung in Form von Belohnungen *(Rewards)* oder Strafen *(Penalties),* und sein Ziel ist es, eine Strategie *(Policy)* zu erlernen, die Zustände *(States)* auf Aktionen *(Actions)* abbildet, was zu einer maximalen langfristigen Belohnung führt. Der Agent nutzt Versuch und Irrtum, um aus seinen Erfahrungen in der Umgebung zu lernen, und probiert verschiedene Aktionen aus, um herauszufinden, welche Aktionen zu den höchsten Belohnungen führen, indem er verstärkt solche Aktionen verwendet, die sich bereits als erfolgreich erwiesen haben. Mit der Zeit wird die Strategie des Agenten immer weiter verfeinert und optimiert, sodass er bessere Entscheidungen treffen und höhere Belohnungen erzielen kann. Man unterscheidet zwei Arten von Verstärkungslernen. Beim **modell-basierten Verstärkungslernen** wird zusätzlich ein Modell der Umwelt gelernt, welche das Feedback der Umwelt (Belohnungen oder Strafen) auf bestimmte Aktionen vorhersagen kann. Beim **modellfreien Verstärkungslernen** beschränkt sich der Agent darauf, die jeweils beste Aktion für einen gegebenen Zustand zu lernen. Verstärkungslernen wird in einer Vielzahl von Anwendungen eingesetzt, darunter Spiele, Robotik, autonomes Fahren und Empfehlungssysteme. Die Ursprünge des Verstärkungslernens liegen in der Psychologie, insbesondere in der Erforschung des Verhaltens und Lernens von Tieren. Das Konzept der Verstärkung wurde erstmals in den 1930er- und 1940er-Jahren von B.F. Skinner eingeführt, der die Theorie des operanten Konditionierens entwickelte. Skinners Theorie besagt, dass Verhalten durch nachfolgende Konsequenzen wie Belohnung oder Bestrafung beeinflusst wird.

Vertikal Bezeichnet die Verarbeitungsrichtung zwischen Elementen auf verschiedenen Hierarchieebenen im Gegensatz zu horizontaler Verarbeitung zwischen Elementen derselben Hierarchieebene. Siehe auch **Top-down** und **Bottom-up.**

Vollständige Gewichtsmatrix siehe **Gewichtsmatrix.**

Worteinbettung Verfahren des Maschinellen Lernens und der Verarbeitung natürlicher Sprache, bei dem jedem Wort ein **Wortvektor** zugeordnet wird.

Wortvektor Repräsentation der Bedeutung eines Wortes als Vektor. Je unterschiedlicher die Bedeutung zweier Wörter ist, desto verschiedener sind auch die dazugehörigen Wortvektoren. Interpretiert man die Wortvektoren als Punkte in einem Bedeutungsraum, so entspricht der Abstand der Punkte der Ähnlichkeit bzw. Unähnlichkeit der zugrunde liegenden Wörter. Je kleiner der Abstand, desto ähnlicher die Bedeutung. Synonyme, also Wörter mit derselben Bedeutung, werden auf denselben Wortvektor bzw. Punkt abgebildet, haben also den Abstand Null. Analog gibt es auch **Satzvektoren,** welche die Bedeutung eines ganzen Satzes repräsentieren.

XOR-Problem Klassisches Problem im Bereich der Künstlichen Intelligenz und des Maschinellen Lernens, das die Grenzen bestimmter Arten von Modellen aufzeigt. XOR steht für eXclusive OR (ausschließendes Oder), eine binäre Operation, bei welcher die Ausgabe nur dann wahr (oder 1) ist, wenn die Anzahl der wahren Eingaben ungerade ist. Bei zwei binären Eingängen ergibt XOR nur dann wahr, wenn genau einer der Eingänge wahr ist. Das XOR-Problem bezieht sich auf die Herausforderung, diese vier Situationen mithilfe eines linearen Klassifizierers, z. B. mit einem einschichtigen Perzeptron, richtig zu klassifizieren. Das Problem besteht darin, dass die XOR-Funktion nicht

linear trennbar ist, d. h., es gibt keine gerade Linie (im 2D-Raum), die die Eingaben, die eine 1 ergeben, von denen trennen kann, die eine 0 ergeben. Dies
verdeutlicht die Unfähigkeit linearer Klassifizierer, bestimmte Arten von Mustern
zu verarbeiten. Mehrschichtige neuronale Netze können das XOR-Problem
jedoch lösen, indem sie nichtlineare Entscheidungsgrenzen schaffen. Dies wird
in der Regel durch die Einführung versteckter Schichten und nichtlinearer
Aktivierungsfunktionen in das Netzwerk erreicht.

Zero-Shot Learning Form des Maschinellen Lernens, bei der ein Modell darauf
trainiert wird, Objekte oder Kategorien zu erkennen, die es noch nie zuvor
gesehen hat. Es kann neue Eingabemuster also auch dann klassifizieren, wenn
für die betreffende Klasse keine gelabelten Daten während des Trainings vorlagen. Im Gegensatz zum überwachten Lernen, bei dem ein Modell mit einer
bestimmten Menge von gelabelten Datenbeispielen trainiert wird, basiert das
Zero-Shot-Lernen auf der Übertragung von Wissen aus verwandten oder ähnlichen Klassen, die während des Trainings gesehen wurden. Dies wird durch die
Verwendung semantischer Repräsentationen wie z. B. Wortvektoren erreicht, die
die Bedeutung und die Beziehungen zwischen verschiedenen Klassen erfassen.
Wenn ein Modell beispielsweise darauf trainiert wurde, Bilder von Tieren
zu erkennen, und noch nie ein Bild eines Zebras gesehen hat, kann es dieses
dennoch als Tier klassifizieren, da es die Beziehungen zwischen verschiedenen
Tierarten gelernt hat. Zero-Shot Learning ermöglicht ein effizienteres und
flexibleres Trainieren von Modellen und die Verallgemeinerung auf neue und
unbekannte Kategorien.

Stichwortverzeichnis

Printed in the United States
by Baker & Taylor Publisher Services